侗族掌墨师·陆文礼·2021年3月27日摄于贵州省黎平县肇兴大寨礼团鼓楼前

侗族鼓楼画样

陆文礼·著　蔡凌·注释

上海科学技术出版社

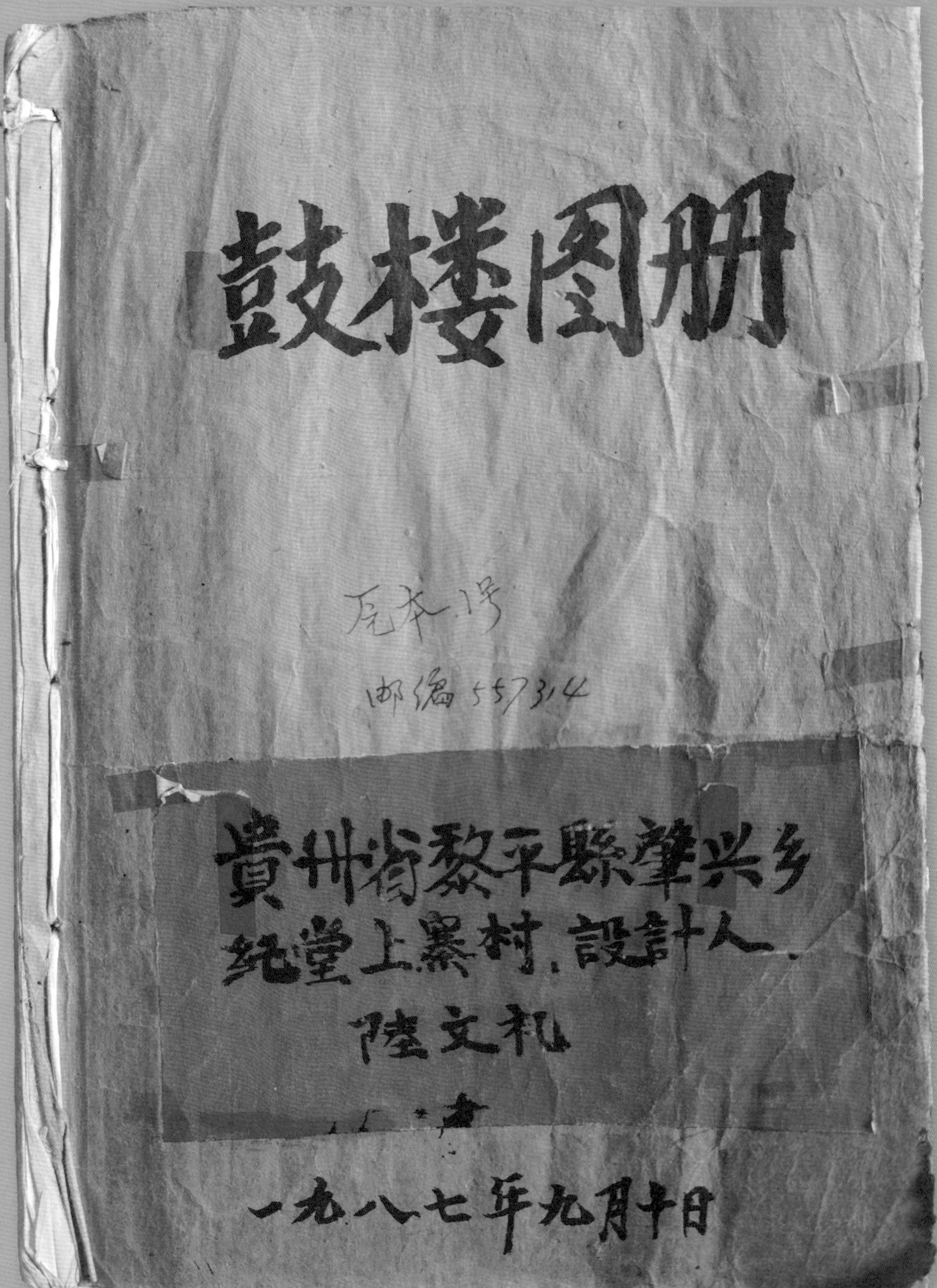

鼓楼图册

反本1号

邮编 557314

贵州省黎平县肇兴乡
纪堂上寨村，设计人

陆文礼

一九八七年九月十日

《陆文礼侗族鼓楼画样》即将出版，这是建筑界一件很有意义的事。蔡凌为其作了注释，比较恰当、完善地显示了这本画样的内容和工匠精神实质，是可喜的。

序

XU YI

一

蔡凌的博士毕业论文研究的是侗族建筑，在研究过程中多次到侗族地区调查、实测，其间有幸拜访了陆文礼师傅，得到了他真诚的指教和帮助，她对陆师傅的技艺和学识是比较了解的，两人可谓亦师亦友。"为国家添光彩，为侗族争荣誉"，共同传承侗族建筑而努力，可惜陆师傅于2021年不幸去世，其心愿未能实现。当今出版这本画样，只好作为怀念了，也是一种传承。

陆师傅是侗族土生土长的一名掌墨师，是侗族古代墨师的正统传承人之一。现在侗族地区还保留着许多侗族廊桥、吊脚楼、戏楼、宅院、草舍等建筑，鼓楼往往位于侗村的中心所在，是侗民的公共集会、议事，庆典、歌舞的场所。鼓楼上置鼓，击鼓是族长集众神圣的礼仪，可见鼓楼的作用。从现代景观学而言，是景观建筑，也是观景建筑，有似于汉族建筑的塔，代表着侗族建筑的技术艺术成就。

从中华民族史而言，汉族有文字，有印刷术，出版过《考工记》、《营造法式》、清工部《工程做法》等，建筑发展的线索是清楚的。而其他兄弟民族文字发明较晚，只能靠师徒口口相传，历代天灾人祸，损失太多了。《陆文礼侗族鼓楼画样》的出版，虽然有点晚，但毕竟它是一本文字画样图书，是研究侗族建筑的重要资料。

中华民族由五十六个民族组成，主体是炎黄子孙，我同意南方的民族多是炎帝传人的观点。侗族是炎帝传承的重要一支。秦汉以后，才称他们是少数民族。炎族在战乱中，为生存迁到深山中去了，后来在相互交流中逐步融合，但其中保留主体还是侗族的。

我们现代的建筑学和制图学基本是近代由西方传过来的，建筑平、立、剖面的概念，是西方的。我们的建筑教育体系基本也是西方的，西方建筑以砖石建筑为主，在创作中有它的限制性。中国建筑以木结构为主，建筑是空间结构。如何表现复杂的空间建筑，我们有我们先师的经验。《陆文礼侗族鼓楼画样》所传授的就是其中一种经验。我们不否定近代西方建筑的积极影响，但我们却失去了民族自信，把本体的建筑学忘记了。现代建筑创作提倡空间思维，这本书可作参考，学习、理解作者思维。

建筑是造出来的，不是画出来的。陆师傅是工匠，有施工经验，鼓楼画样类似现代的建筑设计图，施工中修改画样，使建筑更加合理。我主张现在我们建筑设计的大背景是中华自然环境和人工环境，在这环境下创造我们的中华营造学。这本画样可当作资料。中国古代没有建筑师和结构师，统一叫"鲁班师"，相当于侗族掌墨师，不仅民间建筑与宫殿都出于"鲁班"工匠精神与亲身营造。

复兴中华优秀传统文化，其中也包括侗族等少数民族建筑文化的复兴。研究侗族鼓楼可算是一种具体步骤。我认为研究主要导向是工匠的精神，这本图样的工匠精神在哪里？我认为有如下几点：①建筑技术与建筑艺术结合的精神。鼓楼好看，不是空来的，是技术科学构成的，是由建筑材料和施工技术决定的。②建筑工艺应认真细致，工匠有时代责任心，做到实用、效益和美观。而建筑美观受哲理影响很大，侗族美与汉族美相类似，重显天地人结合，和谐中庸、平衡对称、变化统一、合度相适。③建筑的整体观，力图把力学、美学与功能结合起来，建筑耐久与防腐防风化结合起来，装修与设色结合起来，室内外空间结合起来。④重视传统创新，古为今用的技艺，建筑梁枋中的"风调雨顺、国泰民安"是民族吉祥的寄托。⑤从应县木塔到侗族鼓楼的发展，这些经验值得我们学习和借鉴。

侗族多居住在交通不便、资源缺乏的山区，建造一座鼓楼是很不容易的。掌墨师尽平生心力，用勤劳智慧建造了许多鼓楼，因地制宜、因材致用、因时而变，成就了侗族鼓楼的发展辉煌。陆师傅是现代的优良传承者，出版这本画样是对他毕生奉献侗族建筑文化的记载和歌颂。

侗族居住地区多在湿热山林区，林木主要是杉木，鼓楼就地取材，经风干使用。杉木在通风的空间是不易腐朽的，鼓楼所有的木构件都暴露在空气中，并经涂扫桐油、刷石灰等处理，所以能百年不倒。

鼓楼的另一技术成就是大材大用、小材小用，统一用材，整体构造，按力学原理形成木杆线网空间结构，这从画样中可看得出来。

中国建筑木构的特色是不用钉子的榫卯结构。有抬梁、穿斗、综合三式，鼓楼同是木结构，但侗族掌墨师却创造了另一种独特的结构形式，有抬梁、有穿斗，有差交、有抹角、有错悬、有插置，合理应用，以保平稳安全。鼓楼的结构的垂直柱、水平梁、出挑栱都安排很简单、整洁，合乎劳动力学原理，从属艺术造型的需要，这是我们现代建筑师创作的好借鉴。

陆文礼把自己的著作称为"画样"，不称"册"，估计他是把样式、风格放在前面，用建筑技术作为表现艺术的手段。因为鼓楼是全族的礼制崇尚的标志公共建筑，艺术功能大于实用功能。

从鼓楼"画样"的结构命名可知鼓楼的建筑意向，如鼓楼的顶层称为蜂楼，是召集村民击鼓的地方。村律规定，击鼓时，全体村民需像蜜蜂归巢一样在鼓楼广场集中。蜂楼上面的木构件，相应地称蜂柱、（中心柱、外蜂柱）、蜂围枋、垫蜂板……顶层八角，交差斗栱像蜂窝，很形象。

汉族城乡的佛塔和风水塔，多为楼阁式，由一层檐口和一层平座组成，像竹子一样，力学作用大。而侗族鼓楼，则楼中心没有楼层，由首层上至蜂楼板，形成高宽的通天空间，震撼人心。中心空间的四周是层层柱梁组成的，有韵律的线网结构空间。处在低层的人群会感到渺小。上空四周由瓦檐透射入光线，变幻无穷，人们敬天敬族的心情油然而生。

侗族鼓楼首层四周无墙，是对外开放的，首层的柱高多在 5 米以上，内外空间联成一体。四周的空地和广场视线无阻。所以人群在鼓楼底层活动自由，觉得自信自尊。鼓楼底层平时族人常有议事、讲学、社交等活动，属多功能的公共大空间。

汉族的应县木塔已建有九百多年，侗族鼓楼的建造不过百来年历史，他们建造的功能和技术是"和而不同"的。在造型上有如下区别：①应县木塔顶层基本和下一层高度一样，而侗族鼓楼顶层则高举成蜂窝状，但塔心柱和塔刹结构基本相同。②应县木塔的檐距高度由下而上缩小，但缩小不多，以人上塔尺度为准，侗族鼓楼檐距是相同的，以造型需要为主，属密檐式。它们的出檐结构也不同，一种是以斗栱挑檐，一种是插柱抬枋举檐。③应县木塔角檐有冲举的飞檐做法，结构复杂。侗族鼓楼没有飞檐，用屋垂脊起翘。④应县木塔底层有副阶，侗族鼓楼无副阶，底层面积大。⑤应县木塔外形以垂直冲天的线条为主，侗族鼓楼外形近似金字塔，稳重雄壮，但都挺拔雄伟，显示中庸美学天人合一的哲理。⑥两者虽形式有异，但朴雅的色调是一致的，与蓝天山林协调，把建筑融入大自然中。

国家提出中华民族的伟大复兴，其中民族建筑的复兴是非常重要的。我们的建筑现代化不应只建在西方建筑的文脉上，而应建在自己民族传承上。我们的上辈梁思成先生他们，在新中国成立之初提出"古为今用""洋为中用""土洋结合""温故知新"，现在看来是合国情的。当今时代发展了，要在研究的基础上进一步提出国家的建筑方针政策。国家有财力和智力做到这一点，走民族建筑现代化的正确道路。

以上是我学习《陆文礼侗族鼓楼画样》的心得。

我在 1962 年曾与国家建筑研究院的学者们在一年多的时间内调查过中南地区苗、黎、侗等少数民族建筑，对少数民族建筑很有感情。后来与蔡凌等研究生们多次在实习中到贵州、广西、海南、湖南等省区参观、测绘研究，但一直没有深入发表过文章。这次蔡凌注释《陆文礼侗族鼓楼画样》，第一次看到这本书，我很为她高兴，也很有感受，学到了很多东西。此"画样"出版前为之代序，借以发表自己的看法，也是我晚年的荣幸。

邓其生

2025 年 1 月

邓其生，华南理工大学建筑学院教授、博士生导师

贵州省黔东南苗族侗族自治州黎平县肇兴大寨礼团鼓楼

序
XU ER
二

在多姿多彩的民居建筑中，侗族鼓楼是一枝独秀般的存在。2018年我有幸去了一趟黔东南苗族侗族自治州黎平县，一路上村寨星罗棋布，山岚氤氲，鳞次栉比的吊脚楼间，鼓楼高耸。及至后来入了村寨，踏进鼓楼，见梁枋穿插，层檐叠脊，可谓巧夺天工。鼓楼是寨子的灵魂，乡民在此祭祖、集会、议事、对歌，共筑这山水之间的诗意家园。

大约三年前，蔡凌说她有本新书要出版。她对我绘声绘色地说着侗寨见闻，特别是陆文礼师傅和他的鼓楼图册，令我神往不已；今天，当《陆文礼侗族鼓楼画样》沉甸甸地捧在手中，依然有一种震撼不已的意外感动。

有很长一段时间，我们做建筑史研究的，越来越重视文献，而忽略了口述史的研究。但是，对于广袤大地上的乡土营造，几乎只有通过田野调查和口述史的研究才能窥其奥妙。鼓楼的建造历来是旧式传承，修鼓楼的师傅祖祖辈辈师徒单传，师傅仅徒手画出简易图纸，全凭经验制作构件、施工，学徒只能在现场通过师傅的言传身教学习揣摩，像这样口耳相传的"地方性知识"在当下很容易面临失传的风险。侗族掌墨师陆文礼不仅是著名的鼓楼匠师，创造了侗族鼓楼建筑史上的很多个"营造之最"，更难得的是，这样一位民间匠人，能认识到知识传承的重要性，历数十载，结合自己的实践经验"做出一本鼓楼施工全图册，让木工学习变得有依据，且易学、易懂、易记，好好传承下去，要巩固发展侗族建筑文化，让更多的爱好者都能成为鼓楼、花桥的设计师和掌墨师"，这是一种突破了师徒门派的无私奉献，也是他呕心沥血、坚韧不移的意志体现。这本图册是一份弥足珍贵的活的史料。

更难得的是，陆师傅遇到了蔡凌，由蔡凌整理《鼓楼图册》，进行勘误、校正、注释，将原手绘图完全电子化重绘后正式出版。自此，鼓楼营造技艺这一珍贵的非物质文化遗产，得以真正突破口耳相传的历史，通过这本以图样为基础、全面记录鼓楼营造各个细节的图册，让后学深入了解并习得鼓楼营造之法。

这本图册让我们看到在经典法式和则例之外的民间营造，这是边缘的曾被忽视的学术史，掌墨师靠匠杆、竹签等实尺营造工具建造鼓楼，是扎根乡野最生动的智慧劳作。只有长期深耕田野，才能搜罗到这些鲜活的材料，这是自1928年历史语言研究所成立以来中国人文学科奉为圭臬的"动手动脚找东西"的学术传承。蔡凌和她的学生们长期坚持着这种沉浸式调查，也在田野里面成长。

这本图册也让我们想起自营造学社初创便倡导的"沟通儒匠"之学术传统。"辑录古今中外营造图谱"，进行版本校勘、名物考证，"纂辑营造词汇"，访问大木匠师、各作名工，将匠人知识经过整理和系统化的工作纳入建筑学的特定知识体系中。陆文礼师傅的毕生心血，不再只是个人知识、地方知识、边缘知识，而已成为能在现代学科语境下讨论的传统营造技艺和营建智慧。

正如朱启钤先生所云，"中国之营造学，在历史上，在美术上，皆有历劫不磨之价值"，鼓楼之美，巧夺天工，鼓楼画样出版，营造之奥妙得以永续传承。

2025 年 1 月

曹劲，广东省文物考古研究院院长、二级研究馆员

《陆文礼侗族鼓楼画样》缘起于侗族掌墨师陆文礼所撰《鼓楼图册》，是结合了对陆文礼师傅建造的鼓楼实物之研究以及生前的访谈记录，并对其绘制的《鼓楼图册》进行修订、注释而来。

前言
QIANYAN

陆文礼，贵州省黔东南苗族侗族自治州黎平县肇兴镇纪堂村人，侗族，1940年3月15日出生，2021年6月8日去世，享年81岁。1962年8月，陆文礼初中毕业后一年，拜远近闻名的掌墨师陆培福学习木工，从协助师傅陆培福修建住宅开始，到学习修建鼓楼，后逐渐成长为能够独立掌墨建造住宅、鼓楼、花桥（风雨桥）、寨门、戏台等建筑的侗族掌墨师。

1962年至1979年，是陆文礼的学艺时期。根据陆文礼的回忆，他跟随师傅陆培福，共同建造的鼓楼有：1962年，本村的纪堂鼓楼；1963年，黎平县双江乡吕琴鼓楼（构架完成之后，因"文化大革命"将鼓楼列为"四旧"而未能上瓦完工）；1964年黎平县龙额乡岑母鼓楼（1977年失火烧毁，1980年又按原样复建）、岑屋鼓楼；1979年永从乡屯洞岩寨鼓楼。在1963年7月，他还设计并建造了自家住宅。

陆文礼曾因"家庭出身问题"，在1959年体检合格的情况下失去了参军入伍的资格；1963年又是同样的原因，被迫放弃了被班主任潘德辉老师举荐至黎平县读短期师范两个学期后任教的机会，之后遂"一心一意重视木工专业"。

1981年12月，陆文礼独立掌墨建造了其职业生涯中的第一座鼓楼——肇兴镇肇兴大寨礼团鼓楼，成为了一名侗族掌墨师。其后，他在长达30多年的侗族木构建筑建造活动中，经他掌墨修建的公共建筑有：广西融水县归河乡下寨鼓楼（1982年10月）；贵州从江县西山区小翁村岩寨鼓楼、坝寨鼓楼（1984年9月）；贵州凯里县金泉湖公园鼓楼（1985年）；贵州从江县高仟村宰俄鼓楼（1987年9月），从江县往洞乡秧里村中寨鼓楼（1988年5月）；深圳锦绣中华侗族风情园鼓楼、花桥（1990年4月）；贵州黎平县岩洞镇鼓楼（1992年）；北京民族风情园鼓楼（1993年）等。海南通什市（现五指山市）国际康乐中心风情园鼓楼（1996年7月）；浙江宁波市新浦镇杭州湾海滨游乐园鼓楼（1997年）；贵州肇兴镇归玛村八堂寨鼓楼（1998年）；贵州黎平县西园山庄鼓楼（2000年春），锦屏县春雷林场凉亭（2002年），锦屏县偶里乡苗寨花桥（2003年），黎平县岩洞镇竹坪村鼓楼扩建（2003年），锦屏县彦洞乡瑶柏村鼓楼戏台（2004年冬）；广西三江梅林乡平屯寨鼓楼戏台（2005年）；贵州黎平县雷洞乡岑管村岑旭寨花桥（2005年），锦屏县春雷林场鼓楼（2007年）等。

1994年以后，陆文礼不仅独立掌墨建造，还开始注重培养接班人。当年，他即指导徒

弟陆永模、张学全分别完成了肇兴大寨上寨门、下寨门的掌墨工作。陆文礼与学成的徒弟们合作，采用由他设计、绘制图纸，现场负责监督徒弟们掌墨施工，再由他验收的方式，完成了很多木构建筑工程，如2006年，贵州黎平县地坪镇地坪风雨桥复建（陆克成、张学全现场负责）；2006年，广西壮族自治区柳州市三江侗族自治县良口乡和里村杨甲寨鼓楼、戏台（陆永模、陆永成掌墨）；2007年贵州从江县谷坪乡银潭村两个寨门、一座凉亭（陆永模、陆永成掌墨）；2008年，贵州黎平县德凤镇门楼（陆永成掌墨）、岩洞镇岑卜寨鼓楼（陆德怀掌墨）、德凤镇构洞外和村鼓楼（张学全掌墨）；2008年，贵州黎平县城休闲广场二十五层檐的鼓楼和两部游廊（陆克成、张学全掌墨）；2013年贵州榕江县河滨公园两座十五层檐鼓楼（陆永模、陆永成掌墨）；2013年，湖南省绥宁县花桥（陆德怀施工）等。

从陆文礼掌墨完成的建筑来看，其作品覆盖了鼓楼、戏台、寨门、凉亭、游廊、住宅等各种建筑类型；在鼓楼方面，更是有正方形、六角形、八角形、正方形变八边形等多种鼓楼造型，可见其营造技艺十分娴熟。而且，他的众多作品不仅限于其居住地所在的黎平县境内，还拓展到了贵州省从江县、榕江县、锦屏县，广西壮族自治区三江侗族自治县、融水苗族自治县，湖南省绥宁县等侗族、苗族聚居地，甚至还远播到了北京、深圳、杭州等地的民族风情园。陆文礼创造了侗族鼓楼建筑史上的多个"营造之最"——建造了当今最高的木质结构鼓楼，即46.8米高的从江县城从江鼓楼；第一个把侗族鼓楼修建到城市里（黔东南苗族侗族自治州首府凯里市金泉湖公园）；第一个把侗族鼓楼建到北京亚运村民族风情园。不仅如此，陆培福、陆文礼师徒合作复建的纪堂鼓楼，陆文礼掌墨的肇兴礼团鼓楼，如今已经成为省级文物保护单位。再如，全国重点文物保护单位地坪风雨桥2004年被洪水冲毁，2006年由黎平县政府指定陆文礼带领其匠师团队进行复建工作，工程得以顺利完成。

陆文礼在侗族木构建筑营造方面享有很高的声望，广受各地侗族群众推崇和尊敬。2006年，陆文礼被贵州省人事厅评定为"高级工匠师"；2007年，他获得了中国文学艺术界联合会、中国民间文艺家协会颁布的首批"中国民间文化杰出传承人"荣誉称号；2010年入选贵州省非物质文化遗产侗族木构建筑营造技艺代表性传承人；2016年，获得贵州省民族宗教事务委员会、贵州省文联授予的首届"贵州省民族建筑工艺大师"称号。

在动乱年代侗族鼓楼被列为"四旧"，许多侗族村寨的鼓楼被毁或被迫停建。1978年党的十一届三中全会后，陆文礼看到国家非常重视侗族文化传承，还把侗族鼓楼列为各级文物保护单位，陆文礼心爱的木作技艺也成为了非物质文化遗产，于是，他想起自己出生的纪堂寨，修鼓楼的师傅祖祖辈辈只有一个师傅传一个徒弟，师傅仅徒手画出简易的图纸，全凭经验制作构件、施工，学徒没有施工全图很难掌握营造技艺，只能在现场通过师傅的言传身教学习揣摩。于是，1985年陆文礼在凯里建鼓楼时下定决心要结合自己的实践经验"做出一本鼓楼施工全图册，让木工学习变得有依据，且易学、易懂、易记，好好传承下去，要巩固发展侗族建筑文化，让更多的爱好者都能成为鼓楼、花桥的设计师和掌墨师，要为国家争名誉，为侗族人民争光彩、作贡献"。

陆文礼坦言，在此之前，"从来没见过设计院的施工图纸"。他设想了一幢十五层檐的单宝攒尖顶假八角鼓楼（即底层平面为正方形，从第三层檐开始，转换为八边形平面的变角鼓楼），从1986年1月开始手工编绘《鼓楼图册》，历时6个月基本完成。之后，他还不时对画册中的图样、数据进行调整和修改，这个过程可以说直至陆文礼生命的最后时刻。

2020年6月，笔者在纪堂村受陆文礼师傅郑重委托，代其整理《鼓楼图册》，一方面进行勘误、校正、注释；另一方面将原手绘图册的每一页完全电子化重绘。同时还与陆文礼商定，整理后的图册由上海科学技术出版社出版，书名定为《陆文礼侗族鼓楼画样》。

《陆文礼侗族鼓楼画样》最终得以出版，与团队数年来的努力密不可分。其编著工作自2020年7月开始，2024年10月结束。2020年7月蔡凌携研究生廖若星、王雅凝和郭世含赴纪堂村，驻村一个月。其间，一边请教陆文礼师傅，一边完成了图样的绘制和文字的转译。2021年3月上述四位携修订后的初稿再驻纪堂村一周，与陆文礼师傅就书稿整理中出现的问题进行了商讨，并进一步确认。团队还邀请建筑摄影师陈小铁、郭嘉岐录制了与陆文礼师傅的访谈，留下了珍贵的口述史影像资料。其后根据现场讨论完成了第二次的修订工作。2021年6月，惊闻陆文礼师傅去世的噩耗，团队成员无比悲痛。为尽早实现陆文礼师傅的遗愿，本着对原著和陆文礼师傅高度负责的态度，多次逐页对文稿进行了校对与修改，包括统一了版式、字体与表达方法。2024年7月至10月，与上海科学技术出版社编辑陈晨商定了最终的版式，并再次进行校勘，补充了注解与轴测图，完成终稿。

蔡凌为本书负责人，组织研究团队对《鼓楼图册》原稿进行重绘、校正、定稿，以及鼓楼三维模型构建。人员及具体分工是：王雅凝，负责目录与所有柱类构件的重绘与建模；廖若星，负责所有枋类构件的重绘、建模乃至鼓楼三维模型拼合与校准；郭世含，负责所有蜂窝斗栱构件的重绘、建模。他们三人还完成了第一、第二次校对之后的图样、文字修改工作。刘紫薇，参与了这两次校对。吴浩铭负责最后一次的校对、注解，并绘制了书中所有的轴测图。蔡凌负责原稿每页"说明"文字的确认、全稿校对和最后的审定。

本书为了保留陆文礼原著《鼓楼画册》手稿与体例的完整性，基本采取"复刻"的方式完成了计算机重绘，以及对原著的转译、校订。为帮助读者更好地理解《鼓楼图册》

所反映的侗族鼓楼营造技艺，注释者在此书基础之上，将另著《侗族鼓楼营造图释》一书，主要以图解与文字结合方式，对侗族鼓楼进行建构逻辑、实尺营造、墨师文系统等的深入解读，与《陆文礼侗族鼓楼画样》互为补充，以期达到对侗族鼓楼营造技艺的全面梳理与阐释。

本书的出版，对侗族木构建筑营造技艺的研究、传承，有重要的历史意义与史学价值，尤其可借此了解与研究侗族鼓楼营造过程中所包含的工匠智慧及工匠精神。

在中国古代历史上，工匠被社会歧视为"奇技淫巧"之辈，故有关传统匠作技术、匠作思想等方面的论述极为罕见。迄今为止，由侗族工匠编写的图书仅有 2015 年出版的《侗族传统建筑鉴》，作者为湖南省侗族木构建筑营造技艺代表性传承人李奉安。此书内容虽涉及建筑材料、建筑工具、加工技艺等，但以文字为主，为木构营造技艺的一般性知识介绍。国内其他研究侗族木构建筑营造技艺的专著，多由民族学、建筑学学者撰写，尚未能达到陆文礼《鼓楼图册》如此以图样为基础，全面记录鼓楼营造各个细节的专业深度。

为了能让后学深入了解并习得鼓楼营造之法，陆文礼师傅可谓倾其毕生心血。他精心绘制的《鼓楼图册》原稿，以全部手绘的平面、剖面和构件画样为主体，辅以构件尺寸标注和文字说明，详述了他设想的这座鼓楼，从平面布局、大木构架、构件分件制作，到榫卯、蜂窝（斗栱）等的做法及构件名称、尺寸、用料与装配方法，并附材料明细表和估算表等。尤为可贵的是，所有的构件图样采用类似轴测图的方式一一绘出，是十分系统、专业和详尽的一部民间营造图集，也是中国建筑历史上少见的由工匠编撰的技术专书。

不仅如此，《陆文礼侗族鼓楼画样》还具有建筑史学上的重大意义。它是第一部由侗族工匠编撰的以图样为主、说明为辅的技术专书。它的内容，详实反映了以陆文礼为代表的黎平肇兴匠师群体成熟的鼓楼营建知识体系。其对于研究侗族木构建筑的意义，堪比《营造法式》《清式营造则例》《清工部工程做法》对于中国古代官式建筑研究的价值。《陆文礼侗族鼓楼画样》的出版，将改变自古以来，侗族鼓楼营造没有教程、没有系统的图纸流传，掌墨师仅靠匠杆、竹签等实尺营造工具建造鼓楼，而技艺传承完全依赖师徒之间言传身教的历史。而对于我国的乡土建筑研究、木构建筑研究而言，本书同样具有填补空白的重要价值。

参与本书编著工作的每一位成员，在面对手稿时，无不被手稿的精细程度、陆文礼师傅的执着精神感动和激励。掌墨师陆文礼师傅生前在谈及侗族鼓楼时，最常说的一句话是"为国家添光彩，为侗族争荣誉"。与广大读者共勉。

蔡 凌

2024 年 11 月

广东省文物考古研究院，研究馆员

《鼓楼图册》中出现的所有文字，有图名、尺寸和说明文字及表格等。除尺寸标注数值为阿拉伯数字外，其余均为陆文礼自创墨师文书写。墨师文的使用，使原稿犹如天书一般，很难辨识。加之图册中的说明文字不仅包含对构件作法的解释，还讲述了构件在装配时应注意的顺次及技巧，但受侗语口语习惯和方言发音的影响，更易导致理解困难。因此，《鼓楼图册》的整理工作采取以下方式进行：

首先，根据陆文礼撰写的墨师文字符与汉字对照表，将图册中的墨师文进行一一对照转译。团队驻纪堂村一个月，以便随时向陆文礼请教并确认文字。

其次，鼓楼的每一个构件，陆文礼师傅都按市制作了较详细的尺寸标注，这给三维建模提供了良好的基础。团队驻村期间，分工对这幢鼓楼进行了从各分件到整体的数字化三维模型构建。数字模型已精确到大木构架竖向构件的卯口、水平构件的榫头，以及蜂窝斗栱的榫卯搭接等细节构造。再以此去检验原稿中构件尺寸标注、榫卯类型和说明文字的准确性。三维数字化建模的结果表明，陆文礼师傅设想的这座鼓楼，按其图册的设计与做法，是完全可以建造起来的。同时，原稿中某些不准确的尺寸标注也得到了校准，说明文字的转译亦更加顺畅。

最后，在逐页完成了墨师文的转译与尺寸校准之后，图册的图样与文字都进行了计算机重绘，而且排版与原稿基本保持一致，方便读者对照阅读。

成书后的《陆文礼侗族鼓楼画样》保持了原稿《鼓楼图册》的编撰逻辑，从鼓楼设计确定平面、剖面开始，到柱类构件墨线弹画、柱眼制作，再到水平构件的榫头制作、安装，最后到蜂窝斗栱各构件的制作与鼓楼构件的装配顺次，与鼓楼在现实场景中的营建过程高度一致。

一、原稿的修正

修正《鼓楼图册》原稿的工作，主要体现在以下几个方面：

1. 原稿每页的图名，与原文完全对应；为尊重原著者，说明文字尽量保持与原文一对一的转译，但修正了原文不通顺或明显有误的地方。

2. 所有图样的尺寸标注，尽量按照现行制图规范进行，但保持了原稿的市制单位，即以"丈、尺、寸"为长度单位（1丈约等于3.333米）。

3. 图册原第6页，整页已被作者划掉，故用陆师傅手书墨师文"构件代号"对照表取代。图册原第7、8页，整页被作者划掉，故未收录。

4. 陆文礼师傅在完成《鼓楼图册》初稿后，曾多次进行调整与修改，原稿出现了蓝色（初稿）、黑色（第一次修改）、红色（第二次修改）的笔迹。尤其是"对角剖面图"，三种颜色都在使用，反映陆文礼在不断思考调整鼓楼每层檐的高差及出檐的长度，来推敲鼓楼外轮廓曲线即鼓楼造型。在核对柱类构件尺寸时，发现原稿的黑色和红色笔迹只修改了第一次蓝色数据的"1瓜"和"2瓜"，"3瓜"以上都没有修改，而且"中柱"和"边柱"没有跟进调整数据和卯口位置，导致数据出现混乱。所以成书的柱类构件尺寸采纳了原稿的蓝色文字数据。而枋类构件，原稿"A对角图"以黑色标出水枋长度，和蓝色数据是统一的，其余各图样以红色改蓝色数据，意在调整造型，故以红色数据为准。但第76、78、82、84和86页，出水枋长度如按照原稿红色数据，会连接到假柱或中柱，实际上中柱、假柱图并没有绘制对应的柱眼，所以图样仍用回蓝色数据。

5. 计算机重绘的图样，对图形和文字的颜色进行了统一设定。黑色表示抄绘的是原图线和原图名；红色表示抄绘的是原稿的尺寸标注；**蓝色表示修订了原稿中有误的部分，包括文字的错、漏，尺寸数据的错误，图样的错、漏，柱眼号分类错误等。**每页的"说明"，全部采用黑色，不区分原文与订正的部分。

6. 本书中的鼓楼照片，呈现了陆文礼师傅代表作品的实景。

二、鼓楼构件定位与命名规则

原稿中的墨师文字符，分为类别字符、方位字符和数字字符三种，在工程实践中主要用于标识构件及榫头、卯口。在实际的工程项目中，墨师文字符主要出现在木构件本身、卯口附近、榫头端部，以及记录卯口的竹签上端。

类别字符表达构件的种类如柱、枋、水、瓜等；方位字符则表达构件所处的方位，如前、后、左、右、上、下、角、边等。构件所处的层数或者檐数用汉字或者阿拉伯数字计。采用阿拉伯数字进行平面定位是陆文礼师傅有别于其他侗族掌墨师的突出特点。工作时，掌墨师手执竹片削成的竹笔，蘸墨斗中的墨汁书写墨师文于构件或竹签上。硬质竹笔书写远不及毛笔自如，故他会尽量将字源简化、连笔书写，或使用笔画更少的同音字代替。

原稿中出现了为每个构件做标记的墨师文。它们清晰地反映了侗族木构建筑实尺营造逻辑下的构件定位方法，即以建筑的底层平面为基础，先确定构件的平面（或平面投影）方位，然后再根据同类构件在垂直面中的层数顺序，来获得高度定位。由此，每一个大木构件，包括其上的卯口、榫头都可以确定其在三维空间中的具体位置，从而得到唯一的命名。

陆文礼师傅以方便定位、区分构件、简化书写为原则，参照了现代工程制图的轴线定位方法，将直角定位和径向定位相结合，将本书的这座四边变八边的变角鼓楼，分成两套定位系统（图1）。

变角鼓楼下层四边形的部分一般有两层檐，构件有开间、进深、角方向上的区别（"间"表示开间方向，"排"表示进深方向，"角"表示斜角方向）。首层以左前方的第一根角檐柱为基准，其定位为进深方向的第"1"排，开间方向的第"1"间，故该角檐柱命名为"11角檐柱"，即"1排1间的角檐柱"。其右两根中檐柱的"排"的数字依次加"1"，开间数字"1"不变，所以这两根中檐柱名称分别为"21中檐柱""31中檐柱"。最右侧的角檐柱则为"41角檐柱"。同理，最左侧的一列柱，开间方向数字从前至后依次加"1"，故左侧第一列柱从前至后依次为"11角檐柱""12中檐柱""13中檐柱""14中檐柱"，落地的十二根柱可据此规律进行命名。

柱子之间兜接的枋类构件如挑檐枋（角枋、水枋）、排枋、间枋、围枋（相邻两根柱间的枋），其定位以标记枋的榫头穿进柱子所在的柱眼编号为关键信息，辅以使用"间"、"排"、"角"表示枋构件方向，便可以清晰定位枋构件，并不需要像柱子（如22中柱、4瓜）一般再进行编号。图册中枋构件的编号应是出于图纸绘制标准化的考虑，但由于枋构件种类复杂，各类枋构件命名编号逻辑出现不一致的现象（如中11间、232排、中13围枋……），本书针对各类枋构件的命名均作了注释。

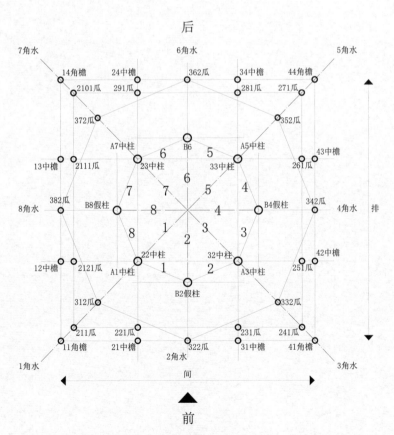

图1　构件定位平面示意

四边形第二层的 12 根 1 瓜柱的命名方式则变换为"层数 + 逆时针递增的瓜柱数目 +1
瓜",以左前方的第一根瓜柱为基准,其命名为"211 瓜",即"2 层 1 号 1 瓜",右下
角为第四根 1 瓜"241 瓜",左上角为第十根 1 瓜"2101 瓜"。十二根 1 瓜据此规律进
行命名。

变角鼓楼从第三层檐开始,造型转为八边形,其标准榀架呈现从底层平面的几何中心,
放射状阵列的规律(图 2)。构件方位词的获取,就以鼓楼平面几何中心为原点,其
与"11 角檐柱"的连线方向为起始方向"1",然后依逆时针依次标记 8 个榀架。于是,
呈径向阵列的标准榀架中的所有构件,获得了唯一的数字方位词,再结合所在的高度
层数,就完成了空间定位。而榀架之间的兜接构件如"围枋""风枋"等,用另一套
数字直接标记枋身。也就是选取靠近径向线"1"的一条边长记为"1",逆时针方向
标记八多边形的八条边长即可。

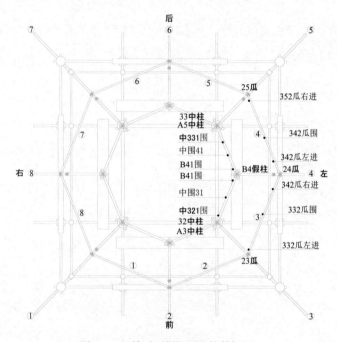

图 2   三层檐平面剖切图及构件标识

在这个复合的定位法中,四根内圈柱参与了两套定位系统,所以它们在两套系统中各
有独立的名称,这也符合了变角鼓楼存在标准榀架转换的特点。比如落地的"22 中
柱",在八边形系统中命名为"A1 中柱";"33 中柱",在八边形系统中命名为"A5 中
柱"(A 代表正角,B 代表假角)。在四边形的系统中,着重考虑的是成正交关系的 8
个榀架和斜向 45 度的 4 个正角榀架;八边形系统需明确已通过增加"假柱",转化为
径向的 8 个榀架。

用直角和径向两个系统分别标记,定位完全用数字(或字母、数字)组合(图 2),构
件名称中的高度数字,则一如既往地采用同类构件的相对层数来获取。构件的空间定

位更加清晰明了，"瓜柱"、"蜂柱"、"格柱"和"出水"都能在榀架中找到属于自己的定位词；兜接标准榀架的枋条，也都能从连接的柱类或环形定位中获得名称。

柱子上的柱眼标识则主要包含三个方面的信息：柱名＋穿过的构件术语＋同类构件从下往上的数目。柱子存在不同方向的柱眼，著者绘制了每根柱子的"内""外"柱眼图，"内"是指人站在鼓楼几何中心点所能看到柱子的那一面，反之即"外"。结合尺寸标注、柱眼编号、柱眼类表、直径线、层数等信息，完成整根柱子信息的记录。

值得注意的是，著者在柱眼图中关于柱眼三类信息的编写顺序并不统一，如"中234排"即"23中柱从下至上的第4根排枋"，"8角假围3"即"8角假柱从下至上的第三根围枋"。枋构件中柱眼的编号也存在与柱眼图不一致的情况，如3层2瓜围枋中的"342瓜围枋上的柱眼（342瓜左进—352瓜右进）"，"342瓜"即3层4角的2瓜，对应柱眼图的"24瓜"，增补了层数"3"。而"342瓜左进"对应24瓜柱眼图的编号应是"24左围"，"352瓜右进"则是"25右围"。虽说编号不统一，但蕴含的定位信息是一致的，需要结合前后文解读。极个别复杂的构件信息，本书已作标记并作了注释。

三、构件标识规则

著者基于鼓楼建构逻辑，将主要的大木构件分为垂直构件和水平构件两类。如下表：

墨师文字符标识规则（注：N为同类构件从下往上的数目）

标识部位与字符			
构件类别	柱身	卯口	下部
垂直构件 内圈柱（中柱） 外圈柱（中檐柱、角檐柱） 加柱（假柱） 顶部置蜂窝斗栱的短柱（格子柱） 蜂窝斗栱后尾插入的短柱（蜂柱）	榀架方位词＋构件术语	柱名＋穿过的构件术语＋N＋柱眼类号	榀架方位词＋构件术语
瓜柱	榀架方位词＋瓜＋N		—

标识部位与字符			
构件类别	前端	穿过卯口处	末端
水平构件 挑檐枋（角枋、水枋）	连接的柱名＋构件术语＋N	穿过的柱名＋构件术语＋N	连接的柱名＋构件术语＋N
相邻两根瓜柱间的枋（排枋、间枋、围枋）	连接的柱名＋构件术语＋N	兜接方位词＋构件术语＋N	连接的柱名＋构件术语＋N

柱眼图文字与图例说明

中柱内柱眼图（一）◂

柱眼图分为"内""外"两面。
"内"即是柱子面向平面中心点的那
一面，反面即是"外"。

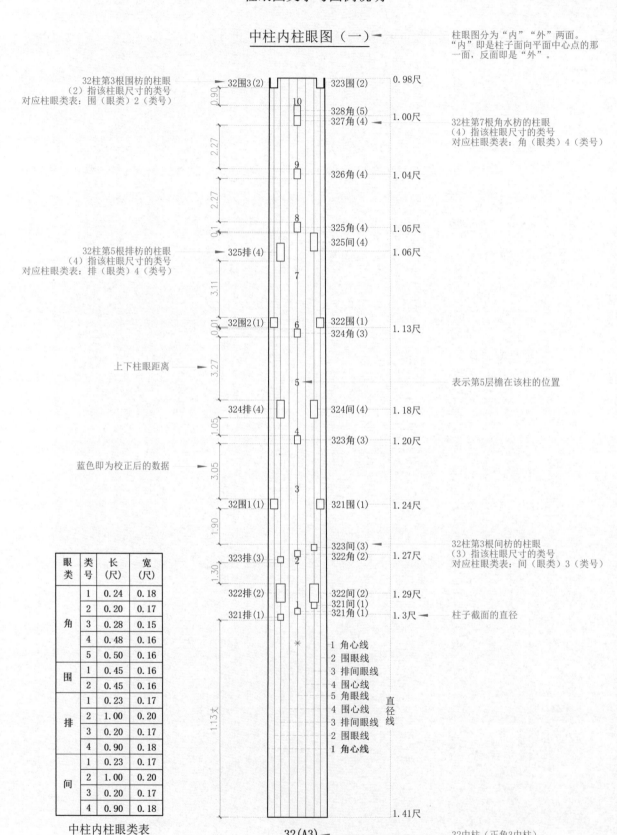

32柱第3根围枋的柱眼
（2）指该柱眼尺寸的类号
对应柱眼类表：围（眼类）2（类号）

32围3(2) ━ 323围(2) 0.98尺

10

328角(5)
327角(4) ◂ 1.00尺

32柱第7根角水枋的柱眼
（4）指该柱眼尺寸的类号
对应柱眼类表：角（眼类）4（类号）

9   326角(4) 1.04尺

8   325角(4) 1.05尺
325间(4)

32柱第5根排枋的柱眼
（4）指该柱眼尺寸的类号
对应柱眼类表：排（眼类）4（类号）

━ 325排(4)   1.06尺

7

32围2(1)   322围(1) 1.13尺
6   324角(3)

上下柱眼距离 ▸

5 ◂   表示第5层檐在该柱的位置

324排(4)   324间(4) 1.18尺

4   323角(3) 1.20尺

蓝色即为校正后的数据 ▸

3

32围1(1)   321围(1) 1.24尺

323间(3) ◂
323排(3)   322角(2) 1.27尺   32柱第3根间枋的柱眼
2   （3）指该柱眼尺寸的类号
                           对应柱眼类表：间（眼类）3（类号）

322排(2)   322间(2) 1.29尺
321间(1)
321排(1)   321角(1) 1.3尺 ◂   柱子截面的直径

✳   1 角心线
     2 围眼线
     3 排间眼线
     4 围心线
     5 角眼线
     4 围心线
     3 排间眼线   直
     2 围眼线   径
     1 角心线   线

中柱内柱眼类表

眼类	类号	长（尺）	宽（尺）
角	1	0.24	0.18
	2	0.20	0.17
	3	0.28	0.15
	4	0.48	0.16
	5	0.50	0.16
围	1	0.45	0.16
	2	0.45	0.16
排	1	0.23	0.17
	2	1.00	0.20
	3	0.20	0.17
	4	0.90	0.18
间	1	0.23	0.17
	2	1.00	0.20
	3	0.20	0.17
	4	0.90	0.18

32(A3) ━   32中柱（正角3中柱）

1.41尺

枋图文字与图例说明

第7根一层（角）檐枋（34檐柱的341间柱眼——44檐柱的441间柱眼）

角檐枋71间(341间-441间眼连)

角檐枋硬榫表(尺)

枋榫	类号	进			出		
		长	宽	厚	长	宽	厚
	1	1.09	0.60	0.17	1.09	0.29	0.16
	2	1.09	0.60	0.16	1.09	0.60	0.16

（1）指该枋榫尺寸的类号，对应榫表的1号。下同。

格槽可安装檐格

8层檐1角的水枋（22中柱的225角柱眼——71瓜的713柱眼）

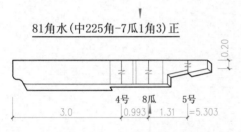

81角水(中225角-7瓜1角3)正

8层水枋榫表(尺)

柱名	榫号	进			出		
		长	宽	厚	长	宽	厚
7瓜	1	0.52	0.50	0.18	0.52	0.49	0.17
假	2	0.73	0.49	0.17	0.73	0.48	0.16
蜂	3	0.60	0.48	0.16	0.60	0.47	0.15
7瓜	4	0.55	0.50	0.18	0.55	0.49	0.17
中	5	0.95	0.48	0.16	0.95	0.48	0.16

表示8瓜骑在该枋上

9层1角8瓜的围枋（9层81瓜的91左围柱眼——9层82瓜的82右围柱眼）

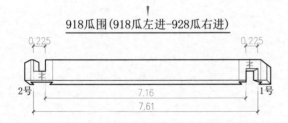

918瓜围(918瓜左进-928瓜右进)

9层围枋榫表(尺)

柱名	榫号	进			出		
		长	宽	厚	长	宽	厚
瓜	1	0.50	0.45	0.16	0.50	0.45	0.16
瓜	2	0.50	0.45	0.16	0.50	0.45	0.16

12层第一根风枋（12层1角水枋——12层2角水枋）

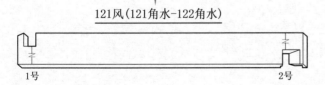

121风(121角水-122角水)

正角（A角）榀架　　　　　　　　　　　　　　假角（B角）榀架

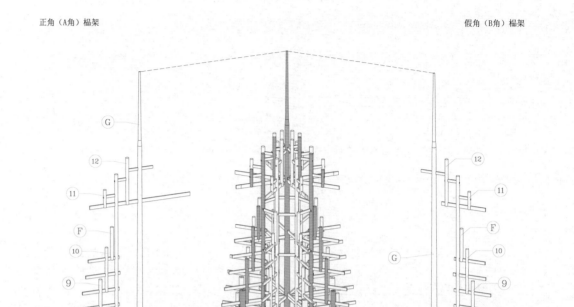

柱子构件位置示意图

Ⓐ 中柱；Ⓑ 假柱；Ⓒ 角檐柱；Ⓓ 边中檐柱；Ⓔ 蜂柱；Ⓕ 格子柱；Ⓖ 尖柱；Ⓗ 顶柱。

A角瓜柱：① (2层) 角1瓜；② 2 瓜；③ 3 瓜；④ 4 瓜；⑤ 5 瓜；⑥ 6 瓜；⑦ 7 瓜；⑧ 8 瓜；⑨ 9 瓜；⑩ 10 瓜；⑪ 11 瓜；⑫ 12 瓜。

B角瓜柱：㊀ (2层) 中1瓜；㊁ 2 瓜；㊂ 3 瓜；㊃ 4 瓜；㊄ 5 瓜；㊅ 6 瓜；㊆ 7 瓜。　　　（B角的8瓜及以上的瓜柱均与A角做法一致）

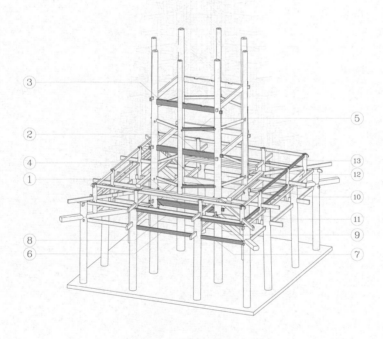

③
②
④
①
⑤
⑬
⑫
⑩
⑪
⑨
⑦
⑧
⑥

中柱、假柱围枋
一、二层檐围枋构件位置示意图

中柱、假柱围枋：① 中二枋；② 中二枋（中2）；③ 中三枋（中3）；④ 1层中假围枋；⑤ 2层中假围枋。

一、二层檐围枋：⑥（边柱一层左进围枋）中檐枋；⑦（边柱角左进围枋）角檐枋；⑧（边柱一排二左进围枋）中檐枋；

⑨（边柱一排二左进围枋）角檐枋；⑩ 1瓜中围枋；⑪ 1瓜角围枋；⑫ 1瓜中二围枋；⑬ 1瓜二角围枋。

正角（A角）榀架　　　　　　　　　　　　　　　假角（B角）榀架

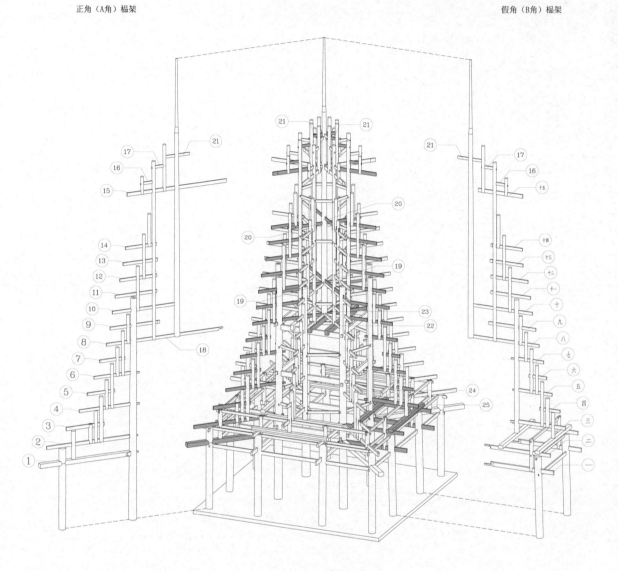

水枋、角枋、十字枋、楼梁构件位置示意图

A角水枋：① 角楼枋；② 2（层）角水（枋）；③ 3 角水；④ 4 角水；⑤ 5 角水；⑥ 6 角水；⑦ 7 角水；⑧ 8 角水；⑨ 9 角水；⑩ 10 角水；⑪ 11 角水；⑫ 12 角水；⑬ 13 角水；⑭ 14 角水；⑮ 15 角水。

B角水枋：㊀ 边柱1层中檐排间水枋；㊁ 2层排间水枋；㊂ 3 角水；㊃ 4 角水；㊄ 5 角水；㊅ 6 角水；㊆ 7 角水；㊇ 8 角水；㊈ 9 角水；㊉ 10 角水；⑪ 11 角水；⑫ 12 角水；⑬ 13 角水；⑭ 14 角水；⑮ 15 角水。

A、B蜂瓜角枋：⑯ 11瓜角枋；⑰ 蜂（柱）角枋。

十字枋：⑱ 第一层十字枋；⑲ 第二层十字枋；⑳ 第14层檐十字枋；㉑ 12瓜正假十字枋。

楼梁：㉒ 楼边梁；㉓ 正梁；㉔ 内楼台；㉕ 外楼台。

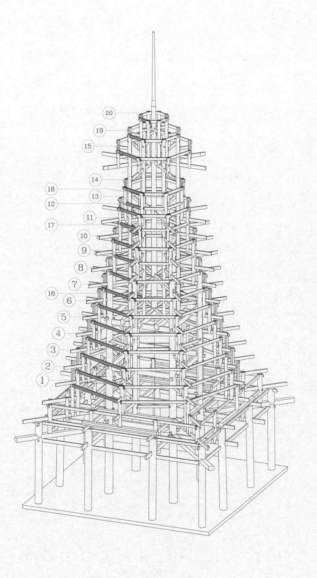

围枋构件位置示意图

围枋：① 3层围枋；② 4层围枋；③ 5层围枋；④ 6层围枋；⑤ 7层围枋；⑥ 8层围枋；⑦ 9层围枋；⑧ 10层围枋；⑨ 11层围枋；

⑩ 12层围枋；⑪ 13层围枋；⑫ 14层10瓜围枋；⑬ 格柱1（层）围枋；⑭ 格柱2围枋；⑮ 15层围枋；⑯ 蜂（柱）1层围枋；

⑰ 蜂2层围枋；⑱ 蜂3层围枋；⑲ 蜂4层围枋；⑳ 12瓜围枋。

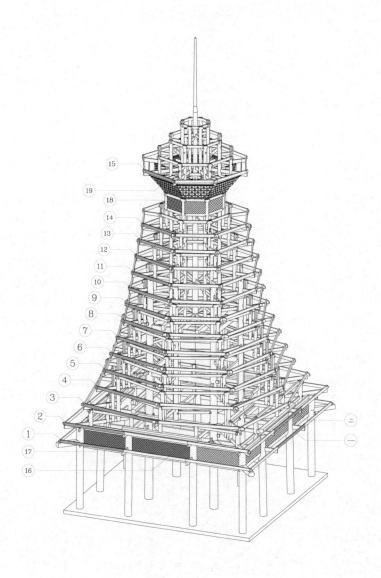

风枋、柱格、蜂穴构件位置示意图

风枋：① 一层角檐风枋；（一）1层檐柱风檐枋；② 2层角檐风枋；（二）2层1瓜风檐枋；

③ 3层风枋；④ 4层风枋；⑤ 5层风枋；⑥ 6层风枋；⑦ 7层风枋；⑧ 8层风枋；⑨ 9层风枋；⑩ 10层风枋；⑪ 11层风枋；

⑫ 12层风枋；⑬ 13层风枋；⑭ 14层风枋；⑮ 15层风枋。

柱格：⑯ 中檐柱格；⑰ 角檐格；⑱ 杯格。

蜂穴：⑲。

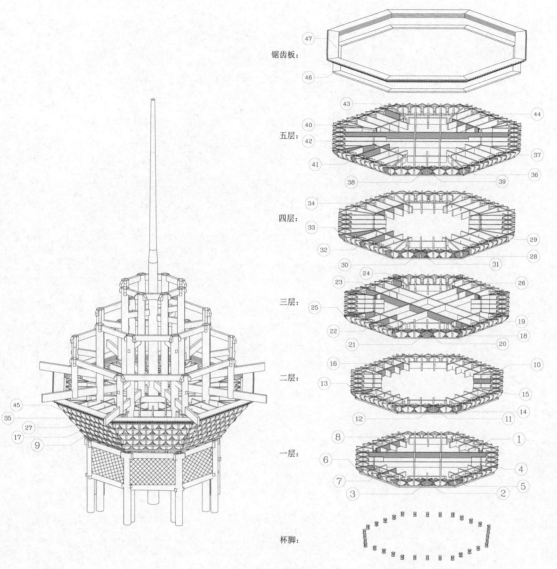

锯齿板:

五层:

四层:

三层:

二层:

一层:

杯脚:

蜂穴构件位置示意图

一层：①4类1层直角中叶；②1层3类1号边叶；③1层3类2号边叶；④1类1号麻雀板边叶；⑤1类2号麻雀板边叶；⑥（1层）2类角中叶；
　　　⑦1层中蜂中叶2号；⑧1层压蜂板；⑨1层垫蜂板。

二层：⑩2层直角中叶3类；⑪2类1号中蜂边叶；⑫2类2号中蜂边叶；⑬2层角蜂中叶2类；⑭2层麻雀眼板1类1号；⑮2层麻雀眼板1类2号；
　　　⑯2层压蜂板；⑰2层垫蜂板。

三层：⑱3层1类1号雀眼板边叶；⑲3层1类2号雀眼板边叶；⑳3层2类1号边叶；㉑3层2类2号边叶；㉒3层中叶3类3号；㉓3层中叶3类2、4号；
　　　㉔3层中叶3类1号；㉕角中叶2类；㉖3层压蜂板；㉗3层垫蜂板。

四层：㉘4层1类1号雀眼板边叶；㉙4层1类2号雀眼板边叶；㉚中蜂边叶2类1号；㉛中蜂边叶2类2号；㉜4层中蜂中叶3类；㉝4层角中叶2类；
　　　㉞4层压蜂板；㉟4层垫蜂板。

五层：㊱5层1类1号雀眼板边叶；㊲5层1类2号雀眼板边叶；㊳5层中蜂边叶2类1号；㊴5层中蜂边叶2类2号；㊵5层3类2、4号中叶；
　　　㊶5层中叶3类3号；㊷5层角中叶2类；㊸5层中叶3类1、5号；㊹5层压蜂板；㊺5层垫蜂板；㊻6层垫蜂板；㊼锯齿板。

贵州省黔东南苗族侗族自治州黎平县肇兴大寨礼团鼓楼内景

目录
MULU

151

四 · 水枋图

113

三·中四枋枋图

197

七·围枋

陆文礼　侗族·鼓楼　画样

233

八·风枋

303

贵州省黔东南苗族侗族自治州黎平县肇兴大寨礼团鼓楼屋顶

画线 鼓楼
陆文礼
侗族木构建筑营造技艺
GULOU HUAXIAN

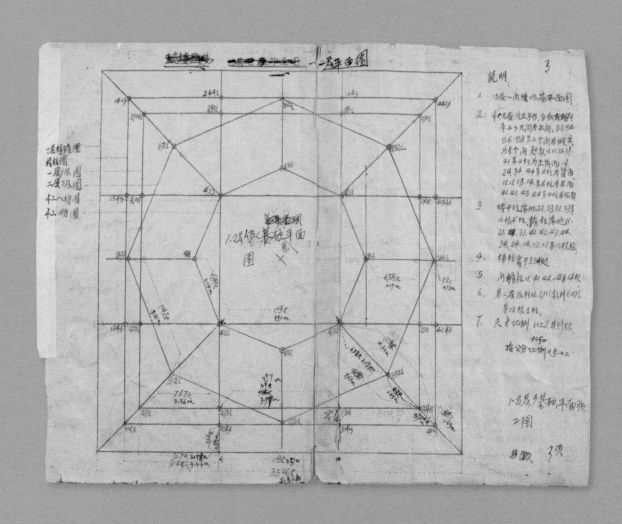

一、二层 A、B 角基础平面图

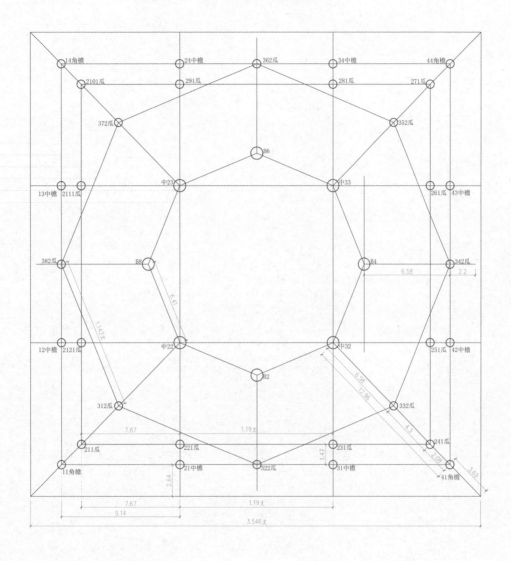

说明

1 15 层八角楼地基平面图。

2 第一至二层为正方形，分为 11、14、44、41 四个大角，为正角；B2、B4、B6、B8 四个角为假角，共八个角。从 11、21、31、41 开始数，四根柱为正前面；14、24、34、44 四根柱为背面；11、12、13、14 四根柱为右面；41、42、43、44 四根柱为左面。

3 楼中柱落地 22、23、32、33 四根中柱；檐柱落地为 11、21、31、41、42、43、44、34、24、14、13、12 十二根柱。

4 梯柱靠于 33 柱边。

5 角檐柱 11、41、44、14 四根。

6 第二层瓜柱从 211 瓜数到 2121 瓜，共 12 根瓜柱。

7 尺寸比例为 1：50.2。

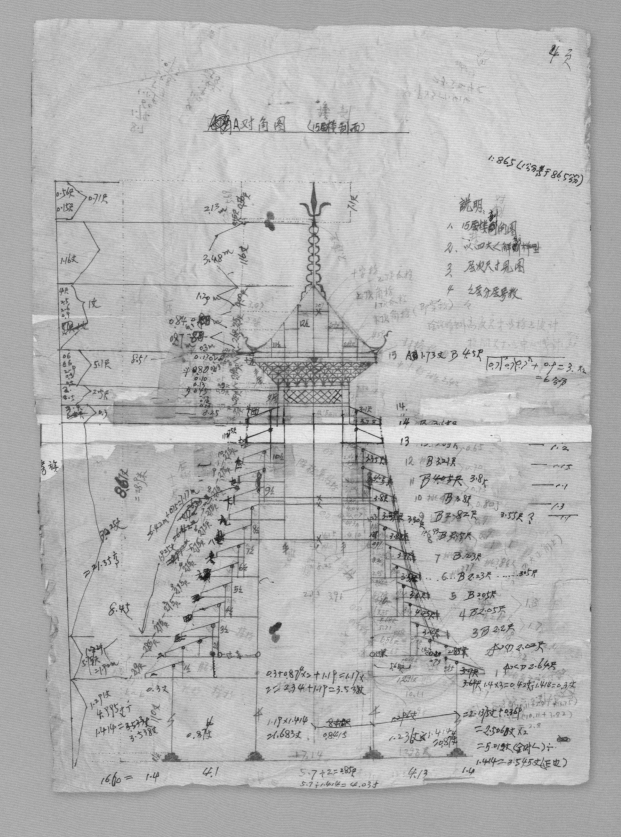

A 对角图·15 层楼剖面

说明

1 15 檐楼对角图。

2 从四大正角按对角线剖切。

3 层次尺寸见图。

4 檐层分层见号数。

5 原图比例为 1 : 86.5。

层数	出水长度	
	正（A）角（尺）	假（B）角（尺）
15	1.73 丈	4.5
14	3.1	3.1
13	3.7	3.65
12	3.35	3.21
11	4.05	3.8
10	3.8	3.8
9	3.90	2.82
8	3.88	2.5
7	3.3	2.3
6	3.5	2.23
5	3.6	2.05
4	4.25	2.05
3	3.4	2.2
2	2.85	2.02
1	3.17	2.64

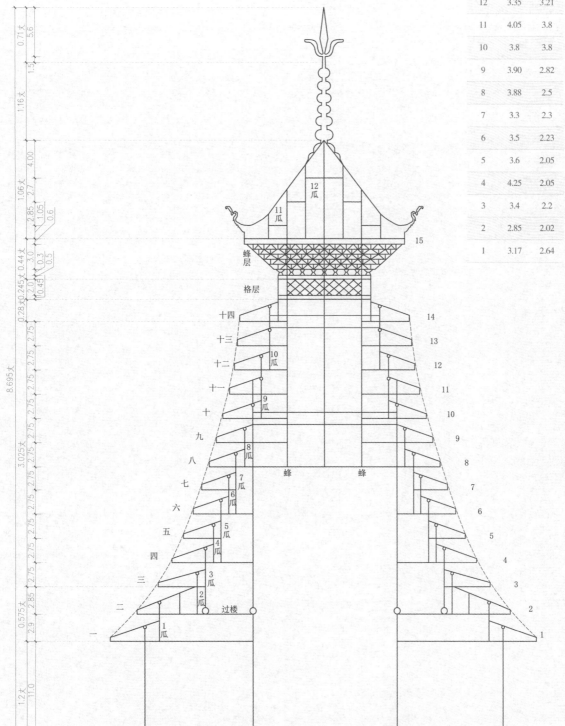

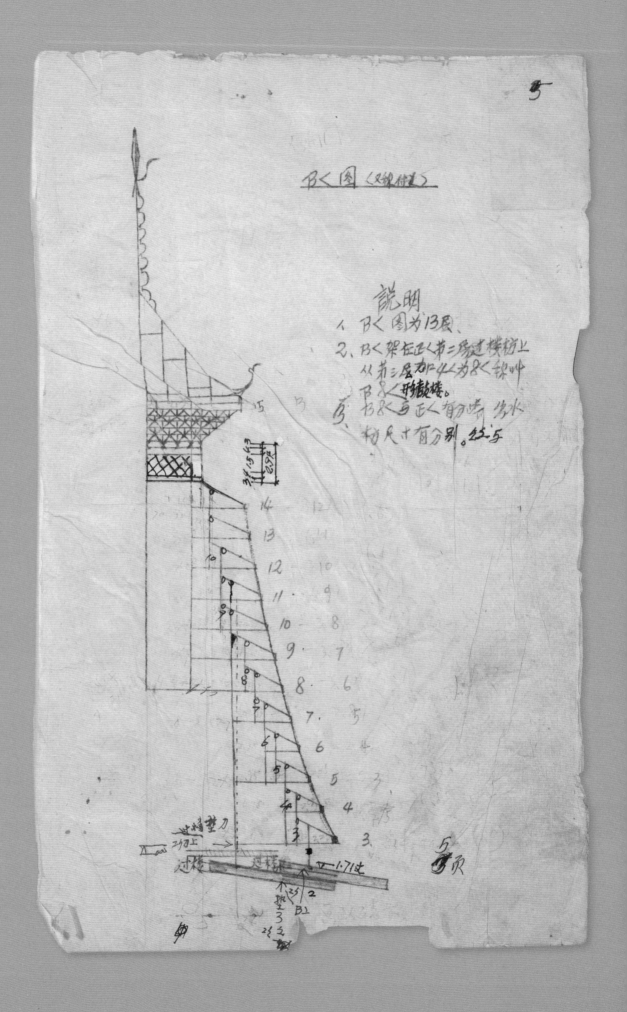

假角（又称付角）图

说明　1　假角图为13层。

　　　2　假角架在正角第三层过楼枋（内、外楼台）上，从第三层加四个角为八角，称作 B（假）8 角形鼓楼。

　　　3　假八角与正角出水枋尺寸有分别。

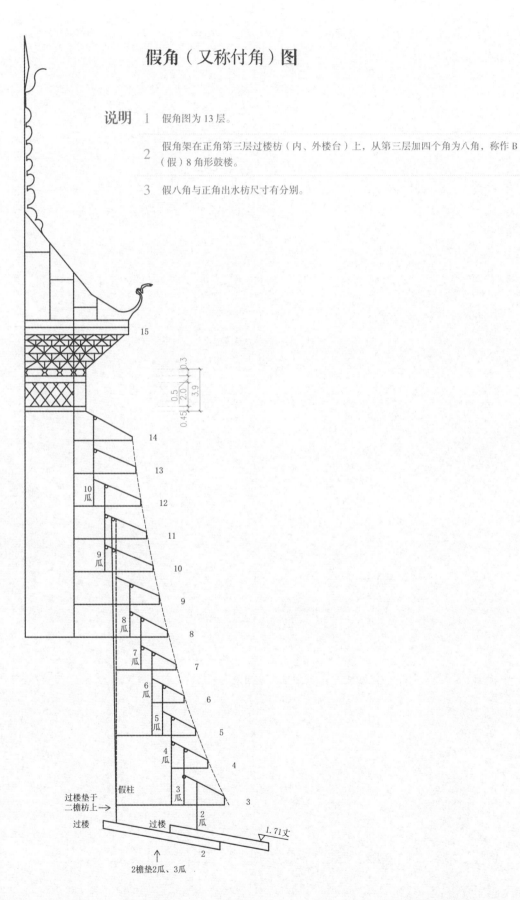

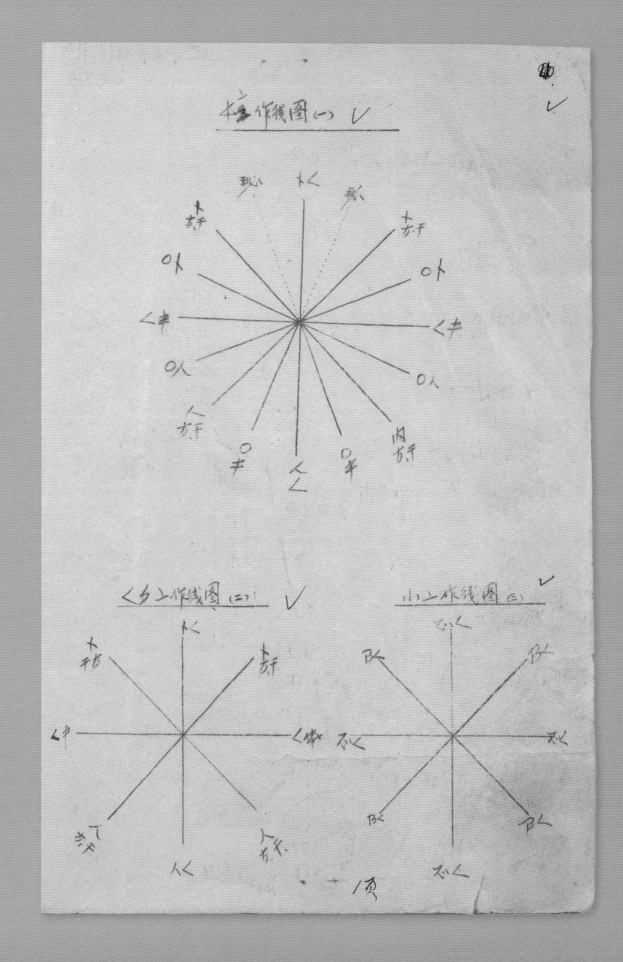

中柱作线图（一）

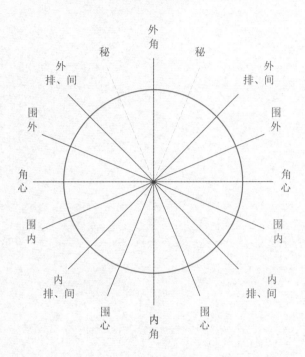

角檐柱作线图（二）　　尖柱作线图（三）

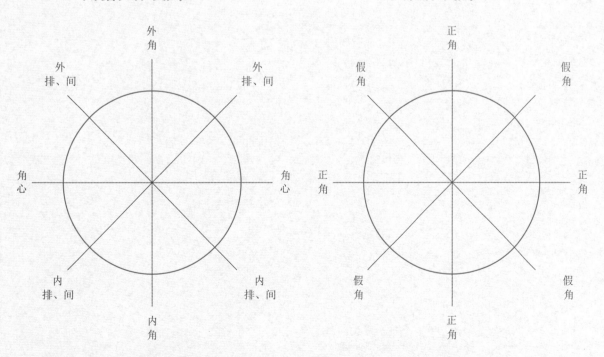

B上.半心与中心作线图　四

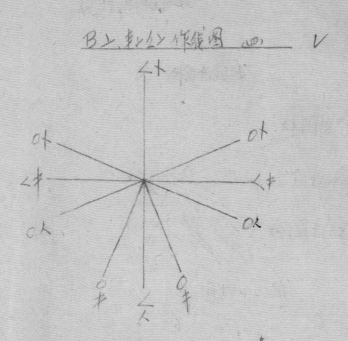

边半与心、心与十字作线图　五

十字线 半线和心卜线胡模侯梗用

假柱、蜂柱、瓜柱作线图（四）

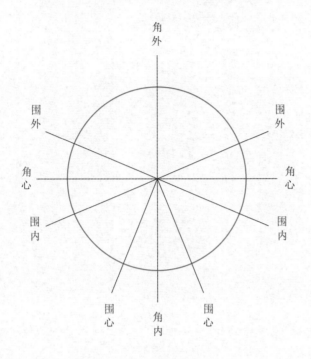

边中檐柱、梯柱、十字作线图（五）

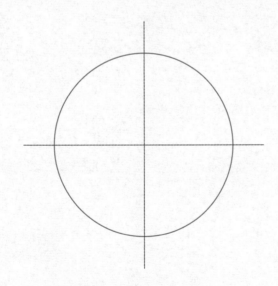

十字线、半线和内、外线调换使用

陆文礼使用的工具：墨斗、竹笔、尺、横板、锯、刨、斧、凿等。

墨斗、竹笔

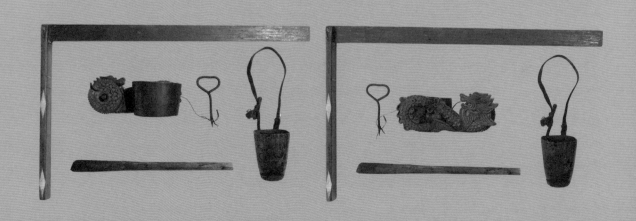

设计制图构件代号

序号	正文	代号	序号	正文	代号	序号	正文	代号	序号	正文	代号
1	柱		11	向		21	右进		31	檩	
2	中		12	梯		22	十字		32	眼	
3	檐		13	内		23	过		33	前	
4	假		14	外		24	梁		34	后	
5	副		15	槽		25	风		35	抬	
6	瓜		16	鼎		26	心		36	左	
7	蜂		17	围		27	枋		37	右	
8	格		18	排		28	层		38	上	
9	尖		19	间		29	水		39	下	
10	角		20	左进		30	嘴		40	瓷	

为了简写笔画数，写字快一些，所以用以上代号，（施工时）操作速度更快。我不保守，敞开肚子，让更多的爱好者来学。有施工的全图，有依据、易学、易懂、易记。保质、保量、保安全负责支持指导为建成效。今国家把侗族古建筑物（技术）列为国家非物质文化遗产，部分建筑为重点文物保护单位。要尽一切能力为国家、为侗族人"争名誉，争光彩"。义务传教，只要肯学，越多越好，乐于传承。

有施工的全部图纸和效果图纸，有依据、有榜样、易学、易懂、易记、不为难。

贵州省黔东南苗族侗族自治州黎平县纪堂村纪堂下寨鼓楼

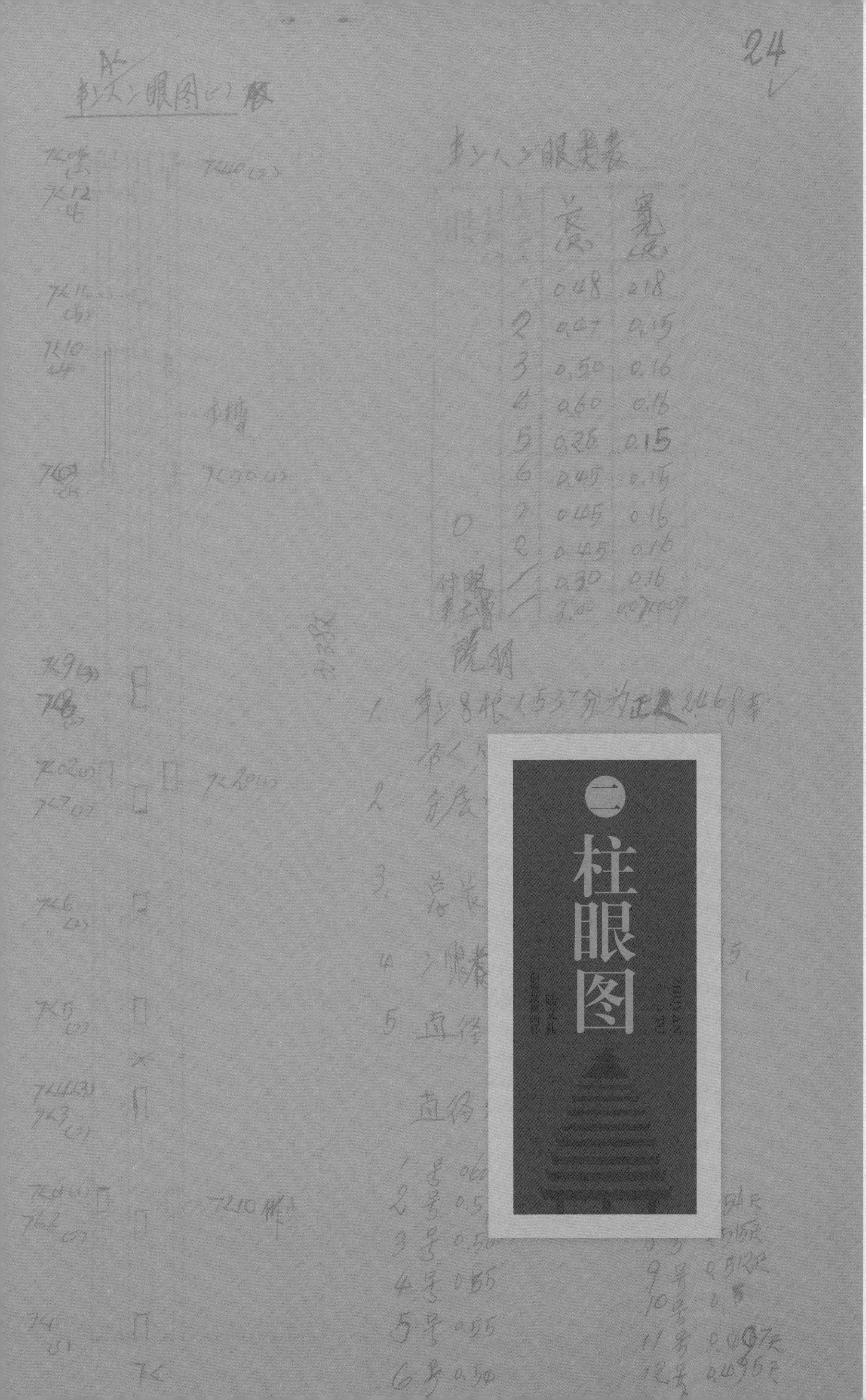

二

柱眼图

ZHUYANTU

陆文礼

	长	宽
1	0.48	0.18
2	0.47	0.15
3	0.50	0.16
4	0.60	0.16
5	0.26	0.15
6	0.45	0.15
7	0.45	0.16
	0.45	0.16
/	0.30	0.16
		0.07/0.07

说明

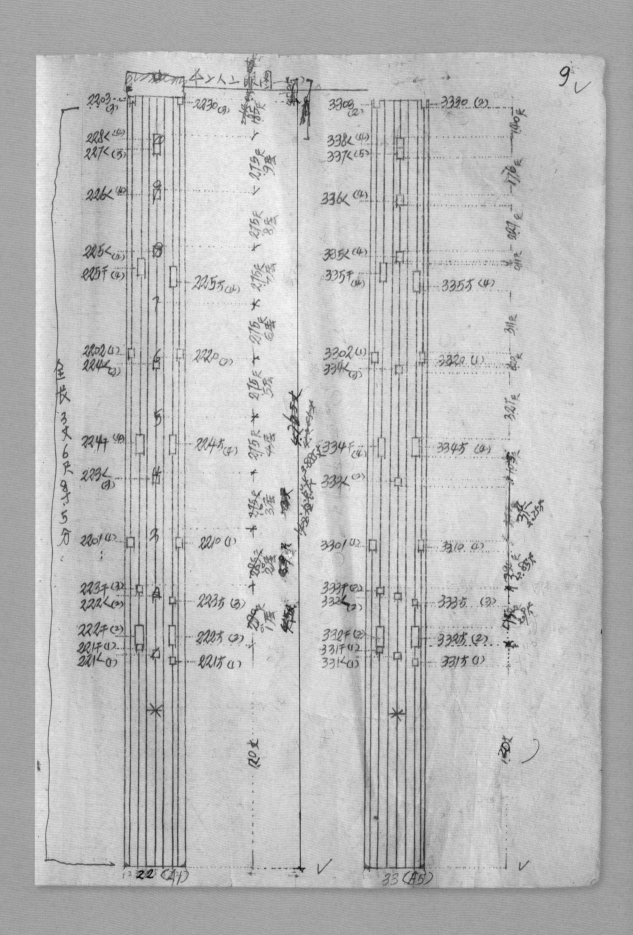

中柱内柱眼图（一）

22 (A1)

左侧柱（A1）：

- 22围3 (2) ｜ 223围 (2) — 1.85
- 228角 (4) / 227角 (5) — 10
- 9层 — 2.75
- 226角 (4) — 9
- 8层 — 2.75
- 225角 (4) / 225间 (4) — 8 ｜ 225排 (4)
- 7层 — 2.75
- 7
- 6层 — 2.75
- 22围2 (1) / 224角 (3) — 6 ｜ 222围 (1)
- 5层 — 2.75
- 5
- 224间 (4) ｜ 224排 (4) — 4层 — 2.75
- 223角 (3) — 4
- 3层 — 2.75 ｜ 3.885大
- 3
- 22围1 (1) ｜ 221围 (1)
- 2层 — 2.85
- 223间 (3) / 222角 (2) — 2 ｜ 223排 (3)
- 1层 — 2.90
- 222间 (2) / 221间 (1) / 221角 (1) — 1 ｜ 222排 (2) / 221排 (1)
- ※
- 1.2大

33 (A5)

右侧柱（A5）：

- 33围3 (2) ｜ 333围 (2) — 1.40
- 338角 (4) / 337角 (5)
- 1.76
- 336角 (4)
- 2.27
- 335角 (4) / 335间 (4) ｜ 335排 (4)
- 0.11
- 0.02 / 3.11
- 33围2 (1) / 334角 (3) ｜ 332围 (1)
- 3.27
- 334间 (4) ｜ 334排 (4)
- 1.05
- 333角 (3)
- 3.05
- 33围1 (1) ｜ 331围 (1)
- 1.90
- 333间 (3) / 332角 (2) ｜ 333排 (3)
- 1.3
- 332间 (2) / 331间 (1) / 331角 (1) ｜ 332排 (2) / 331排 (1)
- ※
- 1.2大

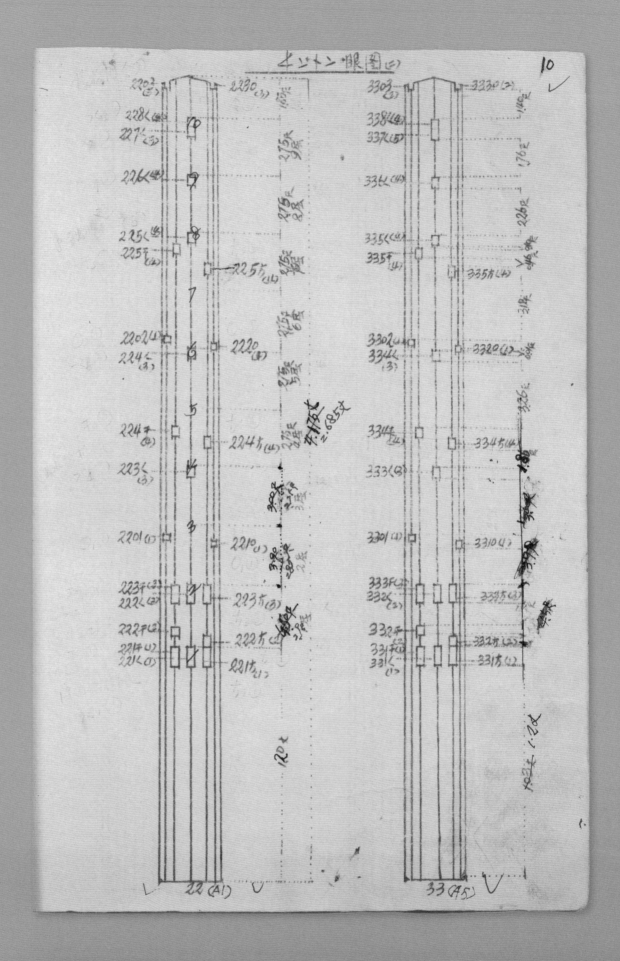

中柱外柱眼图（二）

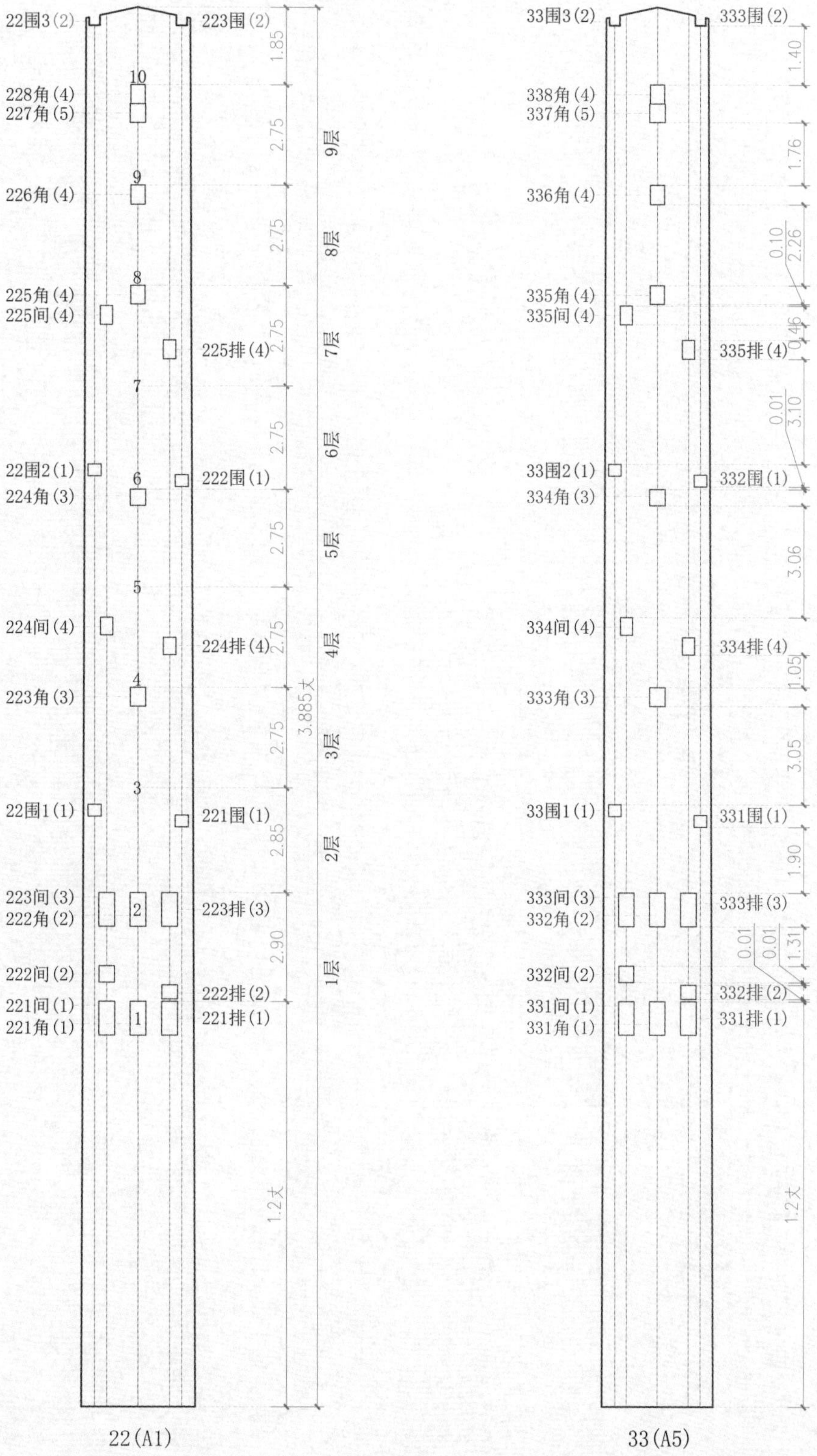

22围3(2)　223围(2)　1.85
228角(4)　227角(5)　10　2.75　9层
226角(4)　9　2.75　8层
225角(4)　225间(4)　8　2.75　7层　225排(4)
7
22围2(1)　224角(3)　6　222围(1)　2.75　6层
5　2.75　5层
224间(4)　224排(4)　2.75　4层
223角(3)　4　2.75　3层　3.885大
3
22围1(1)　221围(1)　2.85　2层
223间(3)　222角(2)　2　223排(3)　2.90　1层
222间(2)
221间(1)　221角(1)　1　222排(2)　221排(1)
1.2丈
22(A1)

33围3(2)　333围(2)　1.40
338角(4)　337角(5)　1.76
336角(4)　0.10　2.26
335角(4)　335间(4)　0.46　335排(4)
0.01　3.10
33围2(1)　334角(3)　332围(1)
3.06
334间(4)　334排(4)　1.05
333角(3)　3.05
33围1(1)　331围(1)　1.90
333间(3)　332角(2)　333排(3)　0.01　0.01　1.31
332间(2)
331间(1)　331角(1)　332排(2)　331排(1)
1.2丈
33(A5)

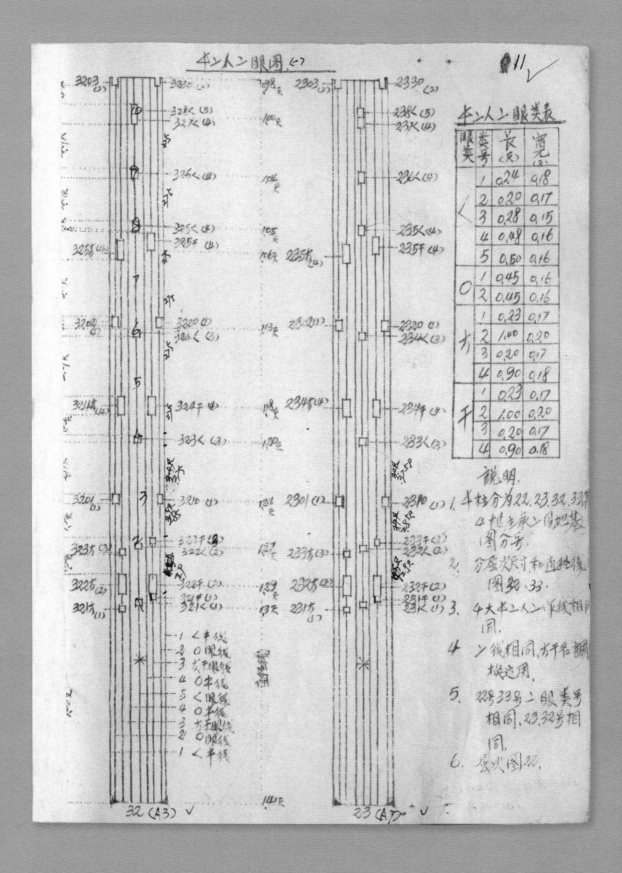

中柱内柱眼图（一）

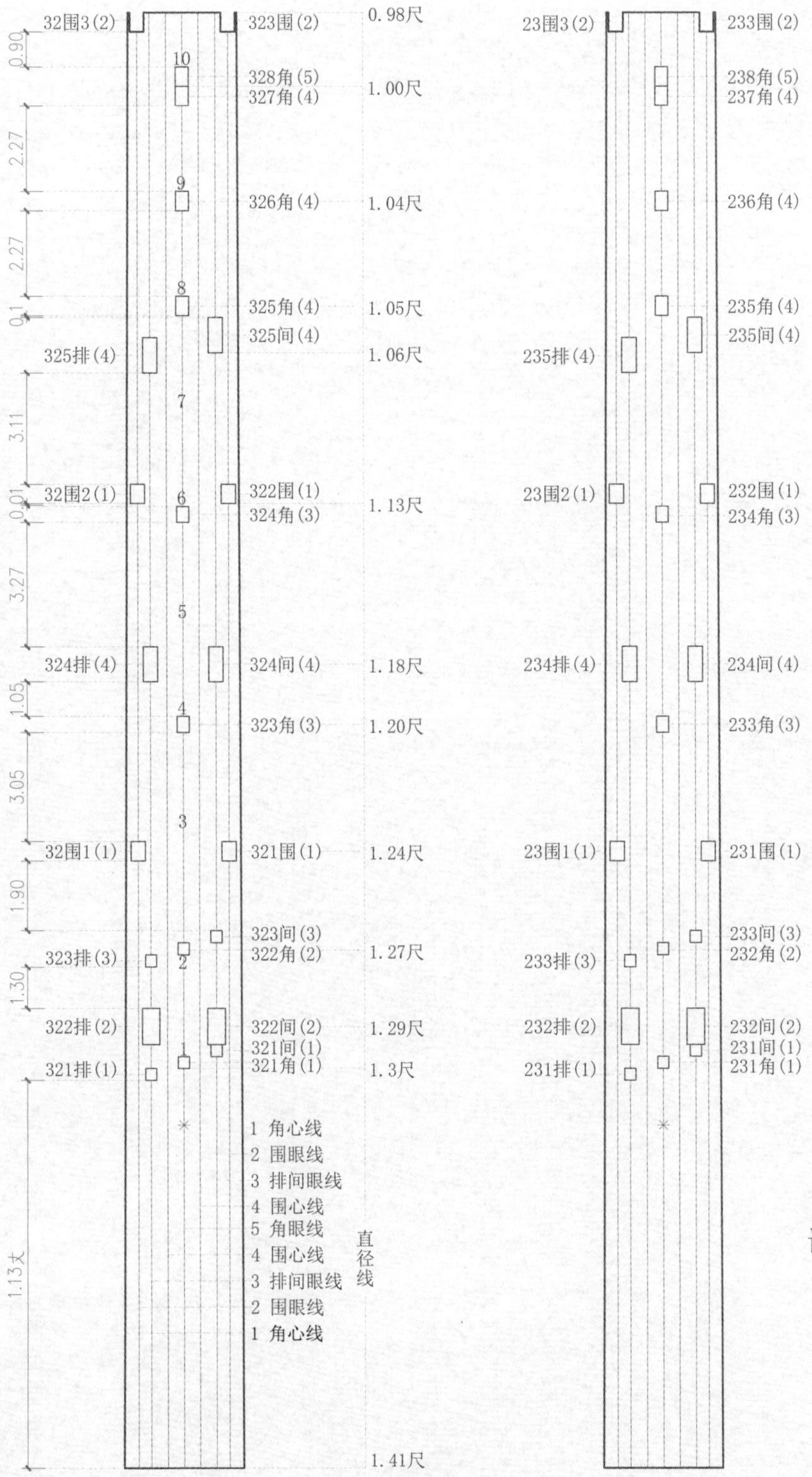

32（A3）

左侧标注（自上而下）：
- 32围3(2) ｜ 0.90
- 323围(2) ｜ 0.98尺
- 10 ｜ 328角(5) 327角(4) ｜ 1.00尺
- 2.27
- 9 ｜ 326角(4) ｜ 1.04尺
- 2.27
- 8 ｜ 325角(4) ｜ 1.05尺
- 0.1
- 325排(4) ｜ 325间(4) ｜ 1.06尺
- 3.11
- 7
- 32围2(1) ｜ 322围(1) ｜ 0.01
- 6 ｜ 324角(3) ｜ 1.13尺
- 3.27
- 5
- 324排(4) ｜ 324间(4) ｜ 1.05
- 4 ｜ 323角(3) ｜ 1.20尺
- 3.05
- 3
- 32围1(1) ｜ 321围(1) ｜ 1.24尺
- 1.90
- 323排(3) ｜ 323间(3) 322角(2) ｜ 1.27尺
- 1.30 ｜ 2
- 322排(2) ｜ 322间(2) 321间(1) ｜ 1.29尺
- 321排(1) ｜ 321角(1) ｜ 1.3尺
- ✳
- 1 角心线
- 2 围眼线
- 3 排间眼线
- 4 围心线
- 5 角眼线
- 4 围心线
- 3 排间眼线
- 2 围眼线
- 1 角心线
- 直径线
- 1.13大
- 1.41尺

23（A7）

- 23围3(2) ｜ 233围(2)
- 238角(5) 237角(4)
- 236角(4)
- 235角(4)
- 235排(4) ｜ 235间(4)
- 23围2(1) ｜ 232围(1) 234角(3)
- 234排(4) ｜ 234间(4)
- 233角(3)
- 23围1(1) ｜ 231围(1)
- 233排(3) ｜ 233间(3) 232角(2)
- 232排(2) ｜ 232间(2) 231间(1)
- 231排(1) ｜ 231角(1)
- ✳

中柱内柱眼类表

单位：尺

眼类	类号	长	宽
角	1	0.24	0.18
	2	0.20	0.17
	3	0.28	0.15
	4	0.48	0.16
	5	0.50	0.16
围	1	0.45	0.16
	2	0.45	0.16
排	1	0.23	0.17
	2	1.00	0.20
	3	0.20	0.17
	4	0.90	0.18
间	1	0.23	0.17
	2	1.00	0.20
	3	0.20	0.17
	4	0.90	0.18

说明

1 中柱分22、23、32、33四根主承柱，见地基图分号。

2 分层次尺寸和直径线见图32、图33。

3 四大中柱内柱作线相同。

4 柱线相同，排、间名调换运用。

5 22号、33号柱眼类号相同；23号、32号柱相同。

6 层次见图22。

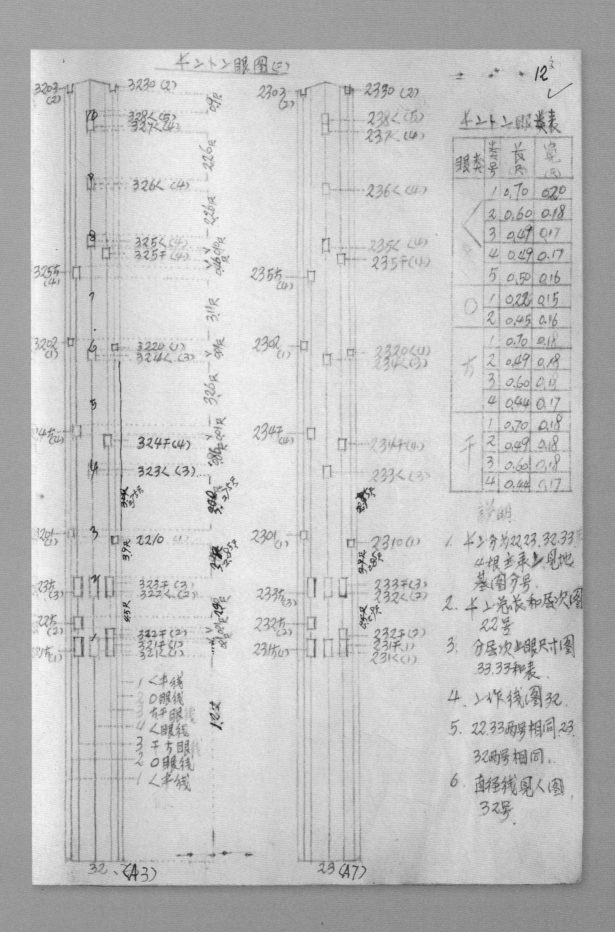

中柱外柱眼图（二）

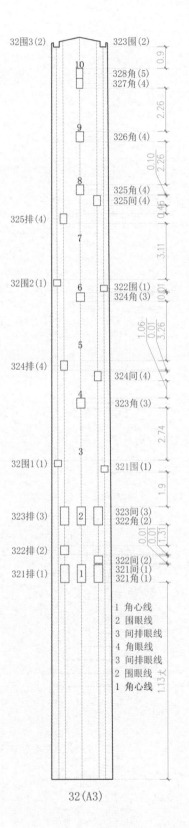

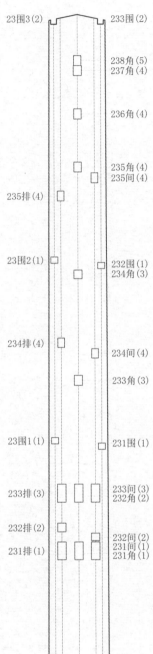

32（A3）　　　23（A7）

1 角心线
2 围眼线
3 间排眼线
4 角眼线
3 间排眼线
2 围眼线
1 角心线

中柱外柱眼类表

单位：尺

眼类	类号	长	宽
角	1	0.70	0.20
	2	0.60	0.18
	3	0.49	0.17
	4	0.49	0.17
	5	0.50	0.16
围	1	0.22	0.15
	2	0.45	0.16
排	1	0.70	0.18
	2	0.49	0.18
	3	0.60	0.18
	4	0.44	0.17
间	1	0.70	0.18
	2	0.49	0.18
	3	0.60	0.18
	4	0.44	0.17

说明

1 中柱分 22、23、32、33 四根主承柱，见地基图分号。

2 中柱总长和层次见图22。

3 分层次柱眼尺寸见图33和表。

4 柱作线见图32。

5 22、33 两柱的柱眼类号相同，23、32 两柱的柱眼类号相同。

6 直径线见32柱内柱图。

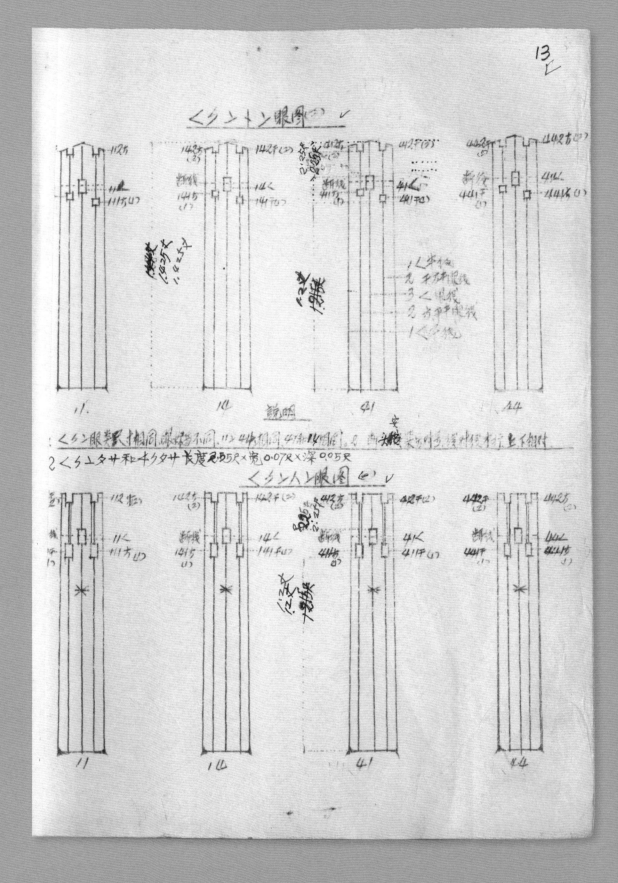

角檐柱外柱眼图（二）

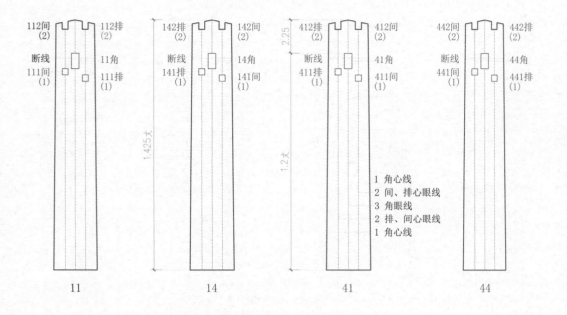

| 11 | 14 | 41 | 44 |

说明

1　角檐柱眼类尺寸相同，眼称号不同，11柱、44柱相同，41柱和14柱相同。断头安装号对号、线对线才行，上下相对。

2　角檐柱格槽和中檐格槽，长度2.55尺 × 宽0.07尺 × 深0.05尺。

角檐柱内柱眼图（一）

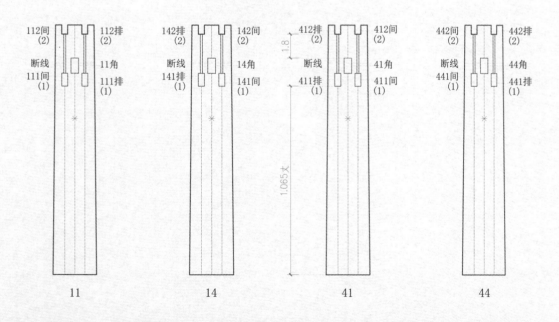

| 11 | 14 | 41 | 44 |

〈夕〉十〈眼差表

眼类号	差	宽
〈 1	0.75	0.20
不 1	0.29	0.16
不 2	0.45	0.16
右 1	0.29	0.16
右 2	0.45	0.16

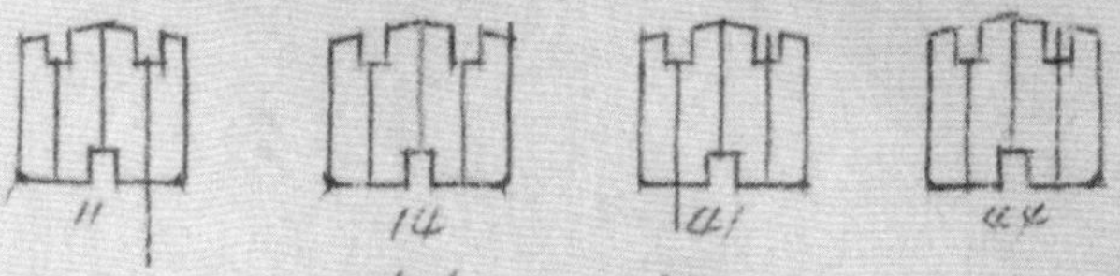

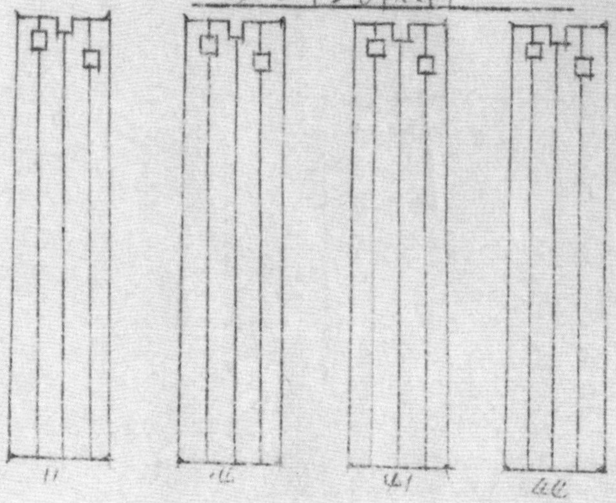

〈夕〉十〈断头图（上节）（一）

11　14　41　44

〈夕〉十〈断头（下节）

11　14　41　44

〈夕〉人〈眼差表

眼类号	差(尺)	常宽
〈	0.75	0.20
不 1	0.60	0.17
不 2	0.45	0.16
右 1	0.60	0.17
右 2	0.45	0.16

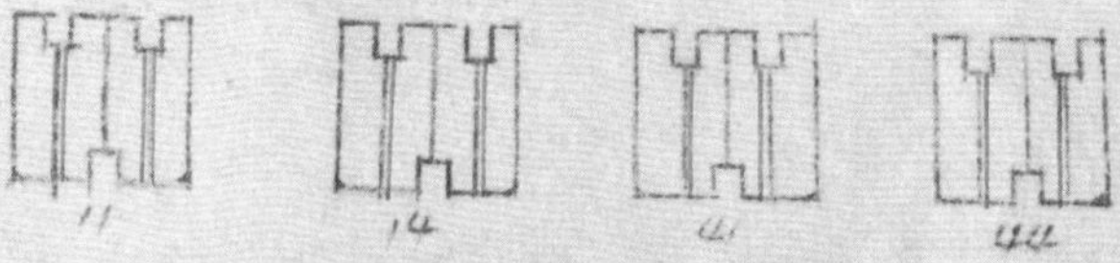

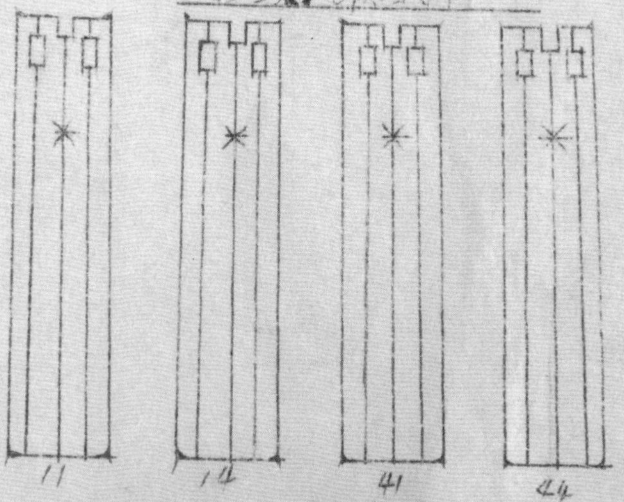

〈夕〉人〈断头图（上节）（一）

11　14　41　44

〈夕〉人〈断头图（下节）

11　14　41　44

角檐柱外柱断头图（上节）（二）

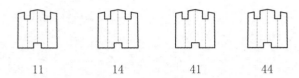

| 11 | 14 | 41 | 44 |

角檐柱外柱断头图（下节）

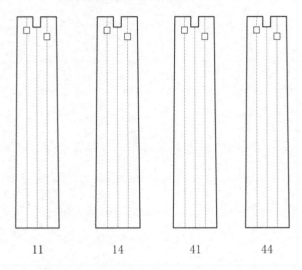

| 11 | 14 | 41 | 44 |

角檐柱外柱眼类表

单位：尺

眼类	类号	长	宽
角	1	0.75	0.20
间	1	0.29	0.16
	2	0.45	0.16
排	1	0.29	0.16
	2	0.45	0.16

角檐柱内柱断头图（上节）（一）

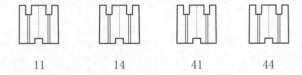

| 11 | 14 | 41 | 44 |

角檐柱内柱断头图（下节）

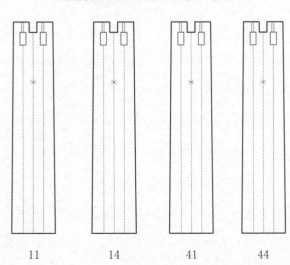

| 11 | 14 | 41 | 44 |

角檐柱内柱眼类表

单位：尺

眼类	类号	长	宽
角		0.75	0.20
间	1	0.60	0.17
	2	0.45	0.16
排	1	0.60	0.17
	2	0.45	0.16

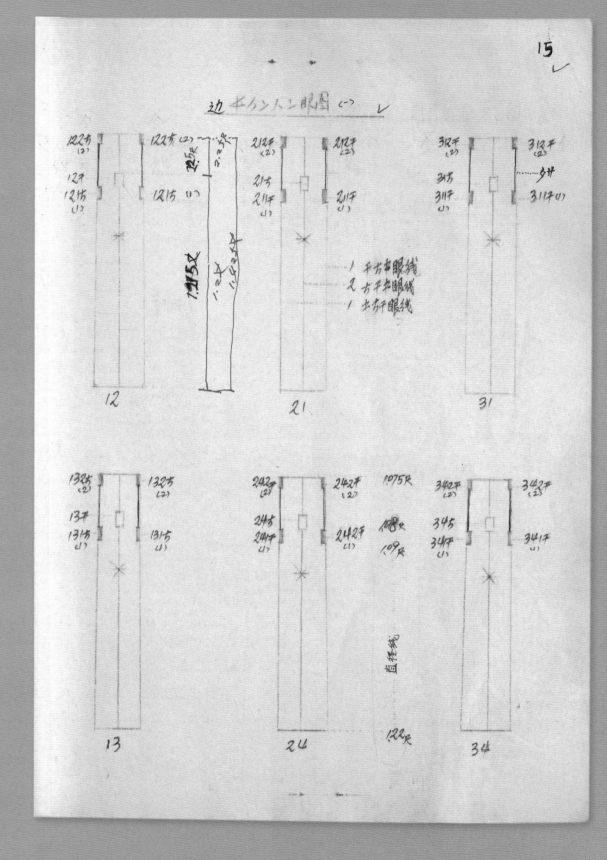

边中檐柱内柱眼图（一）

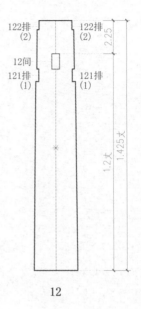

122排
(2)

122排
(2)

12间

121排
(1)

121排
(1)

2.25

1.425丈

1.2丈

12

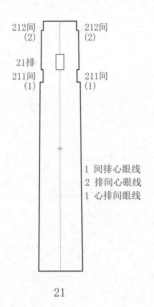

212间
(2)

212间
(2)

21排

211间
(1)

211间
(1)

1 间排心眼线
2 排间心眼线
1 心排间眼线

21

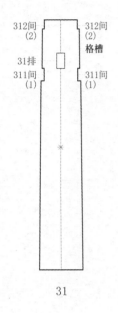

312间
(2)

312间
(2)

31排

格槽

311间
(1)

311间
(1)

31

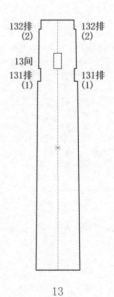

132排
(2)

132排
(2)

13间

131排
(1)

131排
(1)

13

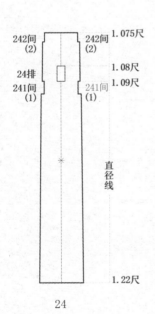

242间
(2)

242间
(2)

1.075尺

24排

1.08尺

241间
(1)

241间
(1)

1.09尺

直径线

1.22尺

24

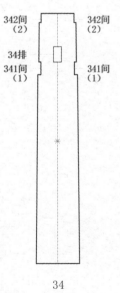

342间
(2)

342间
(2)

34排

341间
(1)

341间
(1)

34

边半夕乚人乚眼图 (二) ✓

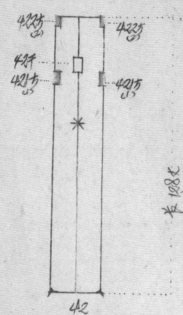

42

半夕乚人乚眼类表

号	眼类	类号	长 (尺)	宽 (尺)
12、13	方	1	0.60	0.16
		2	0.45	0.16
12、13	干		0.70	0.17
21、24	干	1	0.60	0.16
		2	0.45	0.16
21-24	方		0.70	0.17
31-34	干	1	0.60	0.16
		2	0.45	0.16
31-34	方		0.70	0.17
42-43	方	1	0.60	0.16
		2	0.45	0.16
42-43	干		0.70	0.17

说明

1. 半夕乚分为 12、13、21、24、31、34、42、43 等8根乚，乚眼尺寸相同，眼类稀号不同，易以其图分号。

2. 12、13、42、43 等乚眼类号相同，21、24、31、34 等相同。

3. 半人乚义寺线调换适用见 12、21 图。

4. 总长和分寻尺寸 42 图、31 图。

5. 乚线图 21、直径线图 24。

6. ＜夕乚寺甘对线开甘8根相同 见 31人乚图。

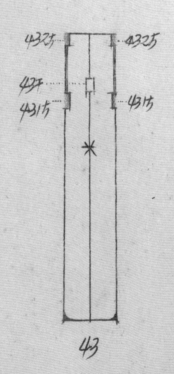

43

边中檐柱内柱眼图（一）

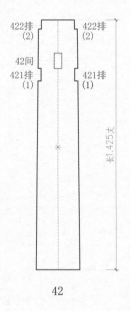

422排
(2)　　422排
(2)

42间

421排
(1)　　421排
(1)

长1.425丈

42

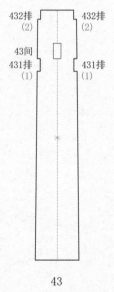

432排
(2)　　432排
(2)

43间

431排
(1)　　431排
(1)

43

中檐柱内柱眼类表

单位：尺

柱号	眼类	类号	长	宽
12-13	排	1	0.60	0.16
		2	0.45	0.16
	间		0.70	0.17
21-24	间	1	0.60	0.16
		2	0.45	0.16
	排		0.70	0.17
31-34	间	1	0.60	0.16
		2	0.45	0.16
	排		0.70	0.17
42-43	排	1	0.60	0.16
		2	0.45	0.16
	间		0.70	0.17

说明

1　中檐柱分为 12、13、21、24、31、34、42、43 八根柱，柱眼尺寸相同，眼类称号不同，见地基图分号。

2　12、13、42、43 柱眼类号相同；21、24、31、34 柱相同。

3　中内柱十字线调换运用，见图12、图21。

4　总长和分层尺寸见图42、图31。

5　柱线见图21，直径线见图24。

6　角檐柱格槽对线开槽，8根相同，见内柱图31。

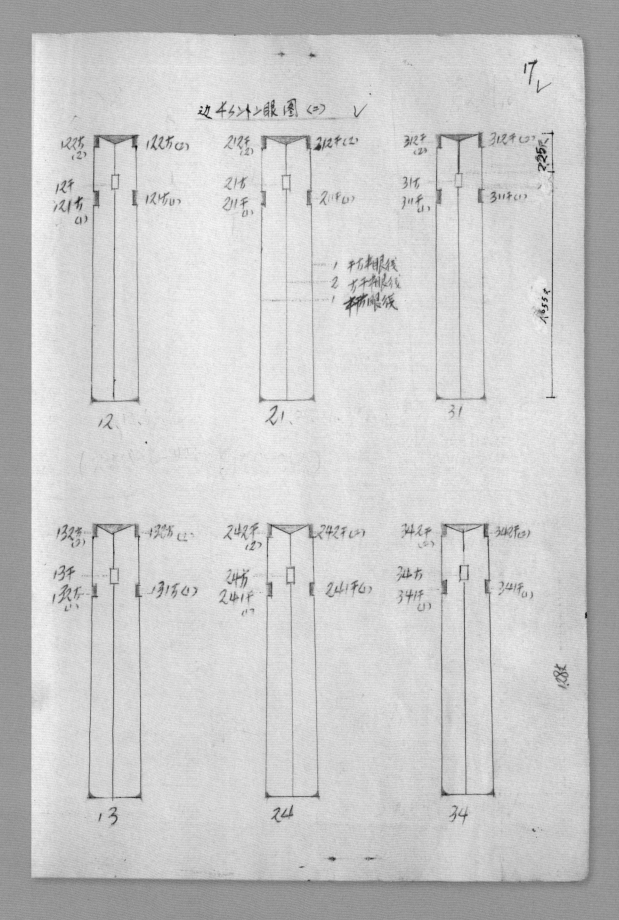

边中檐柱外柱眼图（二）

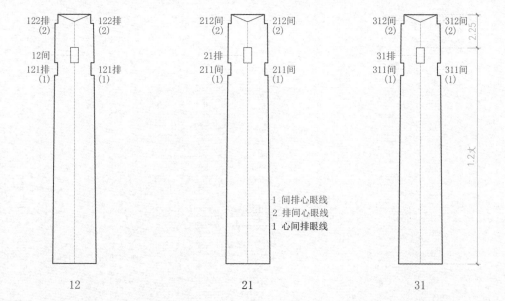

1　间排心眼线
2　排间心眼线
1　心间排眼线

12

21

31

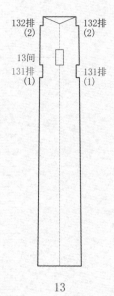

13

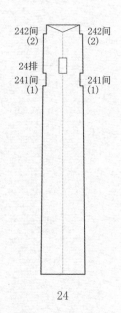

24

34

边柱2上2眼图 (二) ✓

422方(三)   422方(四)
42平
421方(一)   421方(二)
42

柱2上2眼表

柱号	眼类	类号	长(尺)	宽(尺)
12·13	方	1	0.60	0.16
		2	0.45	0.16
2·13	平		0.69	0.16
21·24	平	1	0.60	0.16
		2	0.45	0.16
21·24	方		0.69	0.16
31·34	平	1	0.60	0.16
		2	0.45	0.16
31·34	方		0.?	0.16
42·43	方	1	0.60	0.16
		2	0.45	0.16
42·43	平		0.69	0.16
夕廿	平方		205×0.07×0.05	

说明:

(1) 本2上各为 12·13·21·24·31·34·42·43 等8上现
　　地基图分号.

(2) 12·13·42·43 等4根上眼类号尺寸相同, 21·24
　　31·34 等4根上眼类号相同.

(3) 本2上X字城调换适用见右面划图

(4) 直移线见入2·24图

(5) 作线现划图.

(6) 上头刻秋 符号 (⌐⌐)

432方(三)   433方(四)
43平
431方(一)   431方(二)
43

边中檐柱外柱眼图（二）

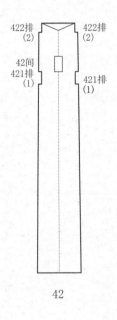

422排
(2)   422排
(2)

42间
421排
(1)   421排
(1)

42

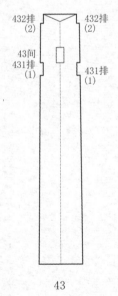

432排
(2)   432排
(2)

43间
431排
(1)   431排
(1)

43

中檐柱外柱眼类表

单位：尺

柱号	眼类	类号	长	宽
12-13	排	1	0.60	0.16
		2	0.45	0.16
	间		0.69	0.16
21-24	间	1	0.60	0.16
		2	0.45	0.16
	排		0.69	0.16
31-34	间	1	0.60	0.16
		2	0.45	0.16
	排		0.69	0.16
42-43	排	1	0.60	0.16
		2	0.45	0.16
	间		0.69	0.16
格槽	间排		2.05	0.07×0.05

说明

1　中檐柱分为 12、13、21、24、31、34、42、43 八根柱，见地基图分号。

2　12、13、42、43 四根柱眼类号*、尺寸相同；21、24、31、34 四根柱眼类号相同。

3　中檐柱十字线调换运用，见图 12 和图 21。

4　直径线见图内柱 24。

5　作线见图 21。

6　柱头外砍符号（▽）

注：*眼类号是指柱卯口的分类号。

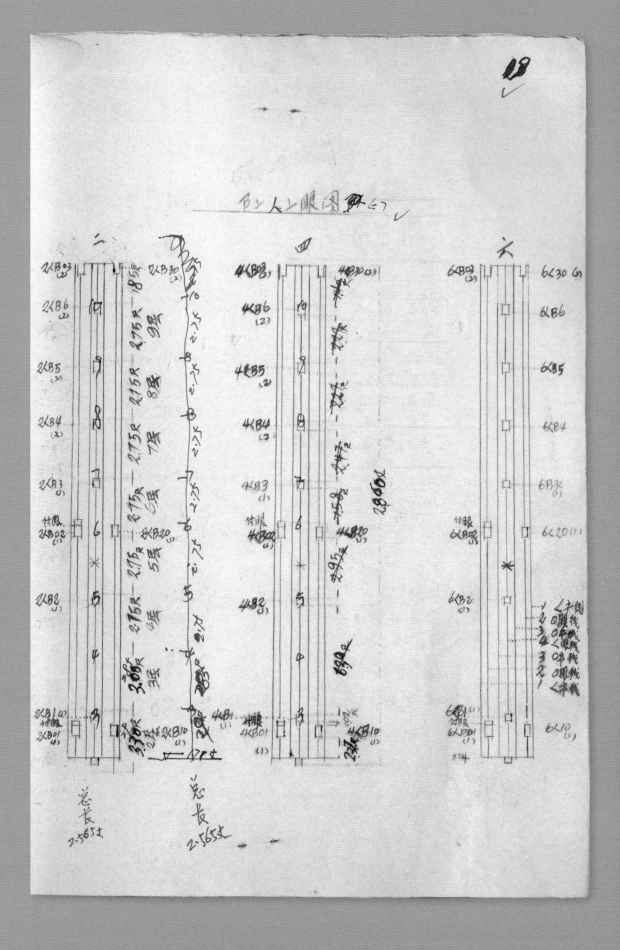

假柱内柱眼图（一）

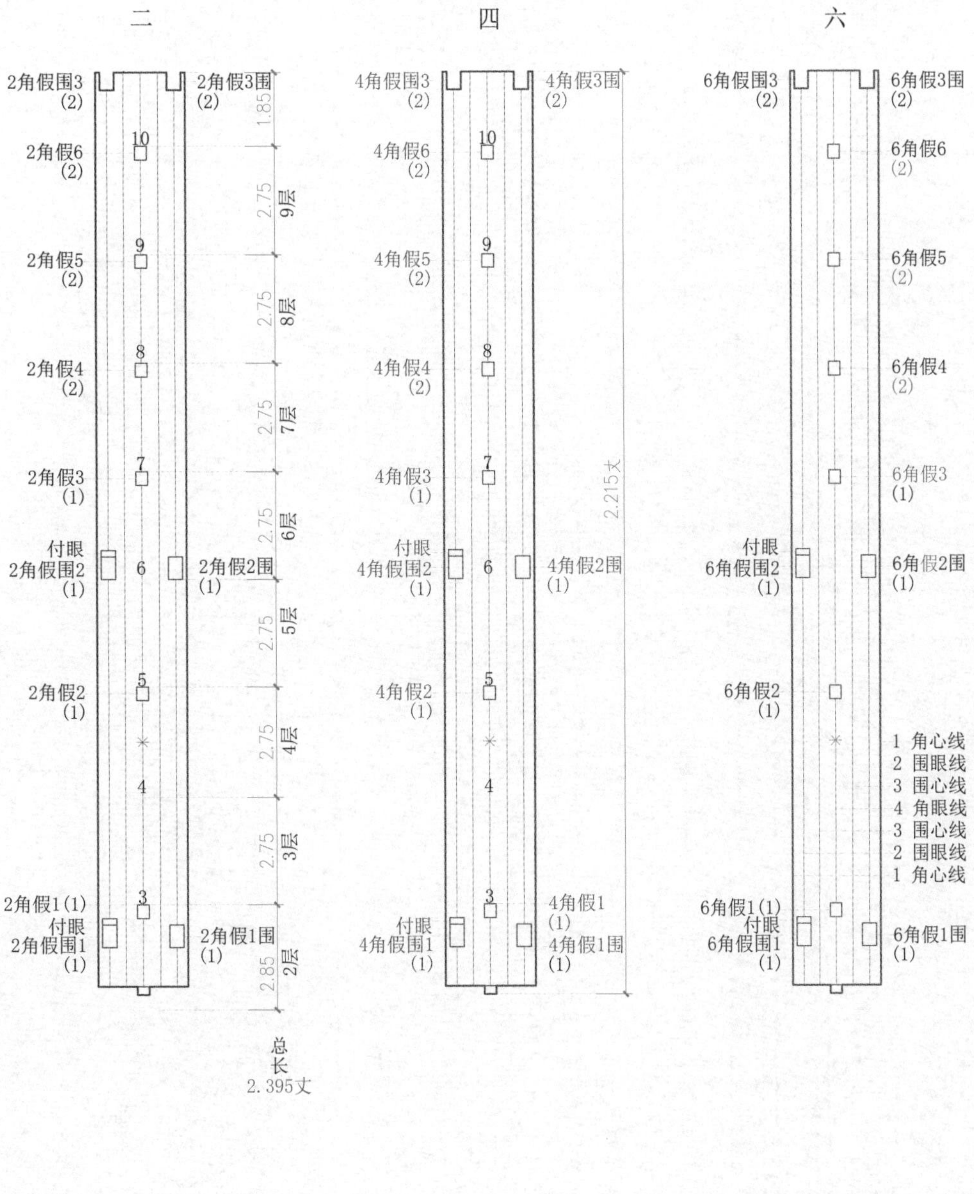

二　　　　　　四　　　　　　六

二			四			六	
2角假围3 (2)		2角假3围 (2)	4角假围3 (2)		4角假3围 (2)	6角假围3 (2)	6角假3围 (2)
2角假6 (2)	10		4角假6 (2)	10		6角假6 (2)	6角假6 (2)
2角假5 (2)	9		4角假5 (2)	9		6角假5 (2)	6角假5 (2)
2角假4 (2)	8		4角假4 (2)	8		6角假4 (2)	6角假4 (2)
2角假3 (1)	7		4角假3 (1)	7		6角假3 (1)	6角假3 (1)
付眼 2角假围2 (1)	6	2角假2围 (1)	付眼 4角假围2 (1)	6	4角假2围 (1)	付眼 6角假围2 (1)	6角假2围 (1)
2角假2 (1)	5		4角假2 (1)	5		6角假2 (1)	
	4			4			
2角假1(1) 付眼 2角假围1 (1)	3	2角假1围 (1)	付眼 4角假围1 (1)	3	4角假1 (1) 4角假1围 (1)	6角假1(1) 付眼 6角假围1 (1)	6角假1围 (1)

二列右侧尺寸标注：
1.85
2.75　9层
2.75　8层
2.75　7层
2.75　6层
2.75　5层
2.75　4层
2.75　3层
2.85　2层

总长 2.395丈

四列标注：2.215丈

六列说明：
1 角心线
2 围眼线
3 围心线
4 角眼线
3 围心线
2 围眼线
1 角心线

19 20

BLㄥ人ㄥ眼图 (二)

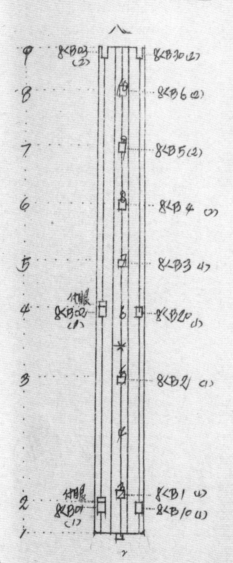

八

9	8ㄥB0③ (2)		8ㄥB3○ (2)
8			8ㄥB6 (2)
7			8ㄥB5 (2)
6			8ㄥB4 (2)
5			8ㄥB3 (2)
4	付眼 8ㄥB②② (1)		8ㄥB2○ (1)
3			8ㄥB2 (1)
2	付眼 8ㄥB0① (1)		8ㄥB1 (1) ・ 8ㄥB1○ (1)
1			

8ㄥ人ㄥ眼类号表

眼类	类号	长(米)	宽(米)
ㄥ	1	0.28	0.15
	2	0.48	0.16
○	1	0.45	0.16
	2	0.45	0.16
付眼		0.24	0.16
枡栓		0.10	0.1×0.1

8ㄥ人ㄥ线表

线号	线类名
1	ㄥ本线
2	○眼线
3	○本线
4	ㄥ眼线

说明

1. 4根Bㄥㄥ眼尺寸相同, 分为 2、4、6、8 等4根, 成为4 个Bㄥ。

2. 分层次尺寸图见附表。

3. 付眼与○○同尺。

4. 直径线见图8, 以图及尺寸。

假柱内柱眼图（一）

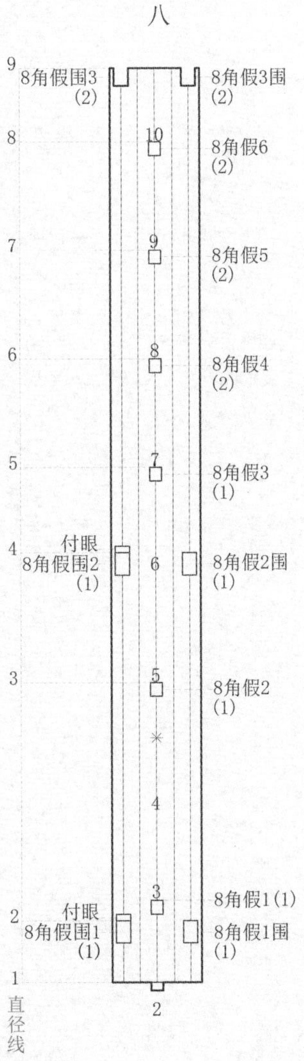

八

左侧标注		右侧标注
9	8角假围3(2)	8角假3围(2)
8		8角假6(2)
7		8角假5(2)
6		8角假4(2)
5		8角假3(1)
4	付眼 8角假围2(1)	8角假2围(1)
3		8角假2(1)
2	付眼 8角假围1(1)	8角假1(1) 8角假1围(1)
1	直径线	2

图中编号：10、9、8、7、5、4、3、2

假柱内柱眼类号表

单位：尺

眼类	类号	长	宽
角	1	0.28	0.15
	2	0.48	0.16
围	1	0.45	0.16
	2	0.45	0.16
付眼		0.24	0.16
栓		0.10	0.1×0.1

假柱内柱线表

线号	线类名
1	角心线
2	围眼线
3	围心线
4	角眼线

说明

1　四根假柱柱眼尺寸相同，分为 2、4、6、8 四根，成为四个假角。

2　分层尺寸见图 4 和表。

3　付眼与左进的围眼同开。

4　直径线见图 8，尺寸见外柱图 2。

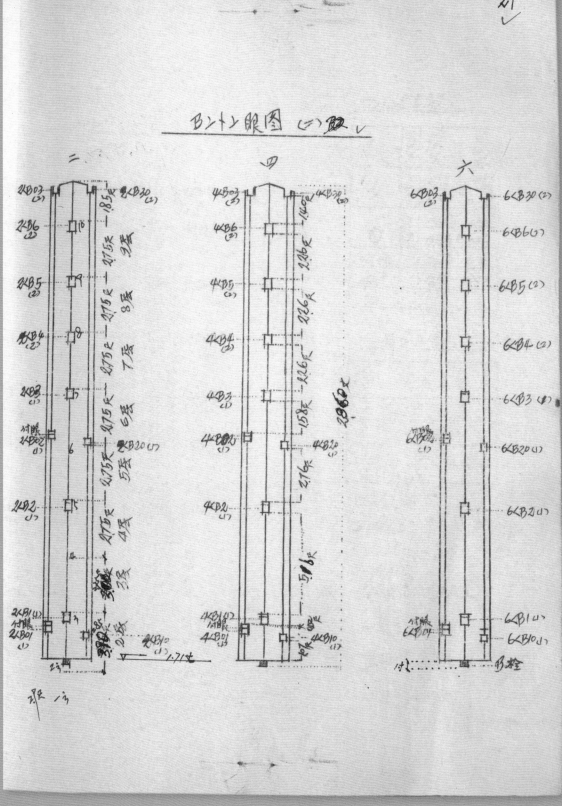

假柱外柱眼图（二）

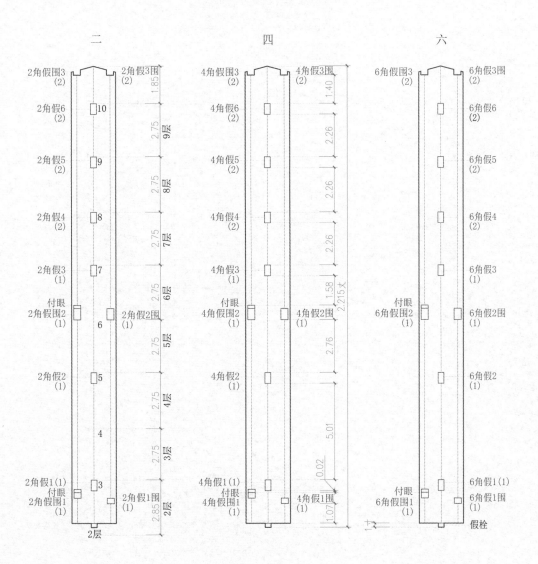

二　　　　　　　四　　　　　　　六

2角假围3
(2)　　　　2角假3围
(2)　　　1.85

2角假6
(2)　　　10　　　2.75　9层

2角假5
(2)　　　9　　　2.75　8层

2角假4
(2)　　　8　　　2.75　7层

2角假3
(1)　　　7　　　2.75　6层

付眼
2角假围2　　　　2角假2围　2.75
(1)　　　6　　　(1)　　　5层

2角假2
(1)　　　5　　　2.75　4层

4　　　2.75　3层

2角假1(1)
付眼　　3　　　2角假1围
2角假围1　　　　(1)　　2.85
(1)　　　2层

4角假围3
(2)　　　4角假3围
(2)　　　1.40

4角假6
(2)　　　2.26

4角假5
(2)　　　2.26

4角假4
(2)　　　2.26

4角假3
(1)　　　1.58　2.215大

付眼
4角假围2　　　4角假2围
(1)　　　(1)　　2.76

4角假2
(1)　　　5.01

4角假1(1)　　　0.02
付眼
4角假围1　　　4角假1围
(1)　　　(1)　1.07

6角假围3
(2)　　　6角假3围
(2)

6角假6
(2)

6角假5
(2)

6角假4
(2)

6角假3
(1)

付眼
6角假围2　　　6角假2围
(1)

6角假2
(1)

6角假1(1)　　　6角假1围
付眼　　　(1)
6角假围1　　　假栓
(1)

陆文礼

侗族·鼓楼

画样

B上L眼图（二）

八

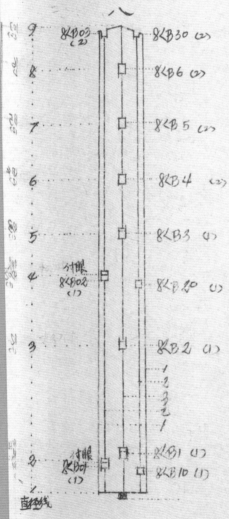

眼类	类号	长尺	宽尺
L	1	0.49	0.16
	2	0.49	0.17
O	1	0.22	0.15
	2	0.45	0.16
付眼		0.37	0.15
百栓		0.10	0×0/

B上L眼类号表

B上L线表

线号	线类名
1	L平线
2	O眼线
3	∠眼线

説明

1、4根B2分为二、四、六、八等4L

2、分层次尺寸图44和表。

3、直径线图8分为9号，1号0.8尺，
2号0.79尺，3号0.765尺，4号0.755尺，
5号0.745尺，6号0.73尺，7号0.72尺，

4、8号0.71尺，9号0.70尺，
付眼与O号眼同尺。

假柱外柱眼图（二）

八

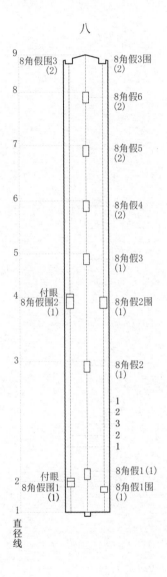

假柱外柱眼类号表

单位：尺

眼类	类号	长	宽
角	1	0.49	0.16
	2	0.49	0.17
围	1	0.22	0.15
	2	0.45	0.16
付眼		0.23	0.15
假栓		0.10	0.1×0.1

假柱外柱线表

线号	线类名
1	角心线
2	围眼线
3	角眼线

说明

1 四根假柱分为二、四、六、八4根。

2 分层尺寸见图4和表。

3 直径线见图8，分为9个号。1号0.8尺、2号0.79尺、3号0.765尺、4号0.755尺、5号0.745尺、6号0.73尺、7号0.72尺、8号0.71尺、9号0.70尺。

4 付眼与左进的围眼同开。

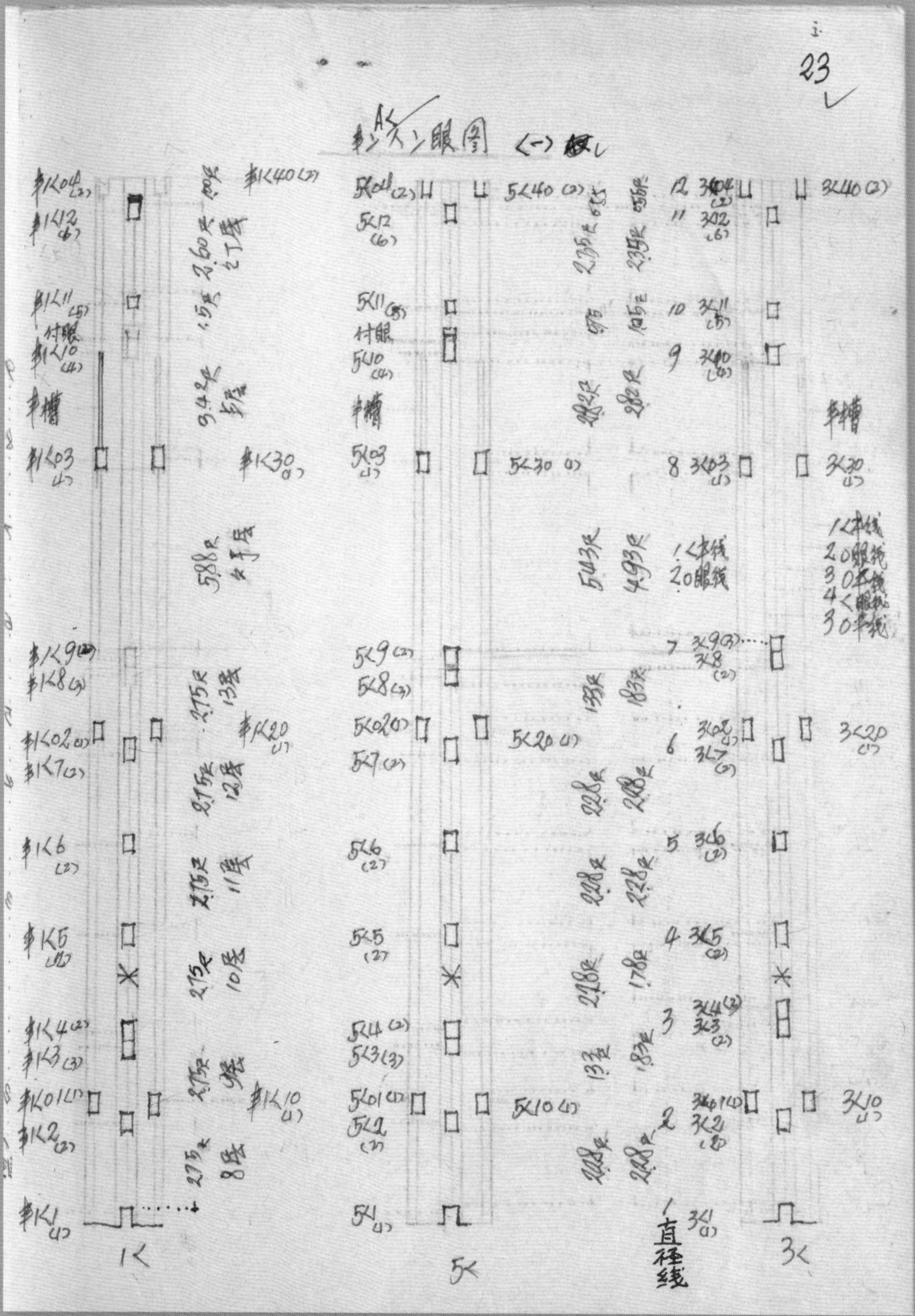
23
付眼
1<
5<
3<
直径线

蜂柱 A 角内柱眼图（一）

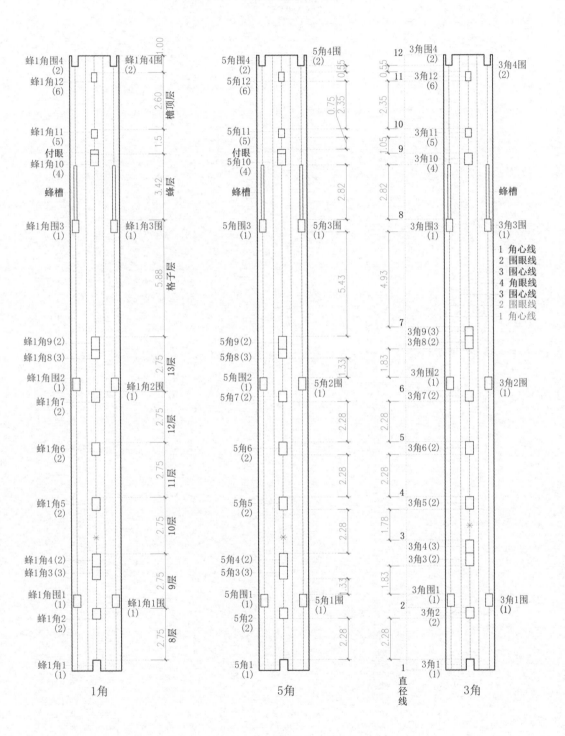

1角

5角

3角

中柱入眼图（一） 贰

中柱入眼表

眼表 长（尺）	宽（尺）	
1	0.48	0.18
2	0.47	0.15
3	0.50	0.16
4	0.60	0.16
5	0.26	0.15
6	0.45	0.15
7	0.45	0.16
8	0.45	0.16
付眼 /	0.30	0.16
中大梁 /	3.00	0.07×0.07

说明

1. 中8根 1.53尺 分为正逆 2468等方入，1.5入装类导期间，

2. 分层尺寸图5图和尺撑，

3. 营长则间，

4. 入眼卷号线图尺中图4.图5，

5. 直径线图3

直径为

1.号 0.60尺
2.号 0.57尺
3.号 0.56.
4.号 0.55
5.号 0.55
6.号 0.54

7.号 0.54尺
8.号 0.535尺
9.号 0.513尺
10.号 0.5
11.号 0.497尺
12.号 0.495尺

蜂柱 A 角内柱眼图（一）

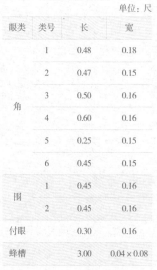

7角围4 (2)
7角12 (6)
7角11 (5)
7角10 (4)
7角围3 (1)
7角9 (3)
7角8 (2)
7角围2 (1)
7角7 (2)
7角6 (2)
7角5 (2)
7角4 (3)
7角3 (2)
7角围1 (1)
7角2 (2)
7角1 (1)

7角4围 (2)
蜂槽
7角3围 (1)
7角2围 (1)
7角1围 (1)

3.138丈

7角

蜂柱内柱眼类表

单位：尺

眼类	类号	长	宽
角	1	0.48	0.18
	2	0.47	0.15
	3	0.50	0.16
	4	0.60	0.16
	5	0.25	0.15
	6	0.45	0.15
围	1	0.45	0.16
	2	0.45	0.16
付眼		0.30	0.16
蜂槽		3.00	0.04×0.08

说明

1 蜂柱8根，1、3、5、7为正角，2、4、6、8为假角，1、5柱眼类号相同。

2 分层尺寸见图5角。

3 总长见图7角。

4 柱眼类号、尺寸见表。

5 直径线见图3角。

直径

1号	0.6尺	7号	0.54尺
2号	0.57尺	8号	0.515尺
3号	0.56尺	9号	0.512尺
4号	0.55尺	10号	0.5尺
5号	0.55尺	11号	0.497尺
6号	0.54尺	12号	0.495尺

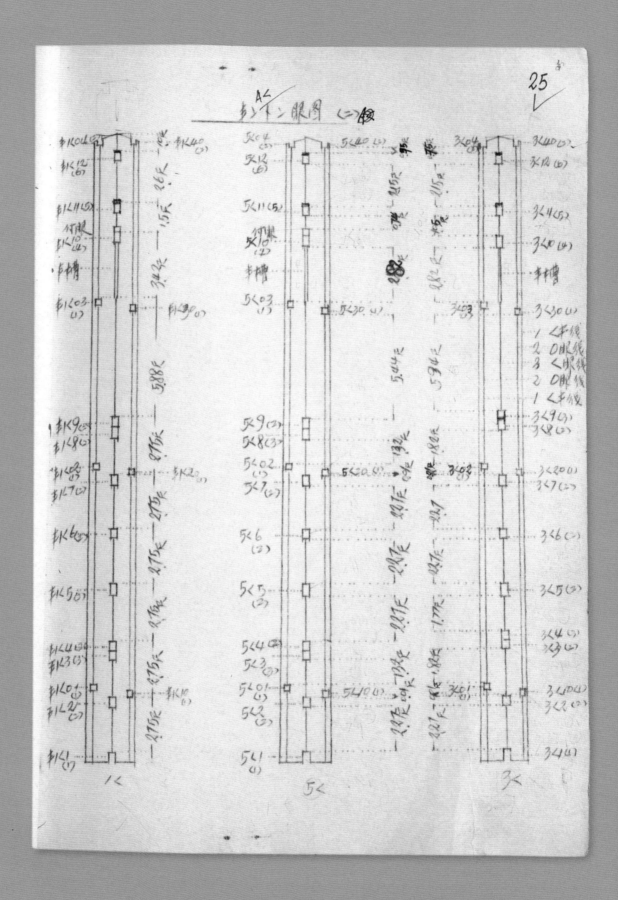

蜂柱 A 角外柱眼图（二）

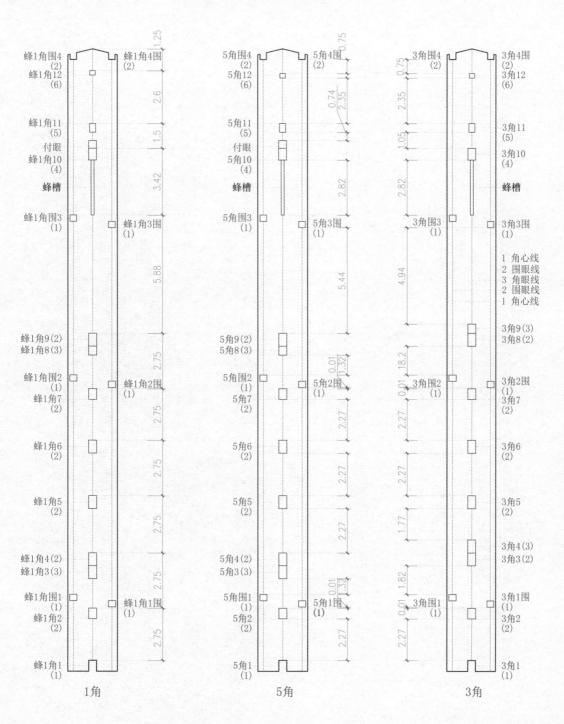

A3

中上柱眼图 (二) 附

26 ✓

中上柱眼图表

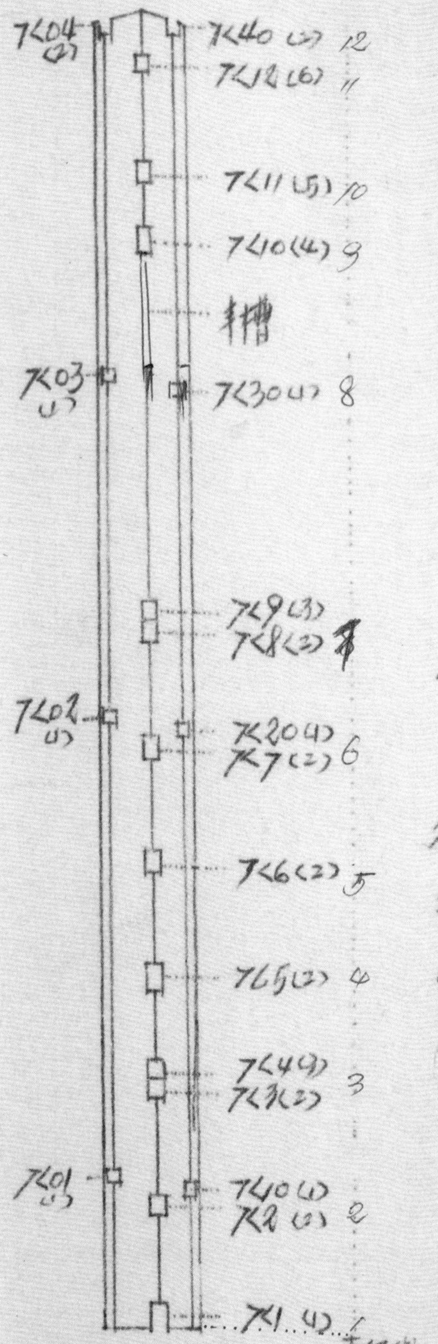

眼号	类号	长分	宽分
	1	0.48	0.18
	2	0.48	0.16
	3	0.50	0.16
	4	0.60	0.16
	5	0.45	0.16
	6	0.25	0.14
○	7	0.22	0.15
	8	0.45	0.16
付眼	/	0.31	0.16
柱样	/	29	001×001

说明

1. 中上8根 1.5.3.7分为正<2.4.6.8等 1与5类类相同 3.7相间.

2. 层次见图1.

3. 各层次中眼类号图5.7

4. 上代号如图.

5. 直径代图T.

　通径1图T分为12个号

　直径

　　1号 0.69尺
　　2号 0.57尺　　7号 0.54尺
　　3号 0.56尺　　8号 0.515尺
　　4号 0.555尺　9号 0.512尺
　　5号 0.55尺　　10号 0.50尺
　　6号 0.544尺　11号 0.499尺
　　　　　　　　12号 0.495尺

蜂柱 A 角外柱眼图（二）

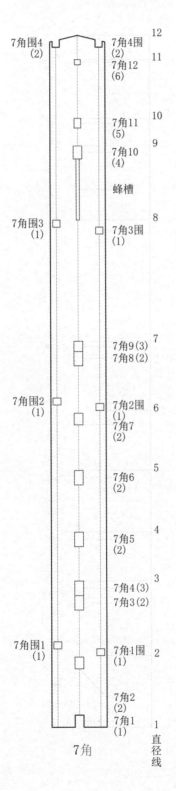

7角

直径线

蜂柱外柱眼类表

单位：尺

眼类	类号	长	宽
角	1	0.48	0.18
	2	0.48	0.16
	3	0.50	0.16
	4	0.60	0.16
	5	0.45	0.16
	6	0.25	0.14
围	1	0.22	0.16
	2	0.45	0.16
付眼		0.31	0.16
蜂槽		2.9	0.07×0.07

说明

1　蜂柱 8 根，1、3、5、7 为正角，2、4、6、8 为假角，1、5 柱眼类号相同，3、7 相同。

2　层次见图 1 角。

3　分层次见图 5 角，眼类号见图 7 角。

4　柱线号见图 3 角。

5　直径线见图 7 角，直径线分为 12 个号。

直径

号	尺	号	尺
1号	0.6 尺	7号	0.54 尺
2号	0.57 尺	8号	0.515 尺
3号	0.56 尺	9号	0.512 尺
4号	0.55 尺	10号	0.50 尺
5号	0.55 尺	11号	0.499 尺
6号	0.544 尺	12号	0.495 尺

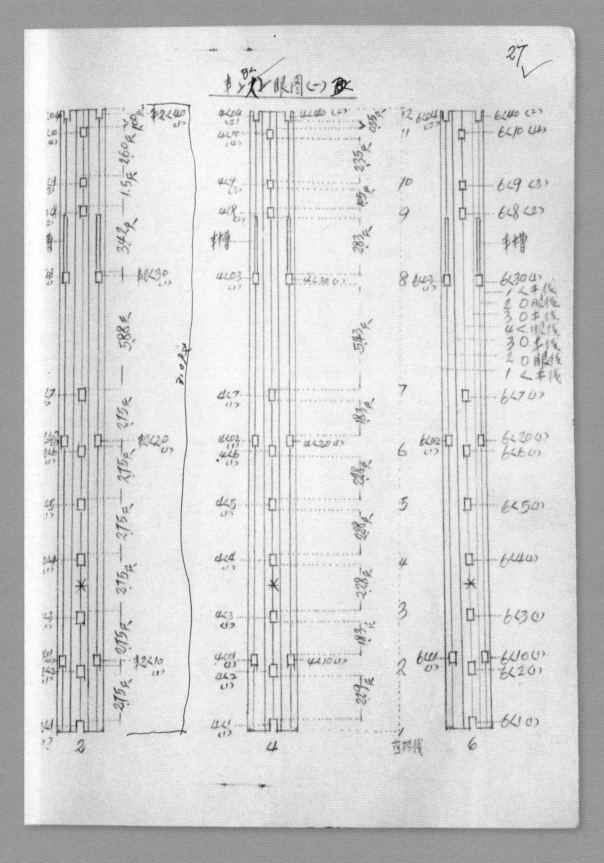

蜂柱Ｂ角内柱眼图（一）

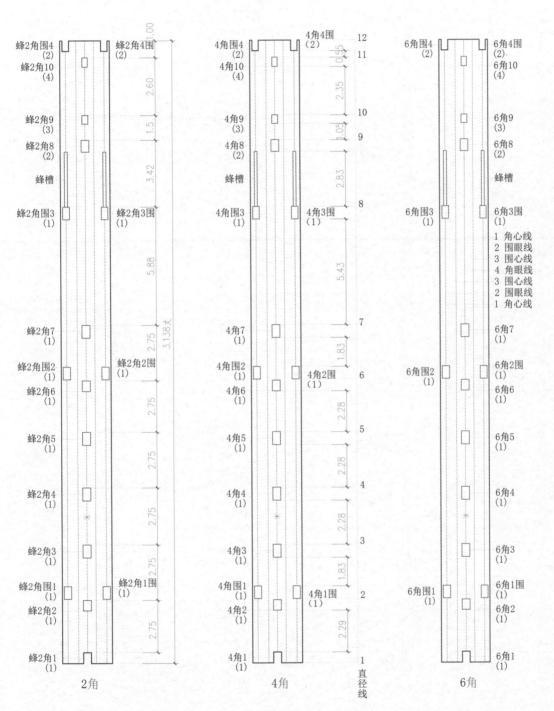

主心人心眼图 (2)

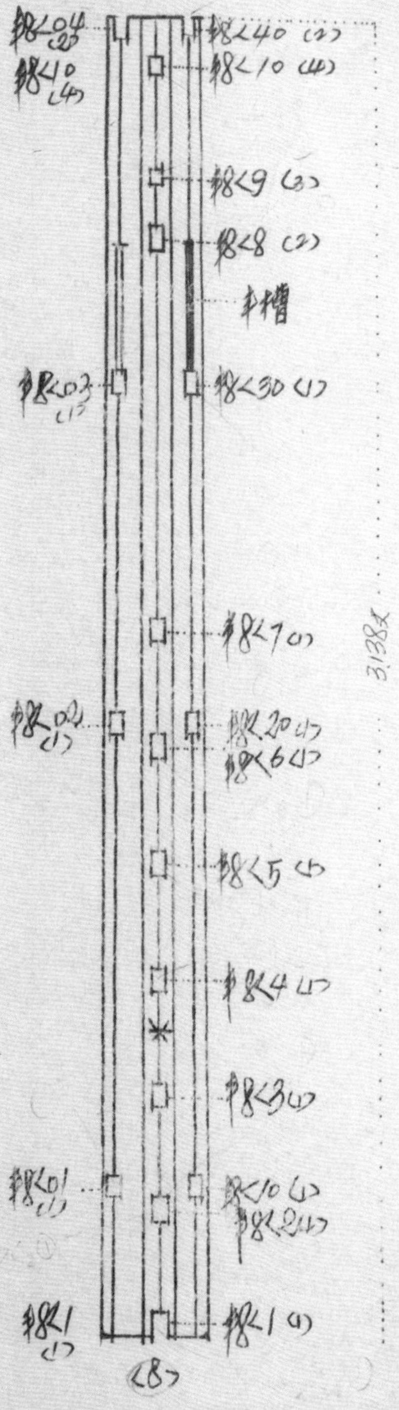

主心人心眼类表

眼类	类号	长(尺)	宽尺
〈	1	0.67	0.15
	2	0.59	0.15
	3	0.25	0.15
	4	0.455	0.16
／			
0	1	0.455	0.16
	2	0.455	0.16
丰槽		2.83	0.467

说明

1. 主心分为1~8心，2.4.6.8等4根为主〈2.6心眼类号尺寸相同 4.8心相同。

2. 心宽长为引38大图8心作线图6。

3. 层次图8、分层次眼尺寸图4和表。

4. 直径线图4、12个号。

1号 0.6尺
2号 0.57尺
3号 0.56尺
4号 0.555尺
5号 0.55尺
6号 0.54尺

7号 0.542尺
8号 0.515尺
9号 0.512尺
10号 0.50尺
11号 0.497尺
12号 0.495尺

蜂柱 B 角内柱眼图（一）

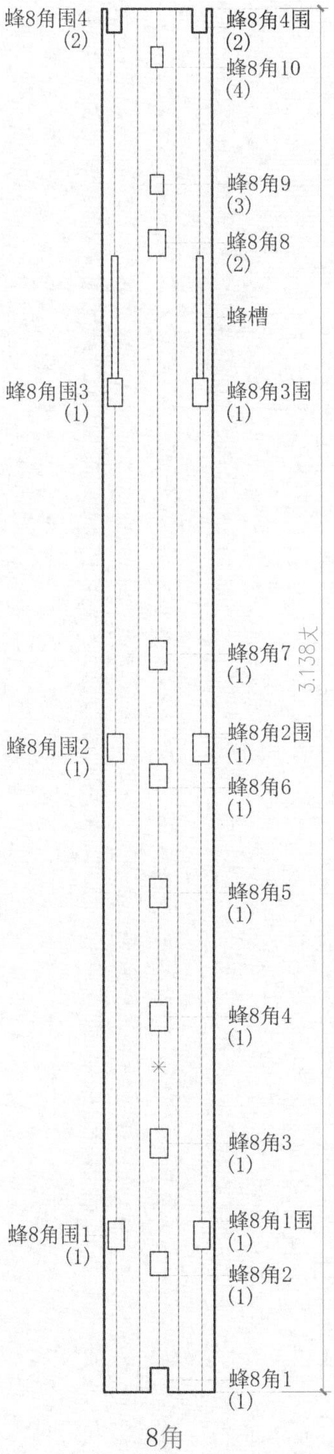

蜂8角围4
(2)

蜂8角4围
(2)

蜂8角10
(4)

蜂8角9
(3)

蜂8角8
(2)

蜂槽

蜂8角围3
(1)

蜂8角3围
(1)

3.138丈

蜂8角7
(1)

蜂8角围2
(1)

蜂8角2围
(1)

蜂8角6
(1)

蜂8角5
(1)

蜂8角4
(1)

蜂8角3
(1)

蜂8角围1
(1)

蜂8角1围
(1)

蜂8角2
(1)

蜂8角1
(1)

8角

蜂柱内柱眼类表

单位：尺

眼类	类号	长	宽
角	1	0.47	0.15
	2	0.59	0.16
	3	0.25	0.15
	4	0.45	0.16
围	1	0.45	0.16
	2	0.45	0.16
蜂槽		2.83	0.04×0.07

说明

1　蜂柱8根，2、4、6、8为假角，2、6柱眼类号相同，4、8柱眼类号相同。

2　柱总长为3.138丈，见图8角；作线见图6角。

3　层次见图2角，分层次和眼尺寸见图4角和表。

4　直径线见图4角，分12个号。

直径

1号	0.6 尺	7号	0.542 尺
2号	0.57 尺	8号	0.515 尺
3号	0.56 尺	9号	0.512 尺
4号	0.555 尺	10号	0.50 尺
5号	0.55 尺	11号	0.497 尺
6号	0.546 尺	12号	0.495 尺

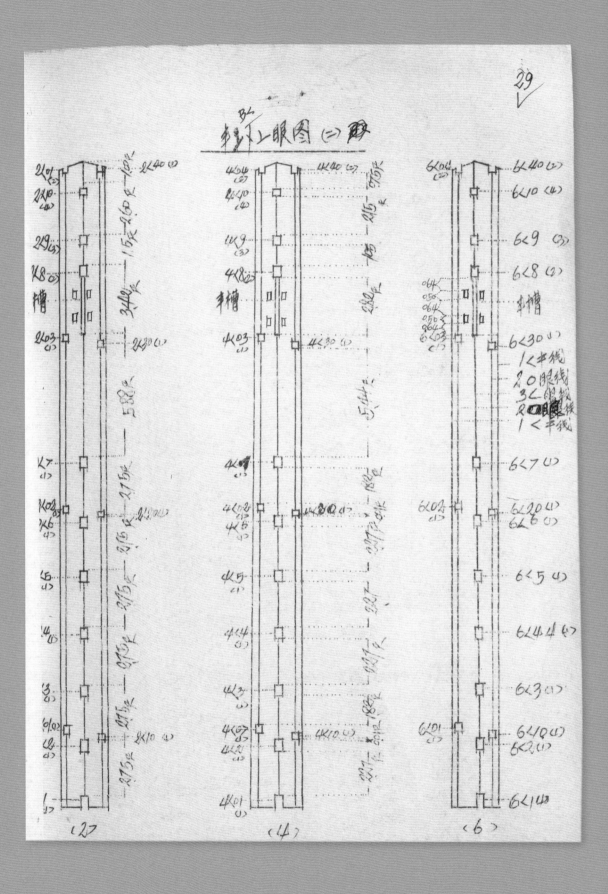

蜂柱 B 角外柱眼图（二）

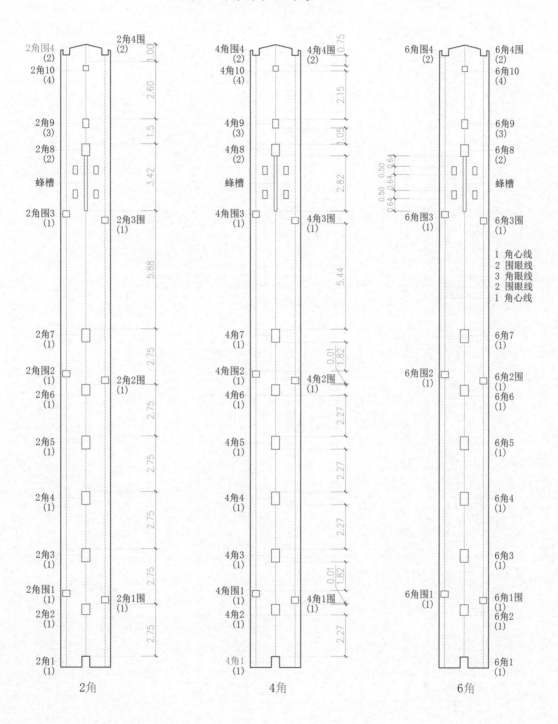

2角

4角

6角

1 角心线
2 围眼线
3 角眼线
2 围眼线
1 角心线

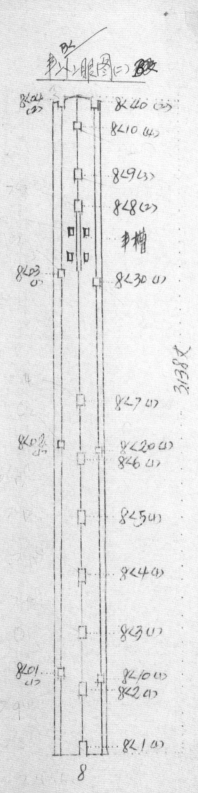

丰八入眼图(二) 88

<table>
<tr><td colspan="4">丰上十二眼类号表</td></tr>
<tr><td>眼类</td><td>类号</td><td>长</td><td>宽</td></tr>
<tr><td rowspan="4">〈</td><td>1</td><td>0.48</td><td>0.16</td></tr>
<tr><td>2</td><td>0.60</td><td>0.16</td></tr>
<tr><td>3</td><td>0.45</td><td>0.16</td></tr>
<tr><td>4</td><td>0.25</td><td>0.15</td></tr>
<tr><td rowspan="2">〇</td><td>1</td><td>0.22</td><td>0.15</td></tr>
<tr><td>2</td><td>0.45</td><td>0.16</td></tr>
<tr><td>丰槽</td><td></td><td>2.82</td><td>0.17</td></tr>
</table>

說明.

1. 丰槽 2.4.6.8等4上为〈.
   2.6.2眼类号相同. 4.8上
   眼类号相同.

2. 柱长图8, 作线图6.

3. 层次图2, 分层尺寸图4和
   表.

4. 直径线同于内图4.

5 丰上十二〈上线和〇上线柱立卡的2.4
   柱, 1和4号丰柄长为0.50×0.10×0.07
   见图6 (丰上图)

左侧标注（图中）:
8〈40 (二)
8〈40 (二)
8〈10 (4)
8〈9 (3)
8〈8 (2)
丰槽
8〈03
8〈30 (1)
3138文
8〈7 (1)
8〈08
8〈20 (1)
8〈6 (1)
8〈5 (1)
8〈4 (1)
8〈3 (1)
8〈01
8〈10 (1)
8〈2 (1)
8〈1 (1)
8

蜂柱 B 角外柱眼图（二）

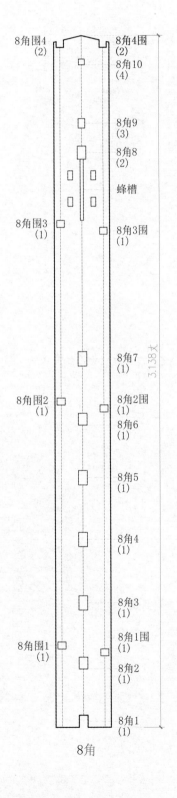

8角

蜂柱外柱眼类号表

单位：尺

眼类	类号	长	宽
角	1	0.48	0.16
	2	0.60	0.16
	3	0.45	0.16
	4	0.25	0.15
围	1	0.22	0.15
	2	0.45	0.16
蜂槽		2.82	0.04×0.07

说明

1　蜂柱 8 根，2、4、6、8 为假角，2、6 柱眼类号相同，4、8 柱眼类号相同。

2　柱总长见图 8 角，作线见图 6 角。

3　层次见图 2 角，分层次和眼尺寸见图 4 角和表。

4　直径线同内柱图 4 角。

5　蜂柱外柱的角外线和围外线见图 6 角（外柱图）。蜂层中的 2、4 蜂层，其 1 和 4 号蜂柄槽为 0.50×0.10×0.07，见图 6（外柱图）。

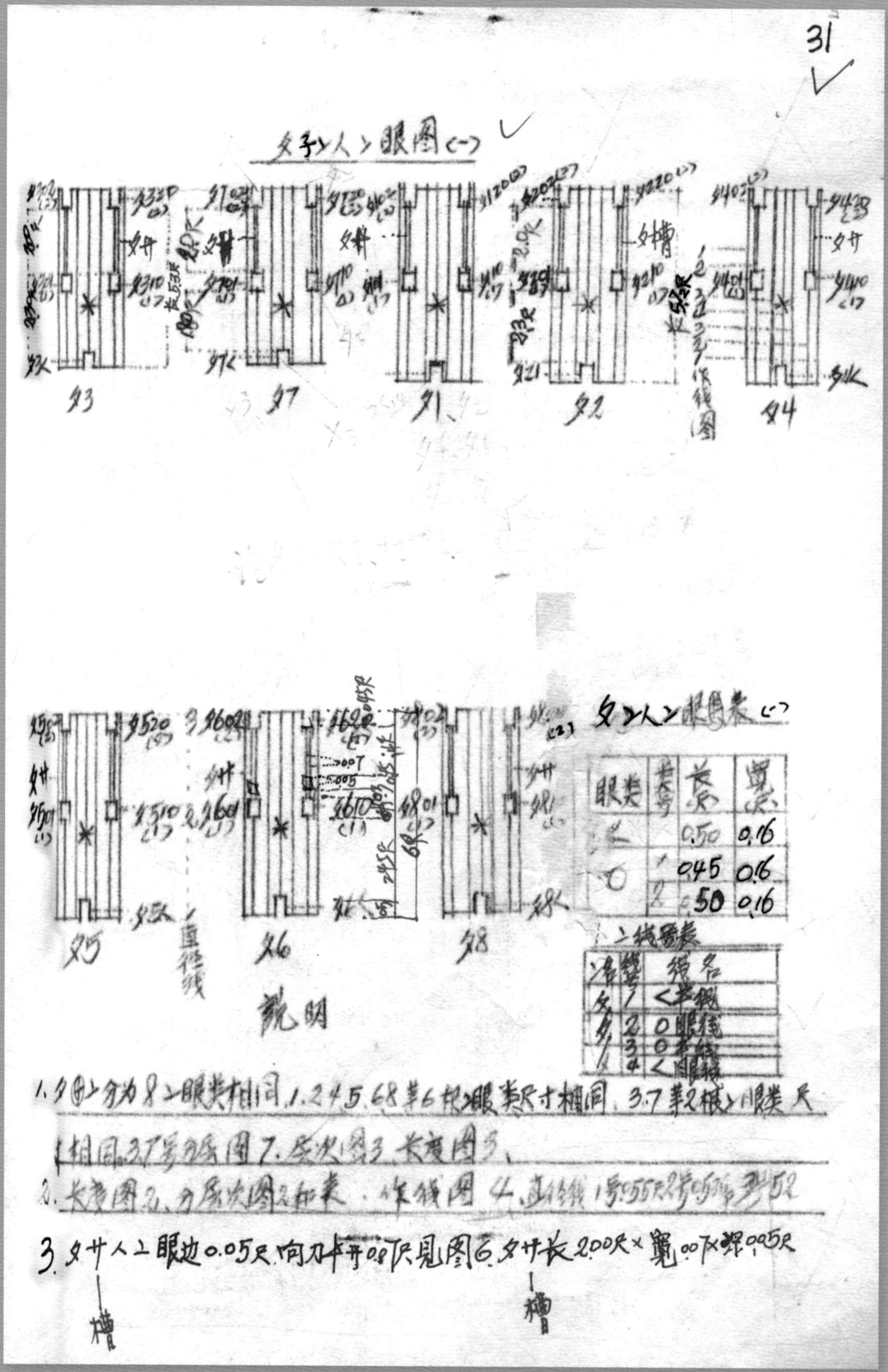
31
眼图（一）
说明
1. 分为8根眼类相同，1.2.4.5.6.8 等6根眼类尺寸相同，3.7 等2根眼类尺寸相同。
3. 眼边0.05尺，向刀卡开0.8尺见图6，长2.00尺×宽0.07尺×深0.05尺
槽
槽

格子柱内柱眼图（一）

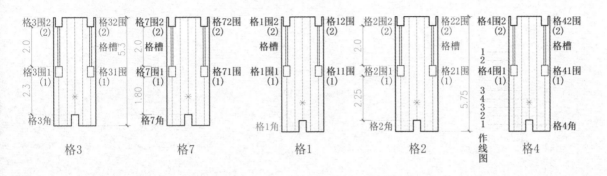

格3　　格7　　格1　　格2　　格4

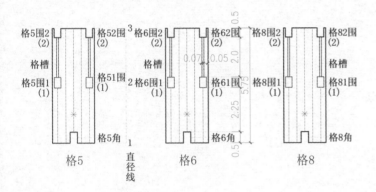

格5　　格6　　格8

格柱内柱眼类表（一）

单位：尺

眼类	类号	长	宽
角		0.50	0.16
围	1	0.50	0.16
	2	0.50	0.16

说明

1　格柱分为8个柱，眼类相同。1、2、4、5、6、8六根柱，眼类、尺寸相同，3、7两根柱，眼类、尺寸相同。3、7号分层见图格7，层次见图格3，长度见图格3。

2　长度见图格2、分层次见图格2和表。作线见图格4，直径线见图格5，1号0.55尺，2号0.53尺，3号0.52尺。

3　格槽内柱眼边0.05尺，向枋中开0.07尺，见图格6。格槽长2.00尺×宽0.07尺×深0.05尺。

内柱线号表

柱名	线号	线名
格	1	角心线
格	2	围眼线
格	3	围心线
格	4	角眼线

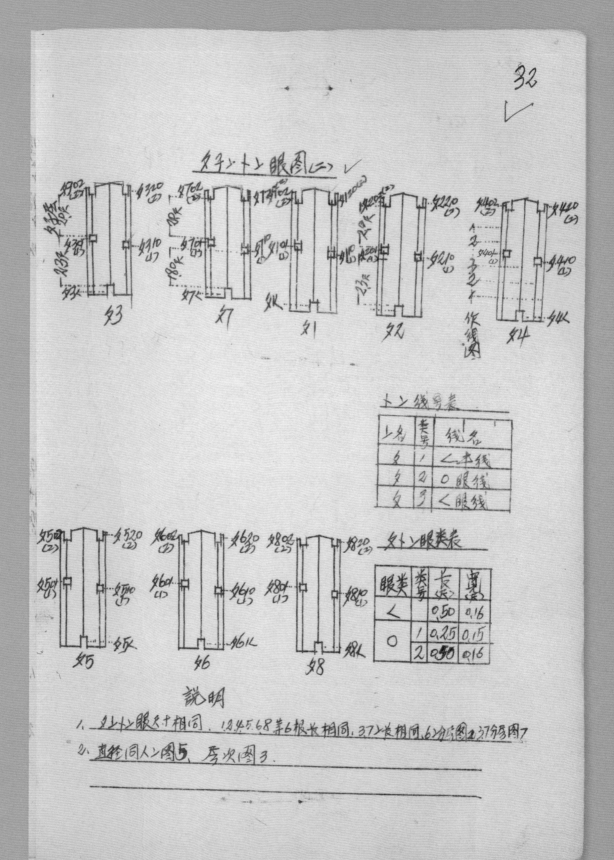

32

攵于ン卜ン眼图(二)

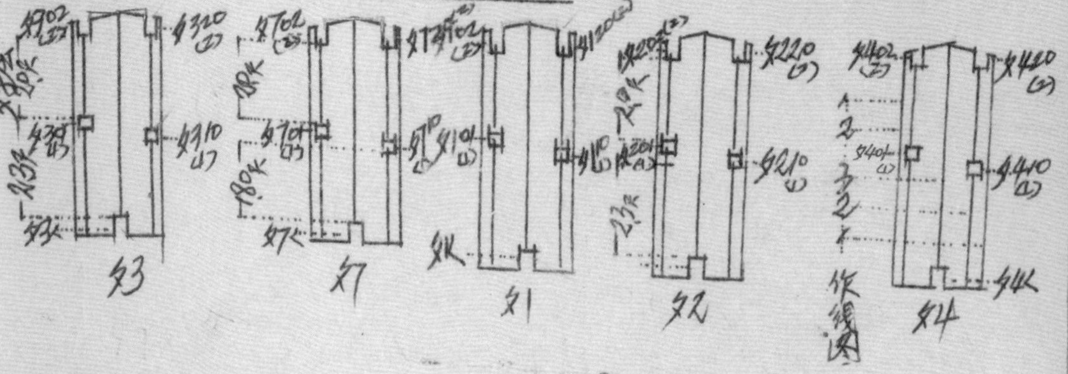

卜ン线号表

卜名	类号	线名
攵	1	＜ン中线
攵	2	○眼线
攵	3	＜眼线

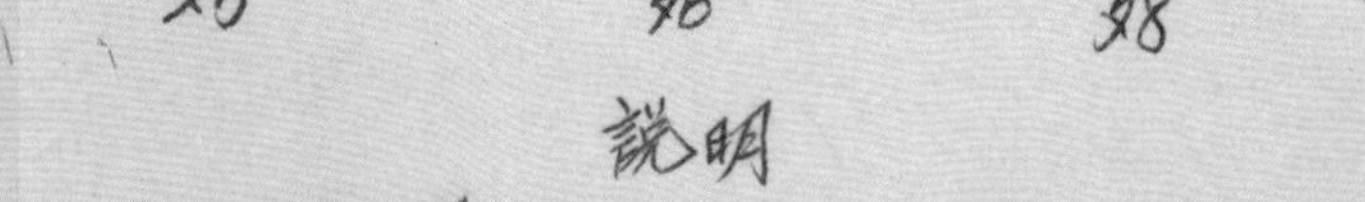

攵卜ン眼类表

眼类	类号	长(尺)	宽(尺)
＜		0.50	0.16
○	1	0.25	0.15
	2	0.50	0.16

说明

1、攵ヒ卜ン眼尺寸相同，1.2.4.5.6.8 苐6根长相同，3.7ン长相同，6ン分层图2，3.7分层图7

2、直径同人ン图5，层次图3.

格子柱外柱眼图（二）

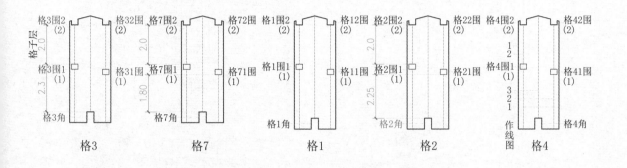

格3	格7	格1	格2	格4

格5	格6	格8

外柱线号表

柱名	线号	线名
格	1	角心线
格	2	围眼线
格	3	角眼线

格外柱眼类表

单位：尺

眼类	类号	长	宽
角		0.50	0.16
围	1	0.25	0.15
	2	0.50	0.16

说明

1 　格柱外柱眼类、尺寸相同。1、2、4、5、6、8六根长度相同，3、7柱长度相同。6根柱分层见图格2，格3、格7分层见图格7。

2 　直径同内柱图格5，层次见图格3。

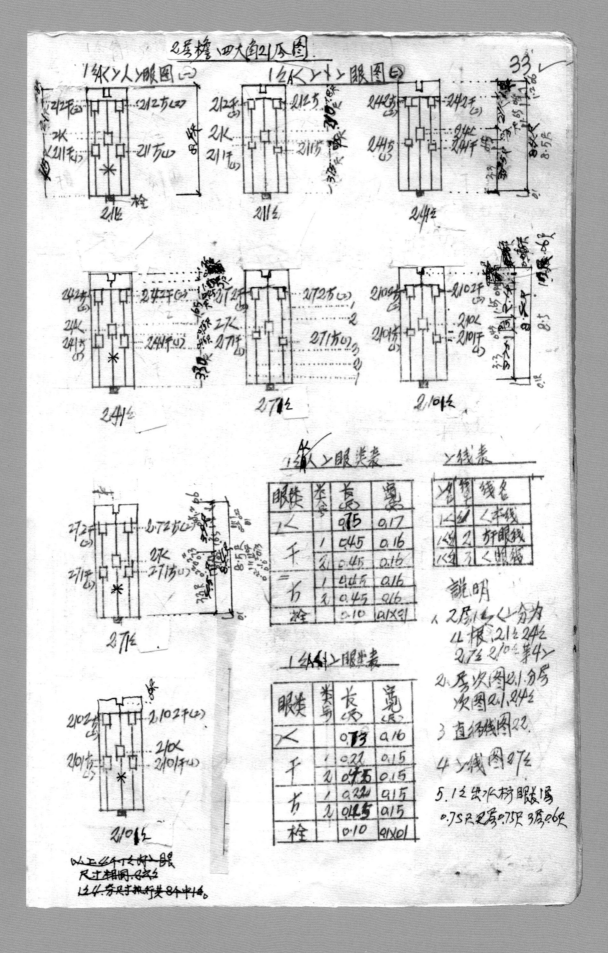

2 层屋檐四大角 21 瓜图

1 瓜 A 角柱内柱眼图（一）

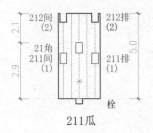

211瓜

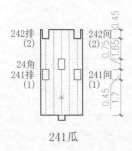

241瓜

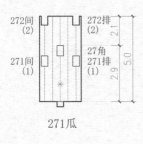

271瓜

1 瓜 A 角柱外柱眼图（二）

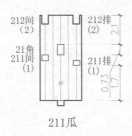

211瓜

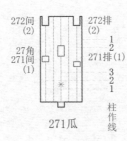

241瓜

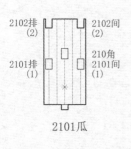

2101瓜

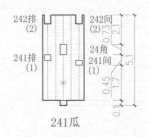

241瓜

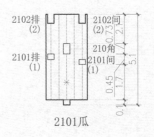

2101瓜

1 瓜 A 角内柱眼类表

单位：尺

眼类	类号	长	宽
角		0.75	0.17
间	1	0.45	0.16
	2	0.45	0.16
排	1	0.45	0.16
	2	0.45	0.16
栓		0.10	0.1 × 0.1

柱线表

柱名	线号	线名
1 角 瓜	1	角心线
	2	排间眼线
	3	角眼线

1 瓜 A 角外柱眼类表

单位：尺

眼类	类号	长	宽
角		0.73	0.16
间	1	0.22	0.15
	2	0.45	0.15
排	1	0.22	0.15
	2	0.45	0.15
栓		0.10	0.1 × 0.1

说明

1. 2 层 1 瓜角柱分为四根，21 瓜、24 瓜、27 瓜、210 瓜四柱。

2. 层次见图 211 瓜，分层尺寸见图 241 瓜。

3. 直径线见外柱图 221 瓜。

4. 柱线图见 271 瓜。

5. 1 瓜的出水枋眼长：1 层 0.75 尺，2 层 0.75 尺，3 层 0.6 尺。

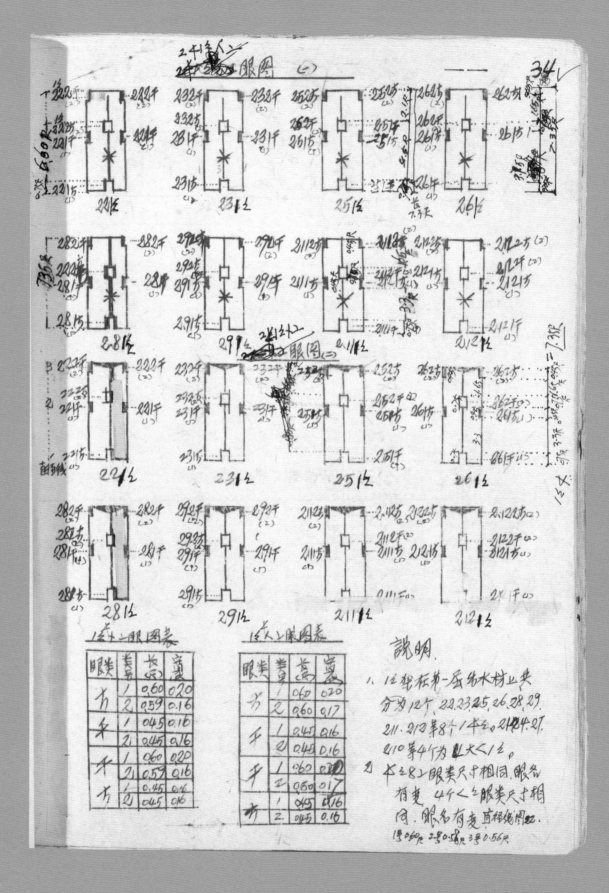

2中1瓜内柱眼图（一）

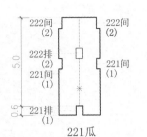
221瓜

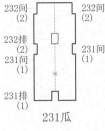
231瓜

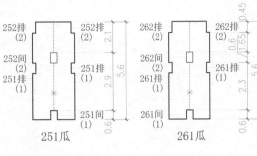
251瓜　　261瓜

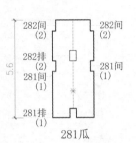
281瓜

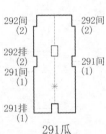
291瓜

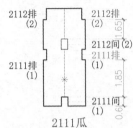
2111瓜

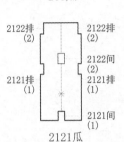
2121瓜

2中1瓜外柱眼图（二）

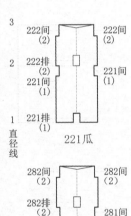
221瓜

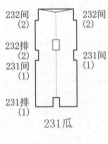
231瓜

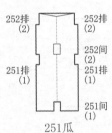
251瓜

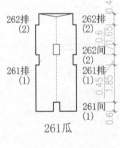
261瓜

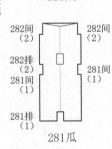
281瓜

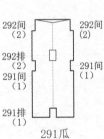
291瓜

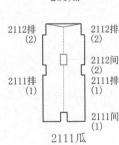
2111瓜

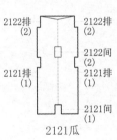
2121瓜

1瓜中外柱眼图表

单位：尺

眼类	类号	长	宽
排	1	0.60	0.20
	2	0.59	0.16
间	1	0.45	0.16
	2	0.45	0.16
间	1	0.60	0.20
	2	0.59	0.16
排	1	0.45	0.16
	2	0.45	0.16

1瓜中内柱眼图表

单位：尺

眼类	类号	长	宽
排	1	0.60	0.20
	2	0.60	0.17
间	1	0.45	0.16
	2	0.45	0.16
间	1	0.60	0.20
	2	0.60	0.17
排	1	0.45	0.16
	2	0.45	0.16

说明

1　瓜架在第一层出水枋上，共分为12个，22、23、25、26、28、29、211、212共8个1中瓜；21、24、27、210四个为四大角1瓜。

2　中瓜八根柱，眼类、尺寸相同，眼名有变；四根角瓜柱，眼类、尺寸相同，眼名有变。

3　直径线见图22瓜，1号0.60尺，2号0.58尺，3号0.56尺。

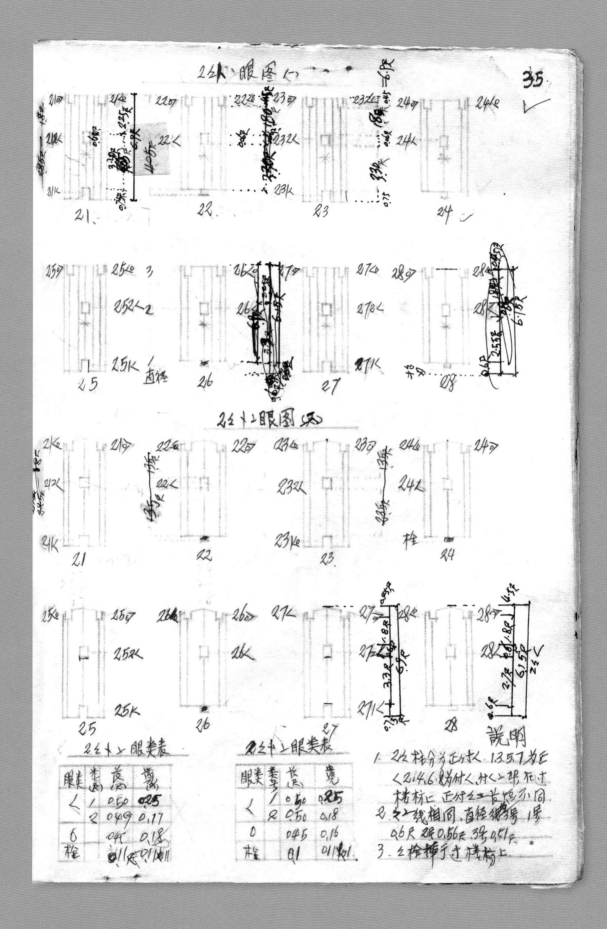

2 瓜内柱眼图（一）

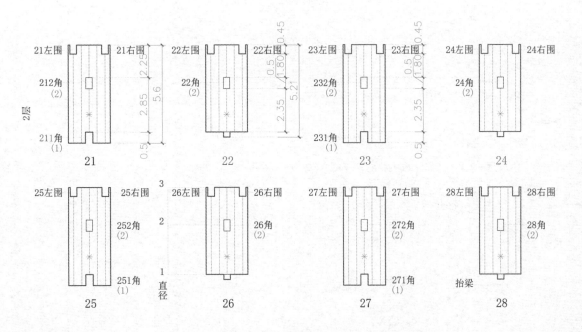

2 瓜外柱眼图（二）

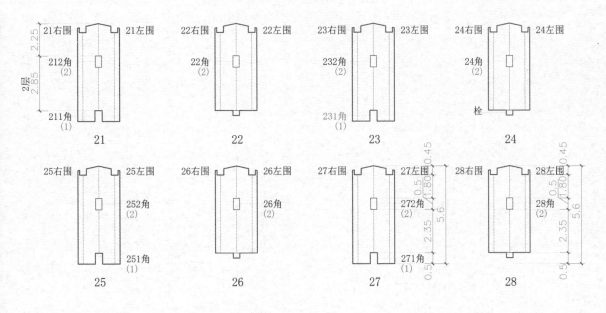

2 瓜外柱眼类表			
			单位：尺
眼类	类号	长	宽
角	1	0.50	0.25
	2	0.49	0.17
围		0.45	0.18
栓		0.11	0.11×0.11

2 瓜内柱眼类表			
			单位：尺
眼类	类号	长	宽
角	1	0.50	0.25
	2	0.50	0.18
围		0.45	0.16
栓		0.1	0.11×0.1

说明

1　2 瓜柱分为正、假角，1、3、5、7 为正角；2、4、6、8 为假角。假角柱架在过楼枋（外楼台）上，正、假瓜柱长短不同。

2　瓜柱线相同，直径线分为3个号，1号 0.6 尺，2号 0.56 尺，3号 0.51 尺。

3　瓜栓榫于过楼枋（外楼台）上。

陆文礼
侗族·鼓楼
画样

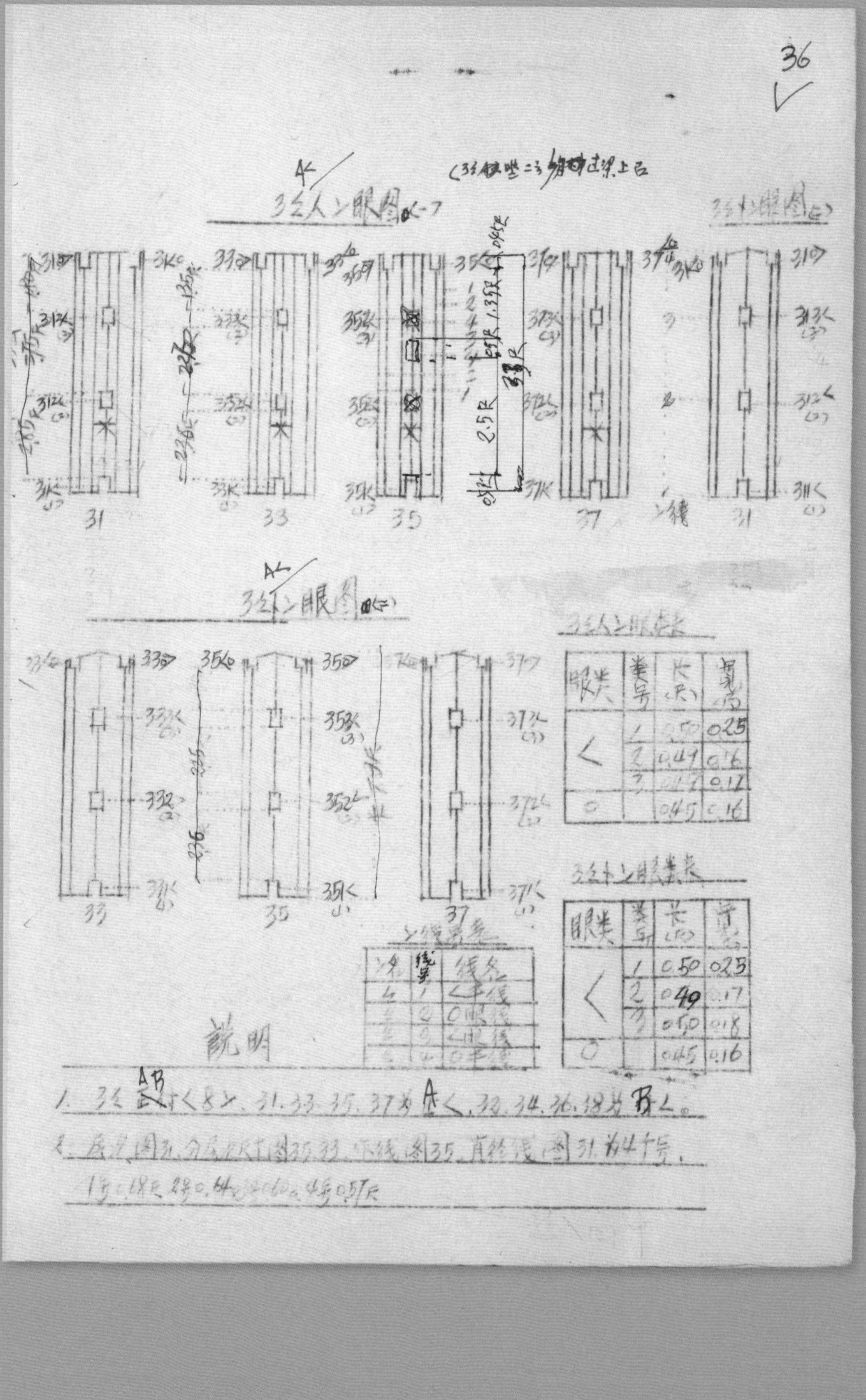

3 瓜 A 角内柱眼图（一）

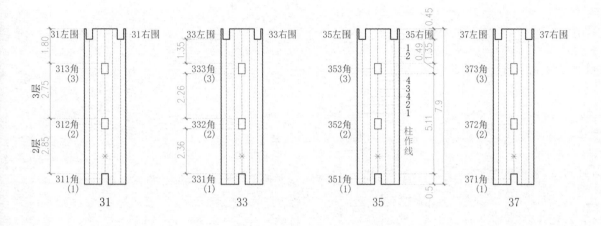

31　33　35　37

3 瓜 A 角外柱眼图（二）

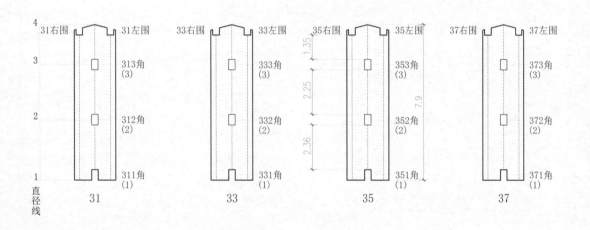

31　33　35　37

3 瓜内柱眼类表

单位：尺

眼类	类号	长	宽
角	1	0.50	0.25
	2	0.49	0.16
	3	0.49	0.17
围		0.45	0.16

柱线号表

柱名	线号	线名
瓜	1	角心线
瓜	2	围眼线
瓜	3	角眼线
瓜	4	围心线

3 瓜外柱眼类表

单位：尺

眼类	类号	长	宽
角	1	0.50	0.25
	2	0.49	0.17
	3	0.50	0.18
围		0.45	0.16

说明

1　3 瓜正（A）、假（B）角共 8 根柱，31、33、35、37 为 A 角，32、34、36、38 为 B 角。

2　层次见图 31，分层次尺寸见图 33、图 35，作线见图 35，直径线见外柱图 31，分为 4 个号。1 号 0.68 尺，2 号 0.64 尺，3 号 0.60 尺，4 号 0.57 尺。

陆文礼　侗族·鼓楼·画样

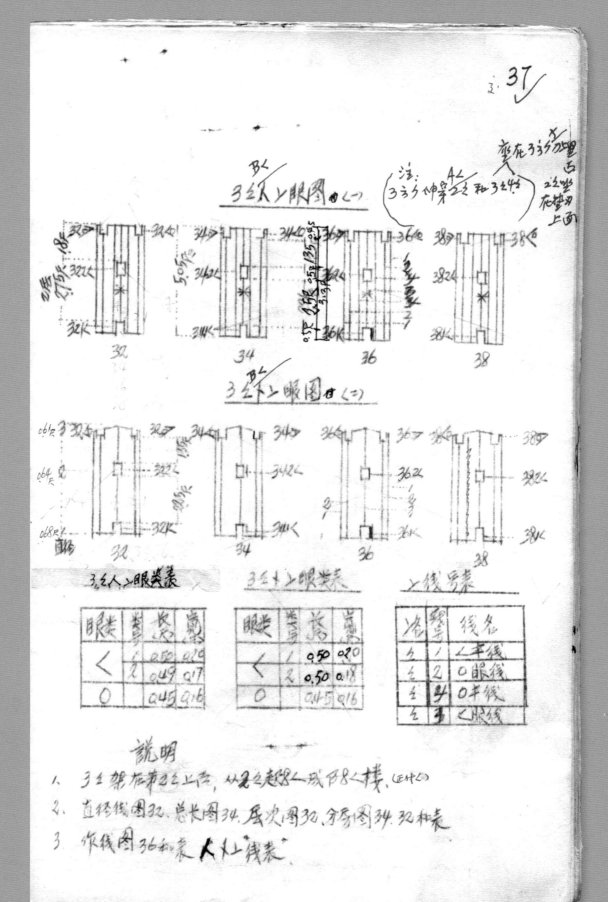

3瓜 B 角内柱眼图（一）

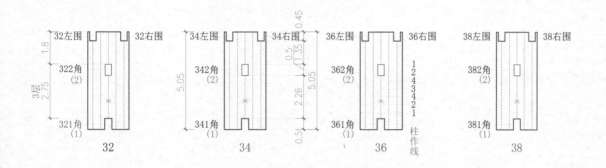

3瓜 B 角外柱眼图（二）

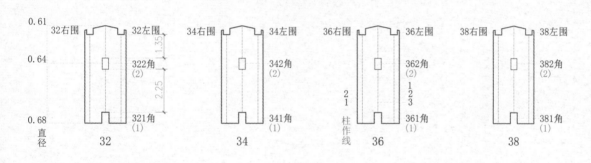

3瓜内柱眼类表			
			单位：尺
眼类	类号	长	宽
角	1	0.50	0.20
	2	0.49	0.17
围		0.45	0.16

3瓜外柱眼类表			
			单位：尺
眼类	类号	长	宽
角	1	0.50	0.20
	2	0.50	0.18
围		0.45	0.16

柱线号表		
柱名	线号	线名
瓜	1	角心线
瓜	2	围眼线
瓜	3	角眼线
瓜	4	围心线

说明 1 3瓜架在第 2 瓜上面，从 2 瓜起变为 8 个角，成假八角鼓楼。（正、假角）

2 直径线见外柱图 32，总长见内柱图 34，层次见内柱图 32，分层见外柱图 32、内柱图 34 和表。

3 作线见图 36 和表（柱线号表）。

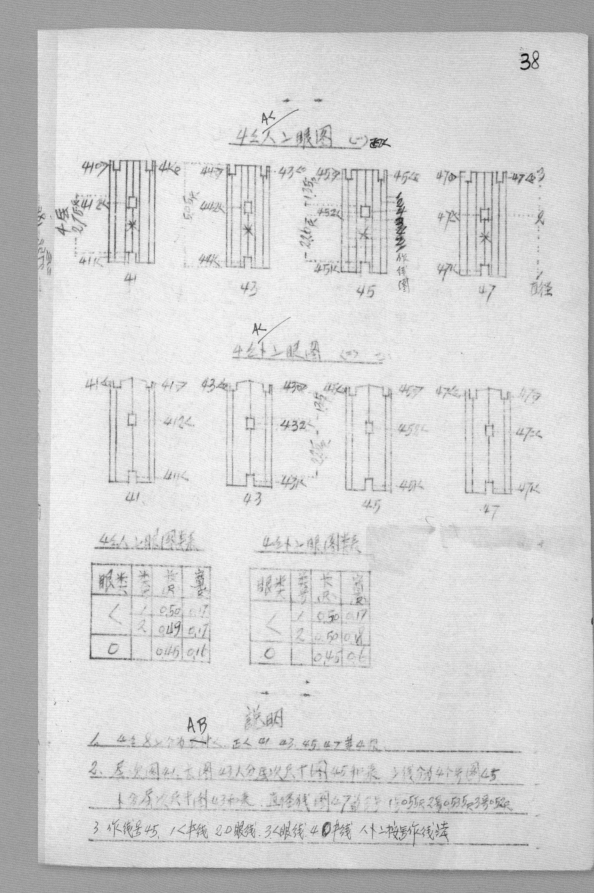

38

4瓜A角内柱眼图（一）

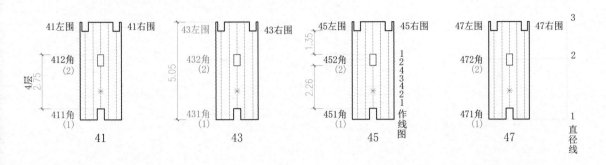

41　　43　　45　　47

4瓜A角外柱眼图（二）

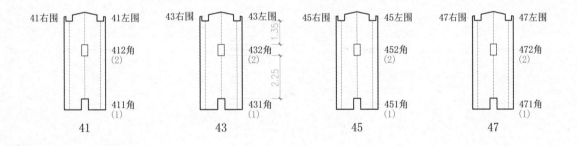

41　　43　　45　　47

4瓜内柱眼类表

单位：尺

眼类	类号	长	宽
角	1	0.50	0.17
	2	0.49	0.17
围		0.45	0.16

4瓜外柱眼类表

单位：尺

眼类	类号	长	宽
角	1	0.50	0.17
	2	0.50	0.18
围		0.45	0.16

说明

1　4瓜八根柱分为正（A）、假（B）角，正角有41、43、45、47四根。

2　层次见内柱图41，总长见内柱图43，内柱分层次尺寸见内柱图45和表；柱线分为4个号，见内柱图45；外分层次尺寸见外柱图43和表；直径线见内柱图47，分为3个号，1号0.55尺，2号0.535尺，3号0.52尺。

3　作线见内柱图45，1号角心线，2号围眼线，3号角眼线，4号围心线，内外柱按号作线。

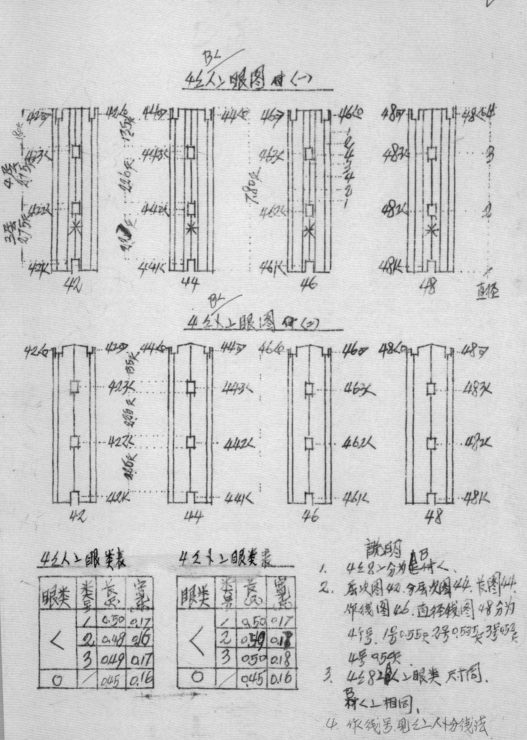

39

42人工眼图 母(一)

42人工眼图 母(二)

眼类	类号	宽	深
〈	1	0.50	0.17
	2	0.48	0.16
	3	0.49	0.17
○		0.45	0.16

42人工眼类表

眼类	类号	宽	深
〈	1	0.50	0.17
	2	0.49	0.18
	3	0.50	0.18
○		0.45	0.16

42木工眼类表

说明
1. 42 8人工分为母与子人。
2. 底层图42, 分底火图44. 长图44. 作线图46. 直柱线图48分为4号. 1号0.55尺 2号0.53尺 3号0.52尺 4号0.50尺。
3. 44 48人工眼类 尺寸同。 其〈工相同。
4. 作线号,则么工人工分线法

4 瓜 B 角内柱眼图（一）

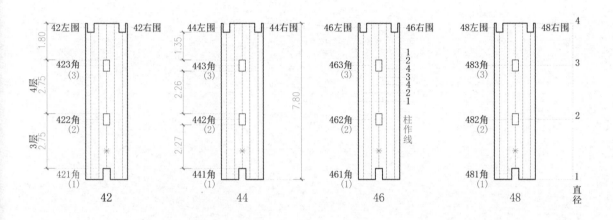

42左围		42右围
1.80		
4层 2.75	423角 (3)	
3层 2.75	422角 (2)	
	421角 (1)	
	42	

44左围 ／ 44右围
1.35
443角 (3)
2.26
442角 (2)
2.27
441角 (1)
44

7.80

46左围 ／ 46右围
463角 (3)
462角 (2)
461角 (1)
46
1 2 4 3 4 3 4 2 1 柱作线

48左围 ／ 48右围
483角 (3)
482角 (2)
481角 (1)
48

4
3
2
1 直径

4 瓜 B 角外柱眼图（二）

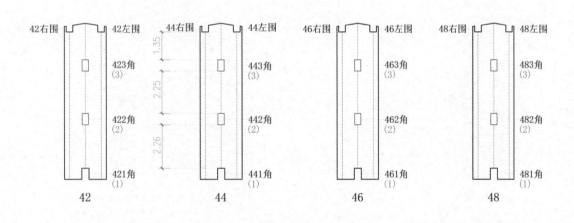

42右围 ／ 42左围
423角 (3)
422角 (2)
421角 (1)
42

44右围 ／ 44左围
1.35
443角 (3)
2.25
442角 (2)
2.26
441角 (1)
44

46右围 ／ 46左围
463角 (3)
462角 (2)
461角 (1)
46

48右围 ／ 48左围
483角 (3)
482角 (2)
481角 (1)
48

4 瓜内柱眼类表
单位：尺

眼类	类号	长	宽
	1	0.50	0.17
角	2	0.48	0.16
	3	0.49	0.17
围		0.45	0.16

4 瓜外柱眼类表
单位：尺

眼类	类号	长	宽
	1	0.50	0.17
角	2	0.49	0.17
	3	0.50	0.18
围		0.45	0.16

柱线号表

柱名	线号	线名
瓜	1	角心线
瓜	2	围眼线
瓜	3	角眼线
瓜	4	围心线

说明

1　4 瓜八根柱分为正（A）、假（B）角。

2　层次见内柱图 42，分层次见内柱图 44，总长见内柱图 44，作线见内柱图 46；直径线见内柱图 48，分为 4 个号，1 号 0.55 尺，2 号 0.535 尺，3 号 0.52 尺，4 号 0.50 尺。

3　4 瓜八根柱，A 角柱眼类、尺寸相同，B 角柱眼类、尺寸相同。

4　作线见瓜柱内外分线图。（见本书 11 页）

A✓

5±8二眼图 a(一)

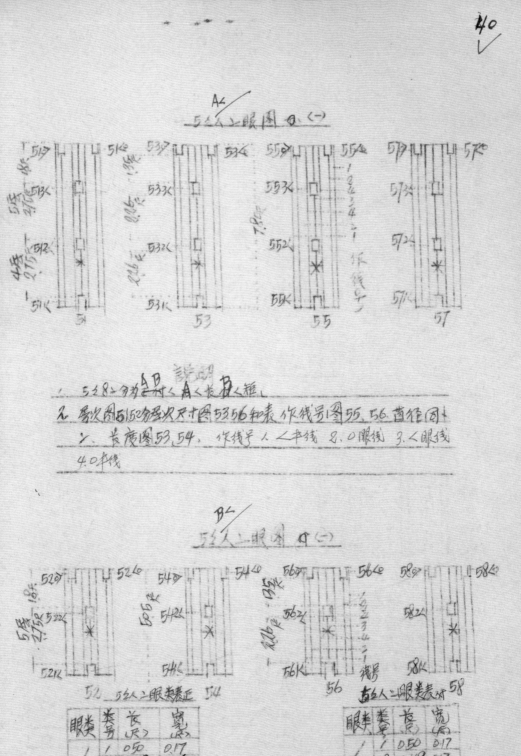

51   53   55   57

1. 5±8二分为二寸≤B二寸≤A≤长B≤短。

2. 层次图5152分层次尺寸图5356和表 作线号图55、56直往同ᴾᵗ
二、长度图53、54。作线号人≤≤寸线 8.0眼线 3.≤眼线
40寸线

B✓

5±8二眼图 a(一)

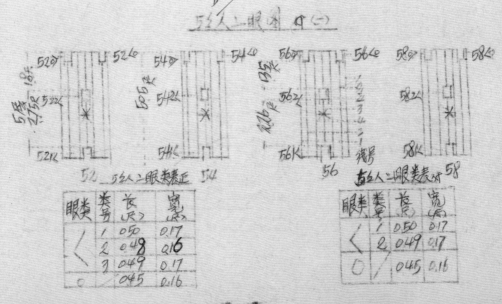

52   54   56   58

5±人二眼类表对正 54   古人二眼类表对58

眼类	类号	长(尺)	宽(尺)
╱	1	0.50	0.17
	2	0.48	0.16
	3	0.049	0.17
〇		0.45	0.16

眼类	类号	长	宽
╱	1	0.50	0.17
	2	0.049	0.17
〇	╱	0.45	0.16

5 瓜 A 角内柱眼图（一）

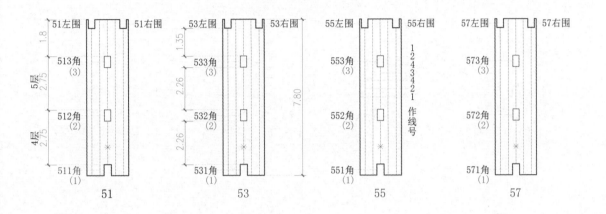

说明

1　5 瓜八根柱分为正（A）、假（B）角，A 角长，B 角短。

2　层次见图 51、图 52，分层次尺寸见图 53、图 56 和表，作线号见图 55、图 56，直径同外柱，长度见图 53、图 54。作线分 4 个号，1 号角心线，2 号围眼线，3 号角眼线，4 号围心线。

5 瓜 B 角内柱眼图（一）

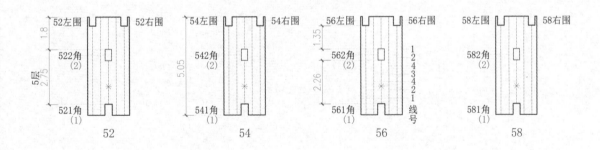

5 瓜内柱眼类表　正（A）

单位：尺

眼类	类号	长	宽
	1	0.50	0.17
角	2	0.48	0.16
	3	0.49	0.17
围		0.45	0.16

5 瓜内柱眼类表　假（B）

单位：尺

眼类	类号	长	宽
角	1	0.50	0.17
	2	0.49	0.17
围		0.45	0.16

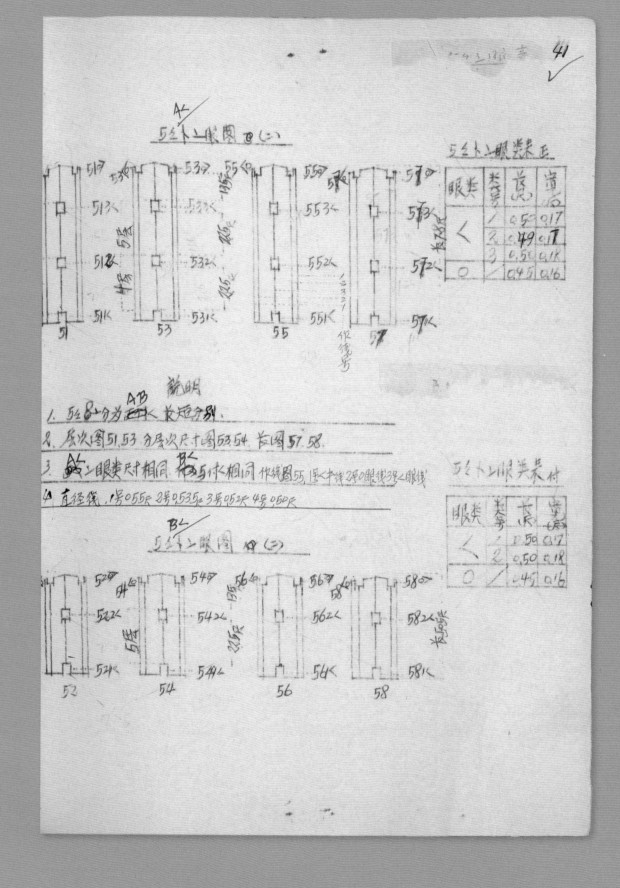

41

二·柱眼图

080

陆文礼 侗族·鼓楼 画样

5 瓜 A 角外柱眼图（二）

51右围　51左围53右围　53左围55右围　55左围57右围　57左围

| 51 | 53 | 55 | 57 |

513角(3)　533角(3)　553角(3)　573角(3)

512角(2)　532角(2)　552角(2)　572角(2)

511角(1)　531角(1)　551角(1)　571角(1)

5层　4层

1.35　2.25　2.26　7.8

1 2 3 2 1 作线号

说明

1　5瓜八根柱分为正（A）、假（B）角，长短分别。

2　层次见内柱图51、图53，分层次尺寸见图53、图54，长度见图57、图58。

3　A角柱的眼类、尺寸相同，B角的眼类、尺寸相同。作线见图55，1号角心线，2号围眼线，3号角眼线。

4　直径线分4个号，1号0.55尺，2号0.535尺，3号0.52尺，4号0.50尺。

5瓜外柱眼类表　正（A）

单位：尺

眼类	类号	长	宽
角	1	0.50	0.17
	2	0.49	0.17
	3	0.50	0.18
围		0.45	0.16

5 瓜 B 角外柱眼图（二）

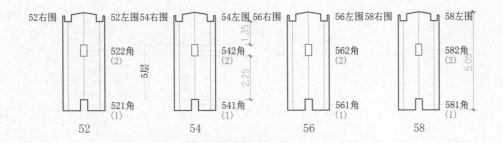

52右围　52左围54右围　54左围56右围　56左围58右围　58左围

| 52 | 54 | 56 | 58 |

522角(2)　542角(2)　562角(2)　582角(2)

521角(1)　541角(1)　561角(1)　581角(1)

5层

1.35　2.25　5.05

5瓜外柱眼类表　假（B）

单位：尺

眼类	类号	长	宽
角	1	0.50	0.17
	2	0.50	0.18
围		0.45	0.16

B

6号人二眼图(一)

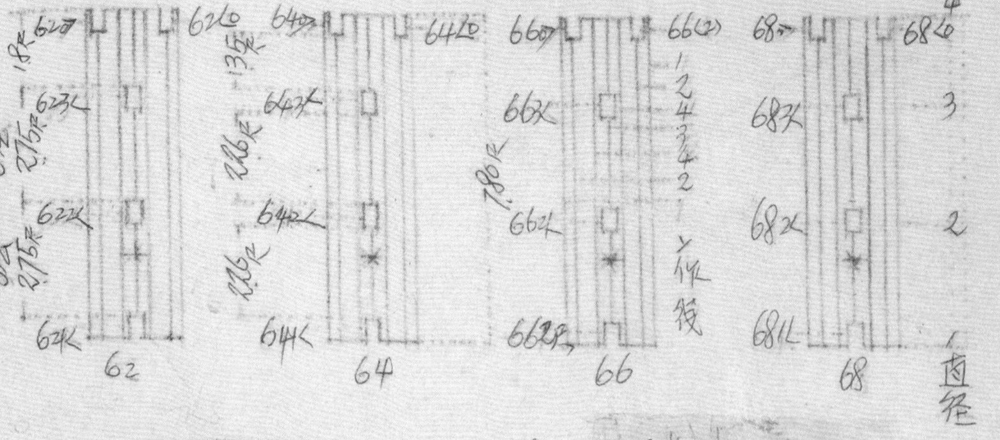

6号人二眼类表

眼类	类号	长(尺)	宽(尺)
人	1	0.50	0.17
	2	0.49	0.18
	3	0.49	0.17
	0	0.45	0.16

6号人二眼类表

眼类	类号	长	宽
人	1	0.50	0.17
	2	0.49	0.17
	0	0.45	0.16

A

6号人二眼类图(二)

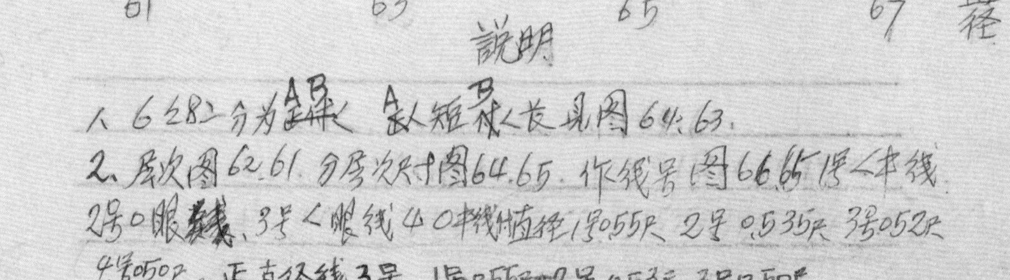

说明

1. 人6与8二分为短人，长人短人长见图64、63。

2. 居次图62、61。分居次尺寸图64、65。作线号图66、65得人中线2号0眼线，3号人眼线40中线随径1号0.55尺，2号0.53尺，3号0.52尺，4号0.50尺。正直径线3号，1号0.55尺，2号0.53尺，3号0.50尺。

6瓜 B 角内柱眼图（一）

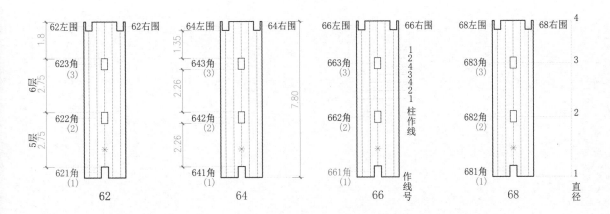

62 64 66 68

6瓜内柱眼类表（B角）
单位：尺

眼类	类号	长	宽
角	1	0.50	0.17
	2	0.49	0.18
	3	0.49	0.17
围		0.45	0.16

6瓜内柱眼类表（A角）
单位：尺

眼类	类号	长	宽
角	1	0.50	0.17
	2	0.49	0.17
围		0.45	0.16

6瓜 A 角内柱眼图（一）

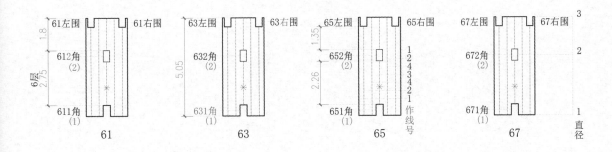

61 63 65 67

说明

1 6瓜八根柱分为正（A）、假（B）角，A角短，B角长，见图63、图64。

2 层次见图61、图62，分层次尺寸见图64、图65，作线号见图66、图65。1号角心线，2号围眼线，3号角眼线，4号围心线。

3 假角柱直径线分4个号，1号0.55尺，2号0.535尺，3号0.52尺，4号0.50尺。

4 正角柱直径线分3个号，1号0.55尺，2号0.53尺，3号0.50尺。

陆文礼

侗族·鼓楼

画样

二·柱眼图

083

B⟍

6亡下二眼图 甘 (二)

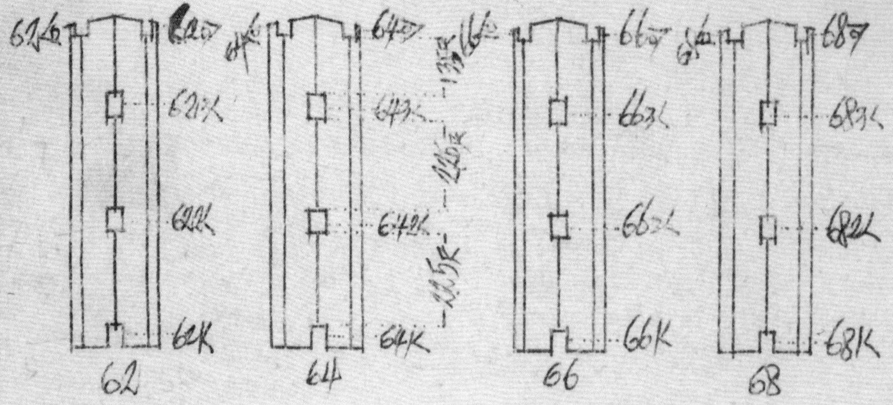

| 62 | 64 | 66 | 68 |

6亡下二眼类表

眼类	类号	高	宽
⟨	1	0.50	0.17
	2	0.50	0.18
	3	0.50	0.18
0		0.45	0.16

6亡十二眼类表

眼类	类号	高	宽
⟨	1	0.50	0.17
	2	0.50	0.18
0		0.45	0.16

A⟍

6亡下二眼图 乙 (二)

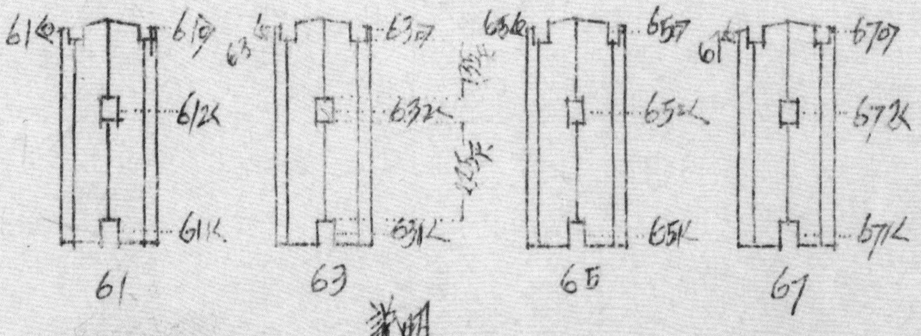

| 61 | 63 | 6五 | 6七 |

说明

1、6亡82分为古特⟨ 其⟨短 其⟨长 见入二图 64.63.

2、层次见入二图外 62. 分层尺寸图 64.63. 直柽线见入二圆 67.68.

6瓜B角外柱眼图（二）

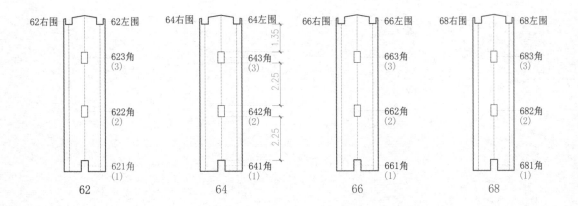

6瓜外柱眼类表（B角）

单位：尺

眼类	类号	长	宽
角	1	0.50	0.17
	2	0.50	0.18
	3	0.50	0.18
围		0.45	0.16

6瓜外柱眼类表（A角）

单位：尺

眼类	类号	长	宽
角	1	0.50	0.17
	2	0.50	0.18
围		0.45	0.16

6瓜A角外柱眼图（二）

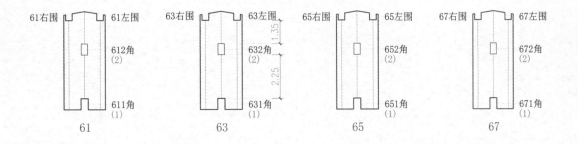

说明 1 6瓜八根柱分为正（A）、假（B）角，A角短，B角长，见内柱图63、图64。

2 层次见内柱图61、图62，分层次尺寸见图63、图64，直径线号见内柱图67、图68。

44 ✓

AS

7柱人2眼图 (一)

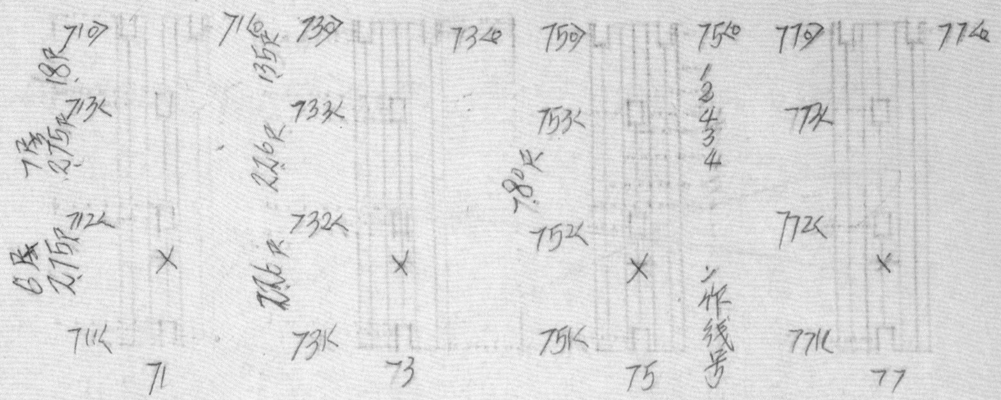

71ↄ 716 73ↄ 73ↄ 75ↄ 75ↄ 77ↄ 77ↄ
18尺 71尺 135尺 73水 73水 75水 77水
2.75尺 22.6尺 7.8尺
6尺 71尺 73尺 75尺 77尺
2.15尺 × × × × ×
71K 73K 75K 作线号 77K
71 73 75 77

7柱人2眼类表

眼类 号	长 (尺)	宽 (尺)
1	0.50	0.17
2	0.49 48	0.16
3	0.49	0.17
0	0.45	0.16

7柱人2眼类表

眼类 号	长 (尺)	宽 (尺)
1	0.50	0.17
2	0.49	0.17
0	0.45	0.16

BC

7柱人2眼图 (二)

18尺 72ↄ 72ↄ 74ↄ 74ↄ 76ↄ 76ↄ 73ↄ 78ↄ
72尺 135尺 74水 76水 78水
2.75尺 50.5尺 22.6尺
72尺 74尺 76尺 78尺
× × × × ×
73K 74K 76K 78K
72 74 76 78

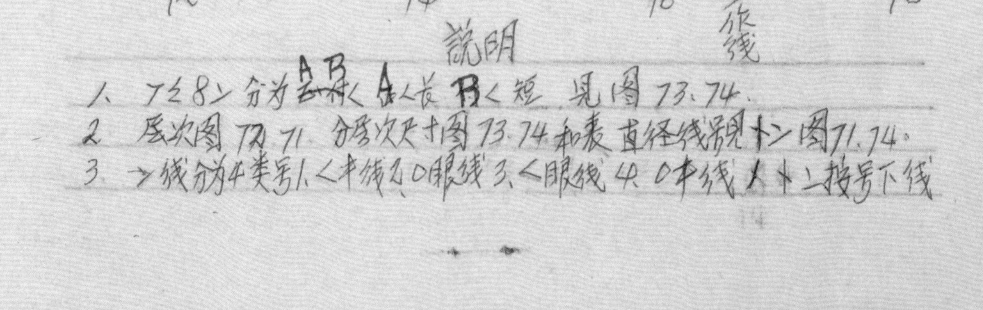

说明 龚线

1. 7柱8柱分为名表 A柱长 B柱短 见图73.74.

2. 层次图 73 71 分号次尺寸图73.74和表 直径线号见十二图71.74.

3. 2线分为4类号1.柱中线2.0眼线3.柱眼线4.0中线 人十2按号下线

7 瓜 A 角内柱眼图（一）

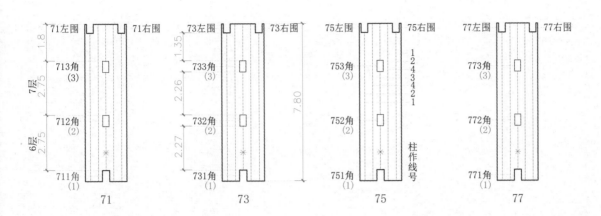

| 71 | 73 | 75 | 77 |

7 瓜内柱眼类表（A 角）

单位：尺

眼类	类号	长	宽
角	1	0.50	0.17
	2	0.48	0.16
	3	0.49	0.17
围		0.45	0.16

7 瓜内柱眼类表（B 角）

单位：尺

眼类	类号	长	宽
角	1	0.50	0.17
	2	0.49	0.17
围		0.45	0.16

7 瓜 B 角内柱眼图（一）

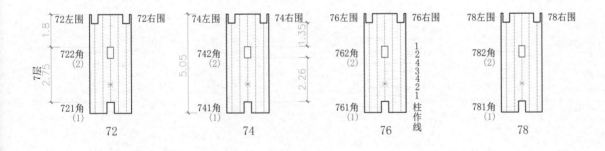

| 72 | 74 | 76 | 78 |

说明

1　7 瓜八根柱分为正（A）、假（B）角，A 角长，B 角短，见图 73、图 74。

2　层次见图 71、图 72，分层次尺寸见图 73、74 和表，直径线号见外柱图 71、图 72。

3　柱线分为 4 个号，1 号角心线，2 号围眼线，3 号角眼线，4 号围心线，内、外柱按号下线。

45

A<

7柱上眼图（上）

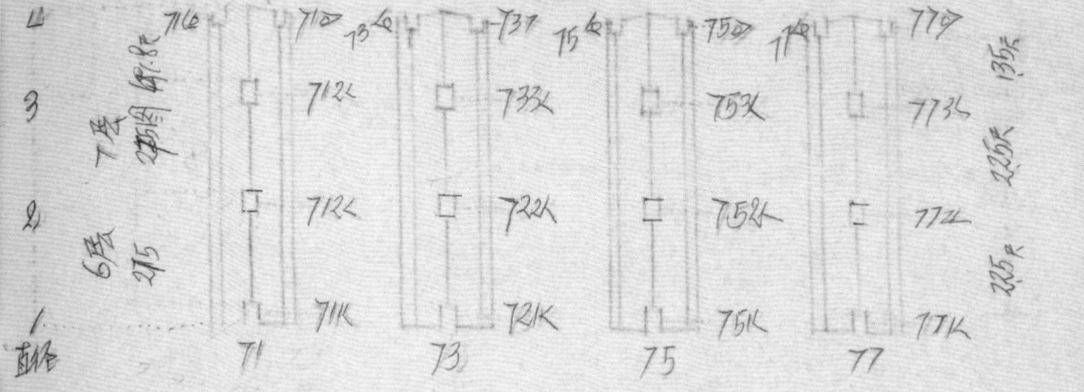

4　3　2　1　直径

7层
6层
2尺5

235尺　235尺　135尺

71　73　75　77

7柱上眼类表

眼类	号	长(尺)	宽(尺)
<	1	0.50	0.17
	2	0.49	0.17
	3	0.50	0.18
0		0.45	0.16

7柱上眼类表

眼类	号	长(尺)	宽(尺)
<	1	0.50	0.17
	2	0.50	0.18
0		0.45	0.16

B<

7柱上眼图（二）

3　2　1　直径

7层
2尺75

72　74　76　78

说明

1. 7至8柱分为A B 见入7柱图、74图。
2. 作线图和柱74、直径线3号 1号0.55尺 2号0.54尺 3号0.52尺 5尺线 1半线 20眼线 3号<眼线 4尺
3. 号长图73 分号次尺寸图

陆文礼　侗族·鼓楼　画样

二·柱眼图　088

7瓜A角外柱眼图（二）

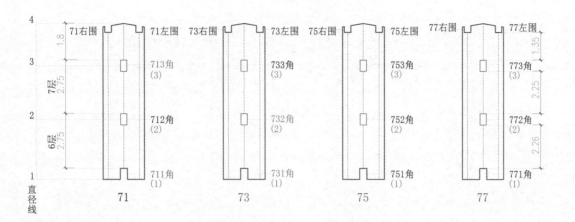

7瓜外柱眼类表（A）

单位：尺

眼类	类号	长	宽
角	1	0.50	0.17
	2	0.49	0.17
	3	0.50	0.18
围		0.45	0.16

7瓜外柱眼类表（B）

单位：尺

眼类	类号	长	宽
角	1	0.50	0.17
	2	0.50	0.18
围		0.45	0.16

7瓜B角外柱眼图（二）

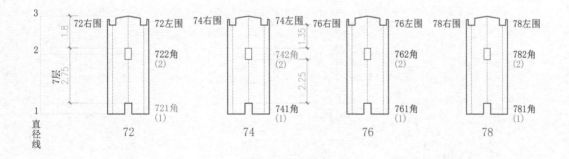

说明

1 7瓜八根柱分为正（A）、假（B）角，见7瓜内柱图73、图74。

2 柱作线见内柱图75、图76，直径线分3个号，1号0.55尺，2号0.54尺，3号0.52尺；作线1为角心线，2为围眼线，3为角眼线。

3 总长见内柱图73，分层次尺寸见图74。

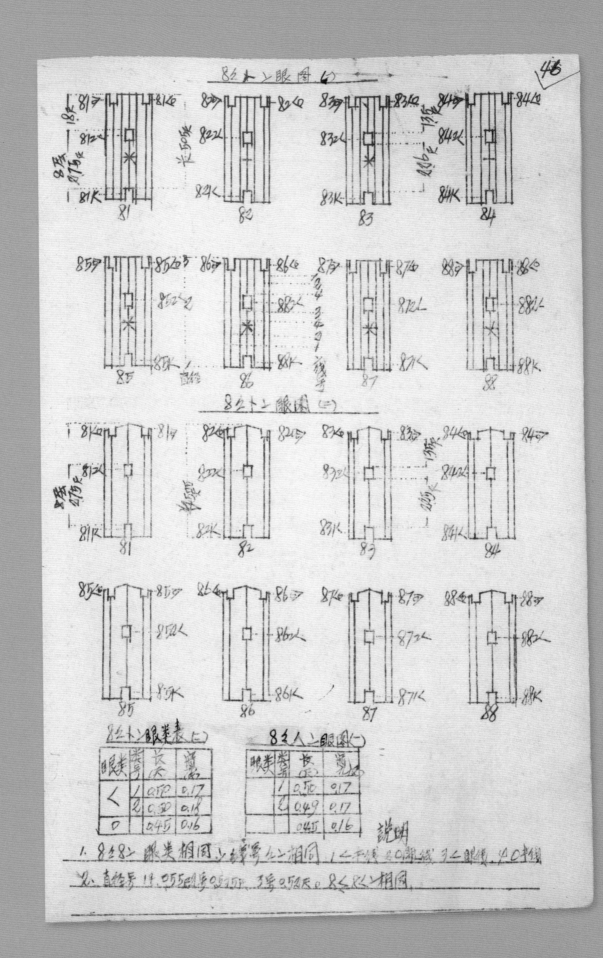

8 瓜内柱眼图（一）

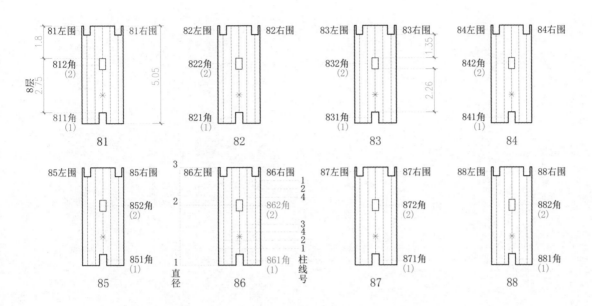

81　82　83　84

85　86　87　88

8 瓜外柱眼图（二）

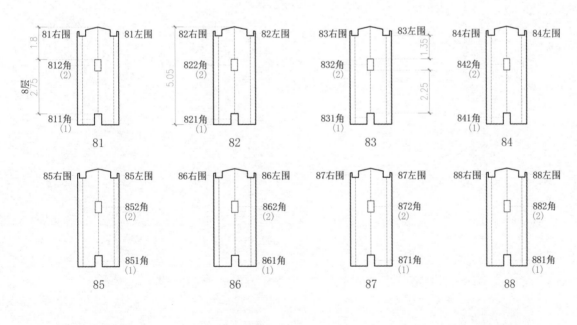

81　82　83　84

85　86　87　88

8 瓜外柱眼类表（二）

单位：尺

眼类	类号	长	宽
角	1	0.50	0.17
	2	0.50	0.18
围		0.45	0.16

8 瓜内柱眼类表（一）

单位：尺

眼类	类号	长	宽
角	1	0.50	0.17
	2	0.49	0.17
围		0.45	0.16

说明

1　8瓜八根柱眼类相同，柱线号相同。1号角心线，2号围眼线，3号角眼线，4号围心线。

2　直径号1号0.55尺，2号0.535尺，3号0.52尺，8瓜8角柱相同。

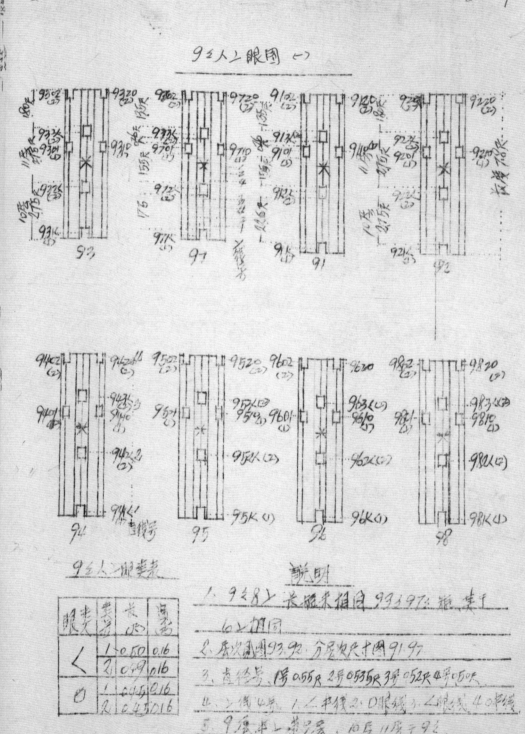

9至人之眼图 (一)

9 瓜内柱眼图（一）

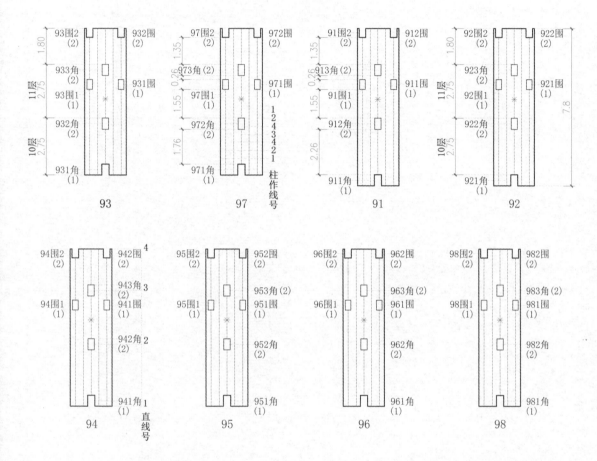

9 瓜内柱眼类表

单位：尺

眼类	类号	长	宽
角	1	0.50	0.16
	2	0.49	0.16
围	1	0.45	0.16
	2	0.45	0.16

说明

1　9 瓜八根柱长短不相同，93、97 瓜短，其余 6 柱相同。

2　层次见图 92、图 93，分层次尺寸见图 91、图 97。

3　直径号分为四个号：1 号 0.55 尺，2 号 0.535 尺，3 号 0.52 尺，4 号 0.50 尺。

4　柱线有 4 个号，1 号角心线，2 号围眼线，3 号角眼线，4 号围心线。

5　第 9 层位于中柱，第 10 层、11 层位于 9 瓜。

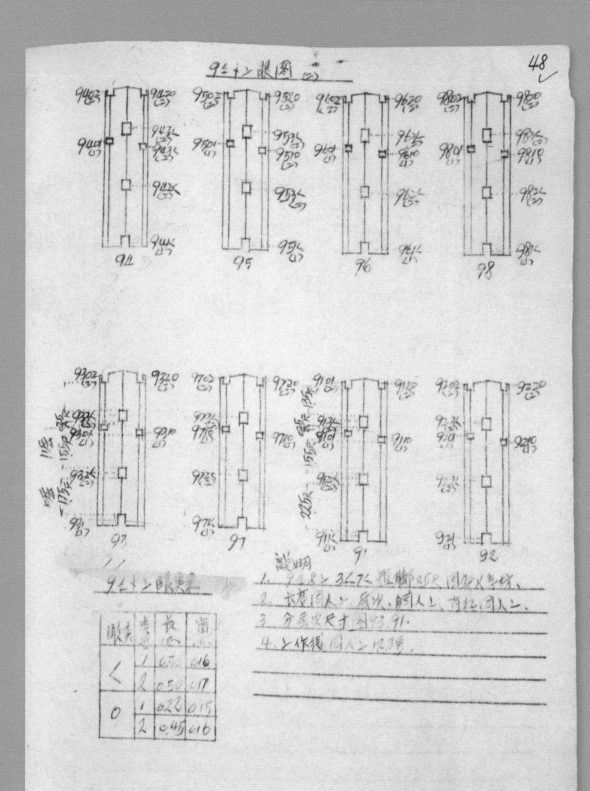

9瓜外柱眼图（二）

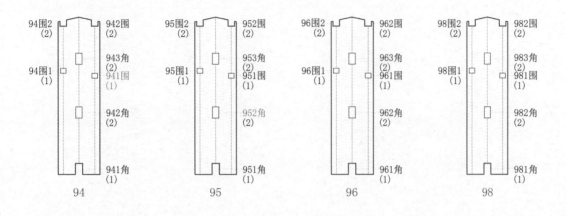

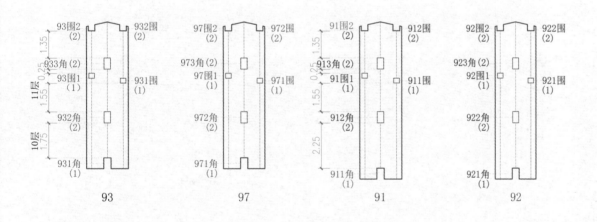

9瓜外柱眼类表

单位：尺

眼类	类号	长	宽
角	1	0.50	0.16
	2	0.50	0.17
围	1	0.22	0.15
	2	0.45	0.16

说明

1 9瓜有八根柱，因架十字枋，3角、7角短0.5尺。

2 其余柱长度同内柱，层次同内柱，直径同内柱。

3 分层次尺寸见图91、图93。

4 柱作线同内柱1、2、3号线。

10点人之眼图（一）

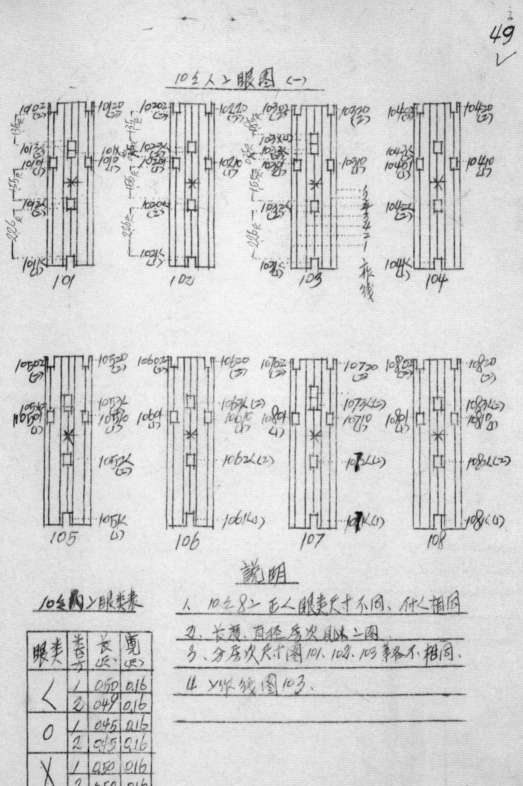

101　102　103　104
105　106　107　108

说明

1. 10之8之无人眼之尺寸不同、付人相同
2. 长度、直径、房次见本之图
3. 分房次尺寸图101、102、103事各不相同
4. 乂华线图103

10之房之眼类表

眼类	卷方	长（尺）	宽（尺）
乚	1	0.50	0.16
	2	0.49	0.16
0	1	0.45	0.16
	2	0.45	0.16
乂	1	0.50	0.16
	2	0.50	0.16

10 瓜内柱眼图（一）

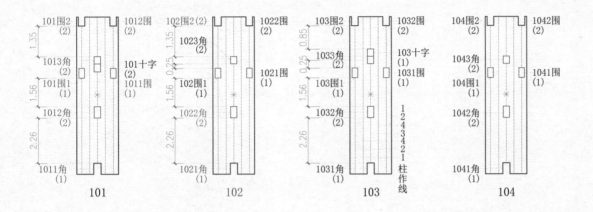

101   102   103   104

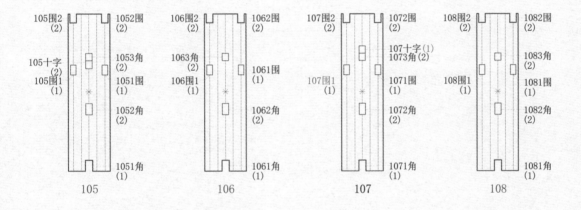

105   106   107   108

10 瓜内柱眼类表

单位：尺

眼类	类号	长	宽
角	1	0.50	0.16
	2	0.49	0.16
围	1	0.45	0.16
	2	0.45	0.16
十字	1	0.50	0.16
	2	0.50	0.16

说明

1 10 瓜八根柱，正角眼类、尺寸不同，假角相同。

2 长度、直径层次见外柱图。

3 分层次尺寸见图 101、图 102、图 103，各不相同。

4 柱作线见图 103。

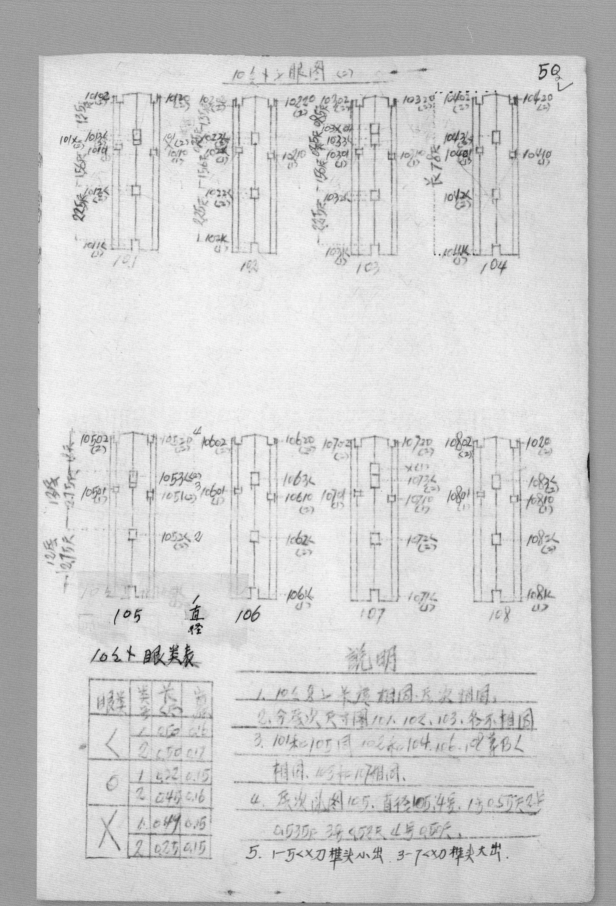

10 瓜外柱眼图（二）

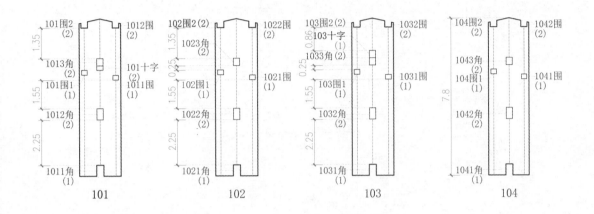

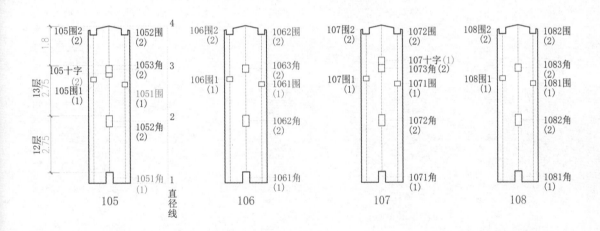

10 瓜外柱眼类表

单位：尺

眼类	类号	长	宽
角	1	0.50	0.16
	2	0.50	0.17
围	1	0.22	0.15
	2	0.45	0.16
十字	1	0.49	0.15
	2	0.25	0.15

说明

1　10 瓜八根柱长度相同，层次相同。

2　分层次尺寸见图 101、图 102、图 103，各不相同。

3　101 柱和 105 柱相同，102、104、106、108 假柱相同，103 和 107 柱相同。

4　层次见图 105，直径见图 105。直径线有 4 号，1 号 0.5 尺，2 号 0.535 尺，3 号 0.52 尺，4 号 0.50 尺。

5　1—5 角十字枋榫头小出，3—7 角十字枋榫头大出*。

＊原文用"—"，其表示 1 方向和 5 方向的连接，3 方向和 7 方向的连接。

```
7       5
  \   /
   \ /
   / \
  /   \
1       3
```

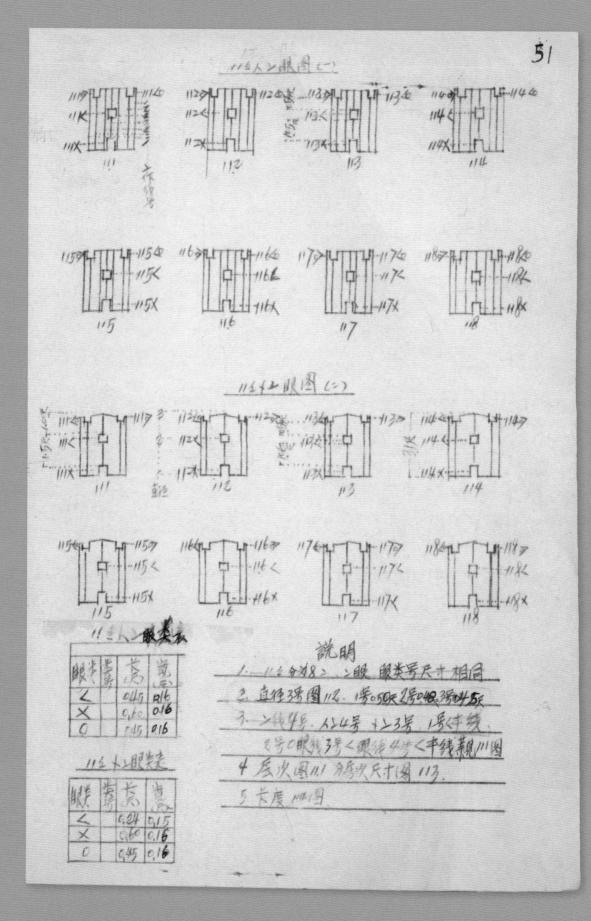

11 瓜内柱眼图（一）

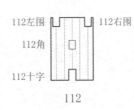
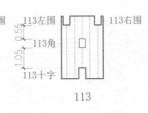
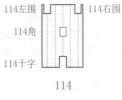

111左围　111右围　　112左围　112右围　　113左围　113右围　　114左围　114右围
111角　　　1243421　112角　　　　　　113角　　　　　　114角
111十字　　柱作线号　112十字　　　　　113十字　　　　　114十字

111　　　　　　112　　　　　　113　　　　　　114

115左围　115右围　　116左围　116右围　　117左围　117右围　　118左围　118右围
115角　　　　　　116角　　　　　　117角　　　　　　118角
115十字　　　　　116十字　　　　　117十字　　　　　118十字

115　　　　　　116　　　　　　117　　　　　　118

11 瓜外柱眼图（二）

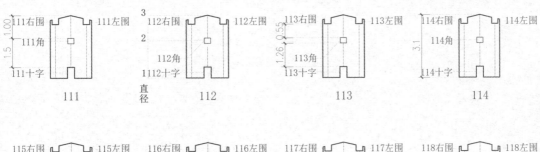

111右围　111左围　　112右围　112左围　　113右围　113左围　　114右围　114左围
111角　　　3　　112角　　　　113角　　　　114角
111十字　　2　112十字　　　113十字　　　114十字
　　　　　　1直径

111　　　　　　112　　　　　　113　　　　　　114

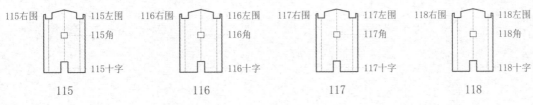

115右围　115左围　　116右围　116左围　　117右围　117左围　　118右围　118左围
115角　　　　　　116角　　　　　　117角　　　　　　118角
115十字　　　　　116十字　　　　　117十字　　　　　118十字

115　　　　　　116　　　　　　117　　　　　　118

11 瓜内柱眼类表

单位：尺

眼类	类号	长	宽
角		0.45	0.16
十字		0.60	0.16
围		0.45	0.16

11 瓜外柱眼类表

单位：尺

眼类	类号	长	宽
角		0.24	0.15
十字		0.60	0.16
围		0.45	0.16

说明

1 11瓜分为八根柱，柱眼、眼类号尺寸相同。

2 直径有3号，见外柱图112。1号0.50尺，2号0.48尺，3号0.45尺。

3 柱线有4个号，内柱4个号，外柱3个号。1号角心线，2号围眼线，3号角眼线，4号角心线，见图111。

4 层次见外柱图111，分层次尺寸图113。

5 长度见外柱图114。

陆文礼

侗族·鼓楼

画样

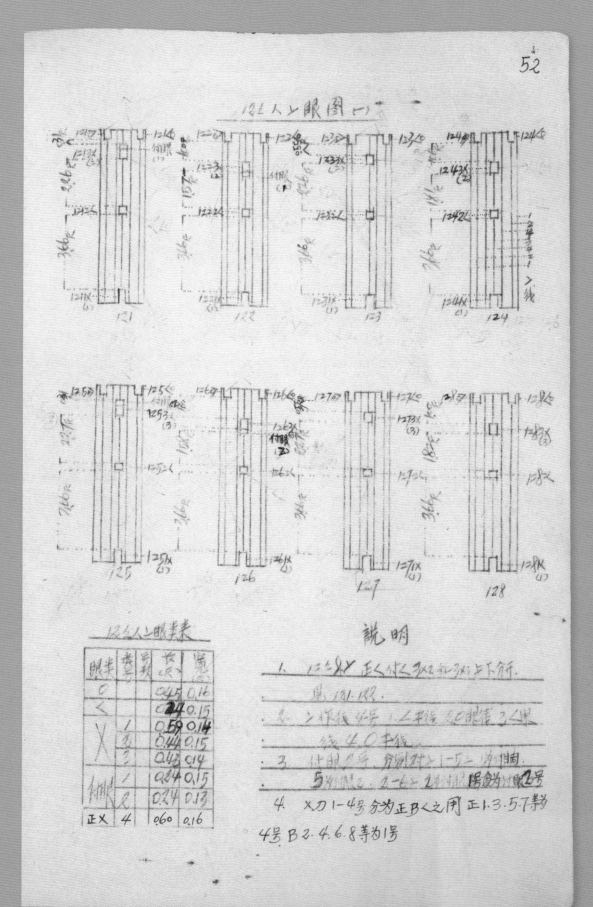

52

12 瓜内柱眼图（一）

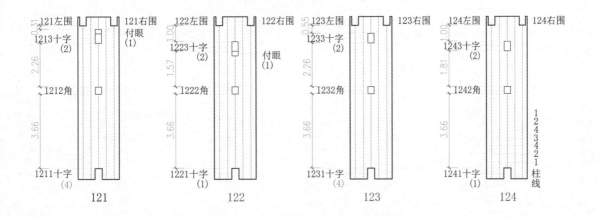

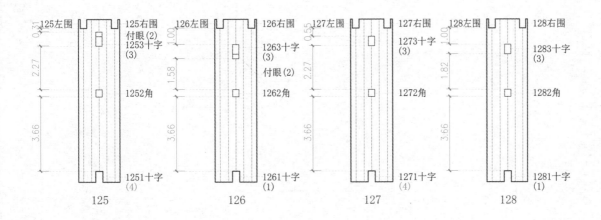

12 瓜内柱眼类表

单位：尺

眼类	类号	长	宽
围		0.45	0.16
角		0.24	0.15
十字	1	0.59	0.14
	2	0.44	0.15
	3	0.41	0.14
付眼	1	0.24	0.15
	2	0.24	0.13
正十字	4	0.60	0.16

说明

1　12 瓜八根柱，正角、假角的第三层十字枋上下分开，见图 121、图 122。

2　柱作线分 4 个号。1 号角心线，2 号围眼线，3 号角眼线，4 号围心线。

3　付眼分 2 个号，1 柱和 5 柱为一组，其中 1 柱为 1 号付眼、5 柱为 2 号付眼；2 柱和 6 柱为一组，其中 2 柱为 1 号付眼、6 柱为 2 号付眼。

4　十字枋眼 1 号、4 号分正、假角之用，正 1、3、5、7 为 4 号眼，假 2、4、6、8 为 1 号眼。

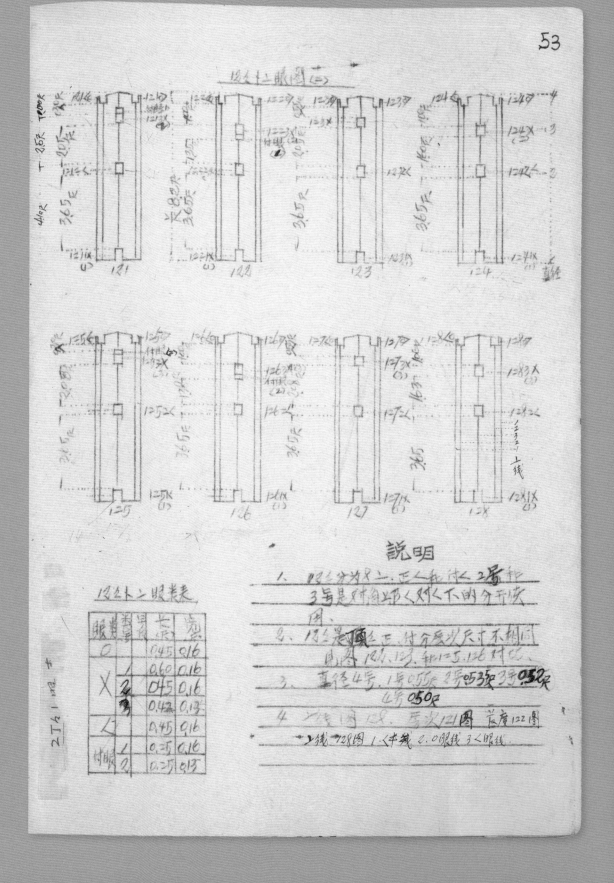

53

12 瓜外柱眼图（二）

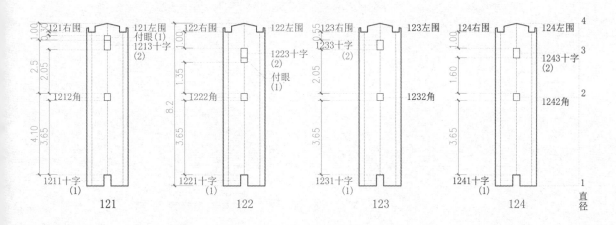

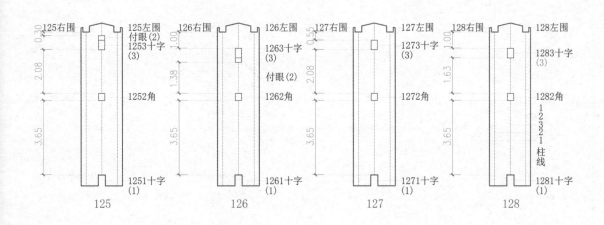

12 瓜外柱眼类表			
			单位：尺
眼类	类号	长	宽
围		0.45	0.16
十字	1	0.60	0.16
	2	0.45	0.16
	3	0.42	0.14
角		0.45	0.16
付眼	1	0.25	0.16
	2	0.25	0.15

说明

1 12 瓜分为 8 根柱。121、122、123、124 的 2 号十字眼与 125、126、127、128 柱的 3 号十字眼相对，正角十字眼付眼位于十字眼上，假角十字眼付眼位于十字眼下，分开使用。

2 12 瓜是顶瓜，正、假角分层次尺寸不相同，见图 122、图 123 和图 125、图 126 对比。

3 直径分 4 个号，1 号 0.55 尺，2 号 0.535 尺，3 号 0.52 尺，4 号 0.50 尺。

4 层次见图 121，长度见图 122；柱线见图 128，1 号角心线，2 号围眼线，3 号角眼线。

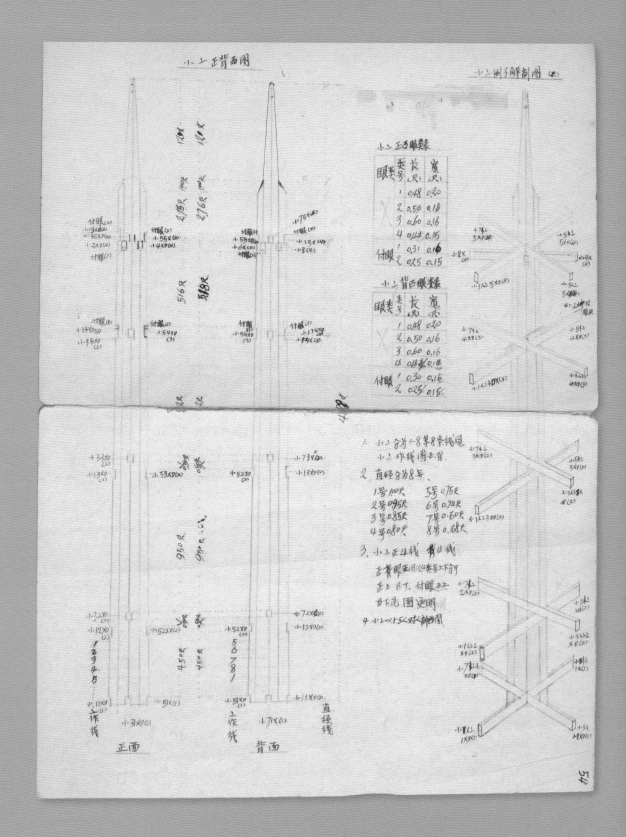

尖柱正背面图

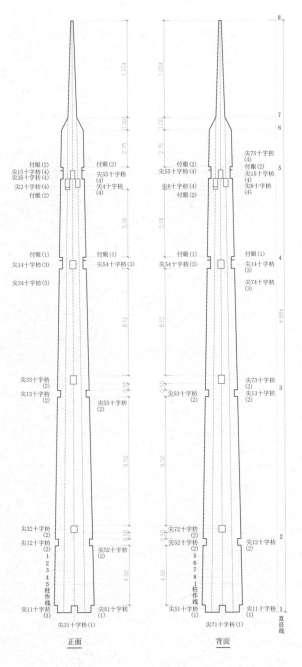

正面　　背面

尖柱例子解剖图（正）

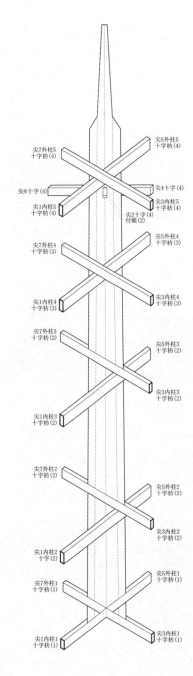

尖柱正面眼类表

单位：尺

眼类	类号	长	宽
十字	1	0.48	0.20
	2	0.50	0.16
	3	0.60	0.16
	4	0.44	0.15
付眼	1	0.31	0.16
	2	0.25	0.15

尖柱背面眼类表

单位：尺

眼类	类号	长	宽
十字	1	0.48	0.20
	2	0.50	0.16
	3	0.60	0.16
	4	0.44	0.15
付眼	1	0.30	0.15
	2	0.24	0.14

说明

1　尖柱分为1至8共8条线，见尖柱正背面图。

2　直径线分为8个号。
1号1.00尺　　5号0.75尺
2号0.95尺　　6号0.74尺
3号0.85尺　　7号0.60尺
4号0.80尺　　8号0.28尺。

3　尖柱正面作四根线，背面作四根线。十字枋4号眼上下分开，正角在上，假角在下；付眼相同，正角付眼在上，假角付眼在下，见图更明。

4　尖柱图以1—5角剖对角*，作剖面图。

*　"—"短横线表示1方向至5方向的连接线。

J二

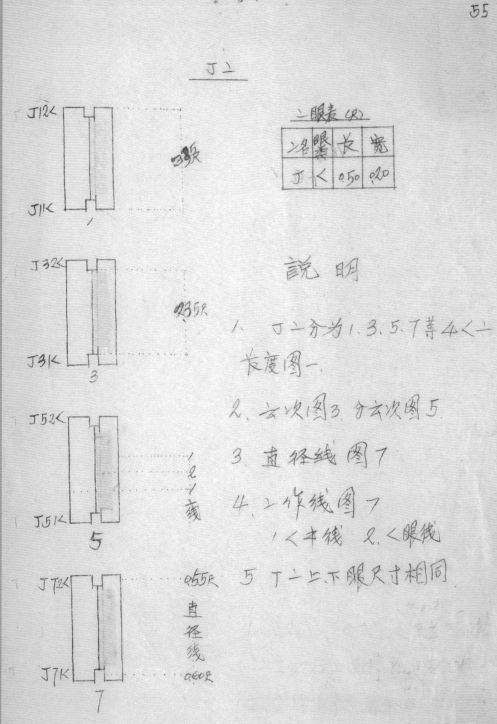

二眼表（尺）

眼 名	长	宽
J 〈	0.50	0.20

说 明

1. J二分为 1.3.5.7 等 4〈二长度图一

2. 去次图 3 分去次图 5

3. 直径线 图 7

4. 二作线 图 7
  1〈中线 2〈眼线

5 J二上下眼尺寸相同

顶柱

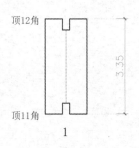

顶12角
顶11角

3.35

1

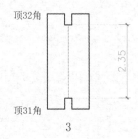

顶32角
顶31角

2.35

3

顶52角
顶51角

1
2
1 柱线

5

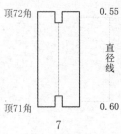

顶72角
顶71角

0.55

直径线

0.60

7

柱眼表

单位：尺

柱名	眼类	长	宽
顶	角	0.50	0.20

说明

1　顶柱分为 1、3、5、7 四根角柱，长度见图 1。

2　分层次见图 5。

3　直径线见图 7。

4　柱作线见图 5，1 号为角心线，2 号为角眼线。

5　顶柱上、下眼尺寸相同。

梯二

柱二人土眼图(一)　　柱二人土眼图(二)

21
20
19
18
17
16
15
14
13
12
11
10
9
8
7
6
5
4
3
2
1

100尺　　　100尺
084尺　　　085尺

长度32尺

直径线号

柱二人土眼表(2)

柱名	眼号	人	土
二	1	0.16×0.16	0.15×0.15

説明

1. 柱二分为19步柱二人眼 0.16×0.16，19眼人部相同，土眼0.15×0.15奉土部相同，
2. 长度见图分明，
3. 分二次见图，
4. 柱二19步见图分式，
5. 直径线如下：

1. 0.70尺　　16. 0.628尺
2. 0.67尺　　17. 0.625尺
3. 0.667尺　　18. 0.622尺
4. 0.664尺　　19. 0.619尺
5. 0.661尺　　20. 0.616尺
6. 0.658尺　　21. 0.604尺
7. 0.655尺
8. 0.652尺
9. 0.649尺
10. 0.646尺
11. 0.643尺
12. 0.64尺
13. 0.637尺
14. 0.634尺
15. 0.631尺

6. 二次图人二眼距缩相同，土二眼距缩相同。

梯柱

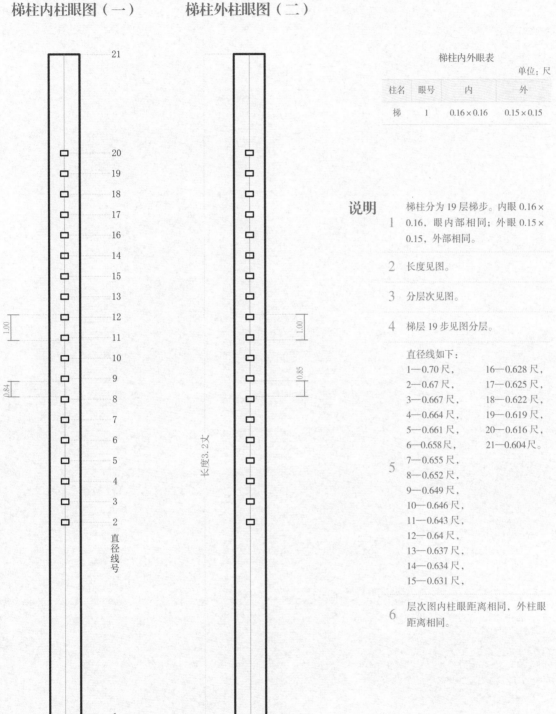

梯柱内柱眼图（一）　　　　梯柱外柱眼图（二）

直径线号

长度 3.2 丈

梯柱内外眼表

单位：尺

柱名	眼号	内	外
梯	1	0.16×0.16	0.15×0.15

说明

1　梯柱分为 19 层梯步。内眼 0.16×0.16，眼内部相同；外眼 0.15×0.15，外部相同。

2　长度见图。

3　分层次见图。

4　梯层 19 步见图分层。

5　直径线如下：
1—0.70 尺，	16—0.628 尺，
2—0.67 尺，	17—0.625 尺，
3—0.667 尺，	18—0.622 尺，
4—0.664 尺，	19—0.619 尺，
5—0.661 尺，	20—0.616 尺，
6—0.658 尺，	21—0.604 尺。
7—0.655 尺，	
8—0.652 尺，	
9—0.649 尺，	
10—0.646 尺，	
11—0.643 尺，	
12—0.64 尺，	
13—0.637 尺，	
14—0.634 尺，	
15—0.631 尺，	

6　层次图内柱眼距离相同，外柱眼距离相同。

贵州省黔东南苗族侗族自治州黎平县登江村登江鼓楼

牛乡方千火刀图

乙.24方 (乙23坊—乙24坊)

1号   2号

牛方千号火刀律表(尺)

刀律	数号	进			出		
		数	宽	厚	数	宽	厚
	1	1.80	0.70	0.18	1.30	0.23	0.17
	2	0.60	0.70	0.17	1.00	0.69	0.16

说明

牛乡火方千力分为8付材料数分牊，1号牊分上、⋯⋯

⋯⋯通作，牛之火刀通出，千牊下牛斜牊，方上牛斜牊⋯⋯

12千和24千牛斜牊为正材，6.3千和13千下牛斜牊为⋯⋯

牛牛斜牊，13千和43千下牛斜为臂斜牊，千11、火下牛⋯⋯

牊但牛斜牊，以牛1号牊分为分牊。

2号为檐牊通⋯。

直径为1.30尺、0.60尺。

分牛承牊、牊⋯⋯⋯⋯⋯   1瓜卡千出水坑

刀牛长均相同，斜定相同，但斜12分为下、上⋯⋯

尺图均表天寸分明。(以厘米)

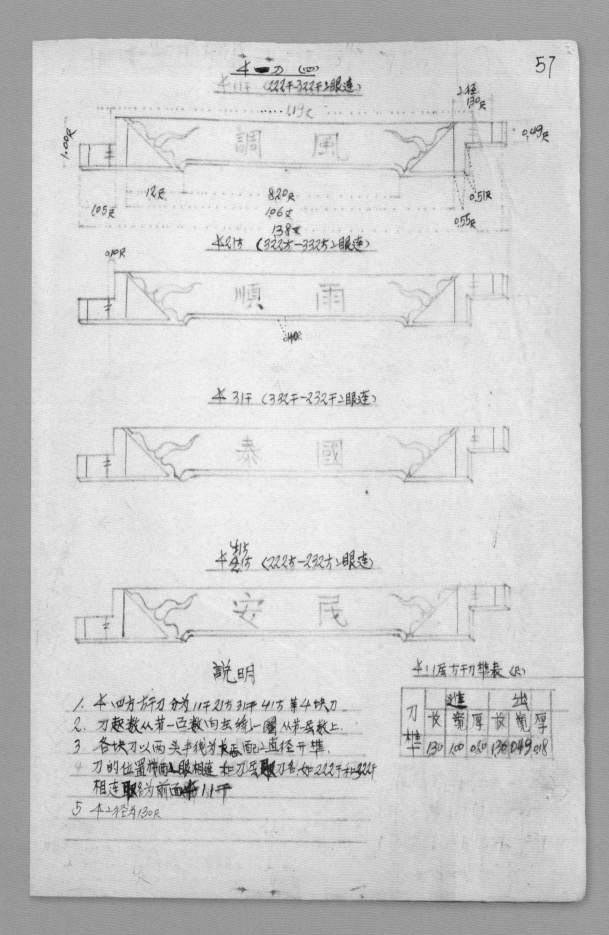

57

说明

1. 本四方折刀分为 1 1 干 2 1 方 3 1 干 4 1 方 等 4 块刀.
2. 刀起数从第一正数1向左绕1圈 从第一反数上.
3. 各块刀以两头半线为长轴画山直径开榫.
4. 刀的位置样两2眼相连 本刀等眼刀名如 2 2 2 干和 3 2 2 干
   相连眼名为前面半11干
5. 本2径为 1 3 0 尺

本 11 居方干刀榫表 (尺)

刀榫	进			出		
	长	宽	厚	长	宽	厚
	130	100	050	130	049	018

中一枋（四）

中11间（222间—322间柱眼连）*

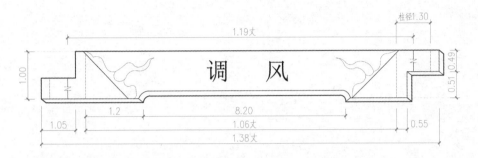

中21排（322排—332排柱眼连）

中31间（332间—232间柱眼连）

中41排（222排—232排柱眼连）

说明

1　中四排、间枋分为11间，21排，31间，41排四块枋。

2　枋从第一角开始计数，逆时针绕一圈，层数从第一层往上数。

3　各块枋长度以两头心线为准，配上柱直径，开榫。

4　枋的位置按所接的两柱眼名加上枋层数取枋名，如"222间"和"322间相连"取名为"中11间"。

5　中柱径为1.30尺。

*构件名称注释：中柱的第1层第1根间枋（22中柱的
　222间柱眼——32中柱的322间柱眼），下同。

中11层排间枋榫表

单位：尺

枋榫	进			出		
	长	宽	厚	长	宽	厚
	1.30	1.00	0.20	1.30	0.49	0.18

58

卡之（四）

卡12干 （234干-324干）眼连

1.00尺
1074丈

0.50尺

1054丈
1354丈

卡22方 （324方-334方）眼连

0.70尺
0.45丈

0.44尺
0.45尺

0.40尺 0.36

卡32干 （334干-234干）眼连

120R

0.90尺

卡4方 （224方-234方）眼连

0.30尺 0.10尺

说明

卡之屋刀方尺表

刀榫	进			出		
	长尺寸	宽尺寸	厚尺寸	长尺寸	宽尺寸	厚尺寸
	1.20	0.90	0.18	1.20	0.44	0.17

1. 卡之2屋刀12、22、32、42等4块刀尺寸相同

2. 榫头看图和表

3. 刀的名称根据榫之刀屋取标号

4. 刀以半线为志配上直径开榫的木工建筑规律

5. 两头直径1.20尺

中 2（四枋）

中 12 间（224 间—324 间柱眼连）

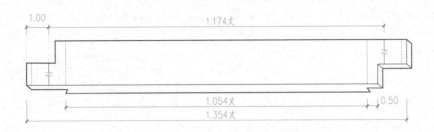

中 22 排（324 排—334 排柱眼连）

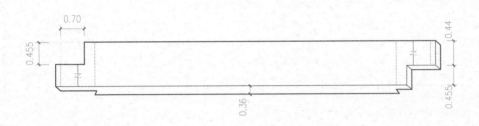

中 32 间（334 间—234 间柱眼连）

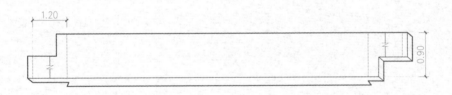

中 42 排（224 排—234 排柱眼连）

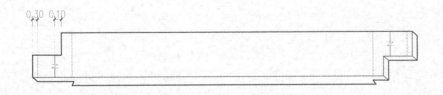

说明

1 中柱 2 层枋 12、22、32、42 四块枋尺寸相同。

2 榫头尺寸见图和表。

3 枋的名称根据鼓楼柱名和枋的层数取名。

4 枋头开榫的规律是以柱中心线为准，加上柱直径。

5 两头直径 1.20 尺。

中 2 层枋排间表

单位：尺

枋榫	进			出		
	长	宽	厚	长	宽	厚
	1.20	0.90	0.18	1.20	0.44	0.17

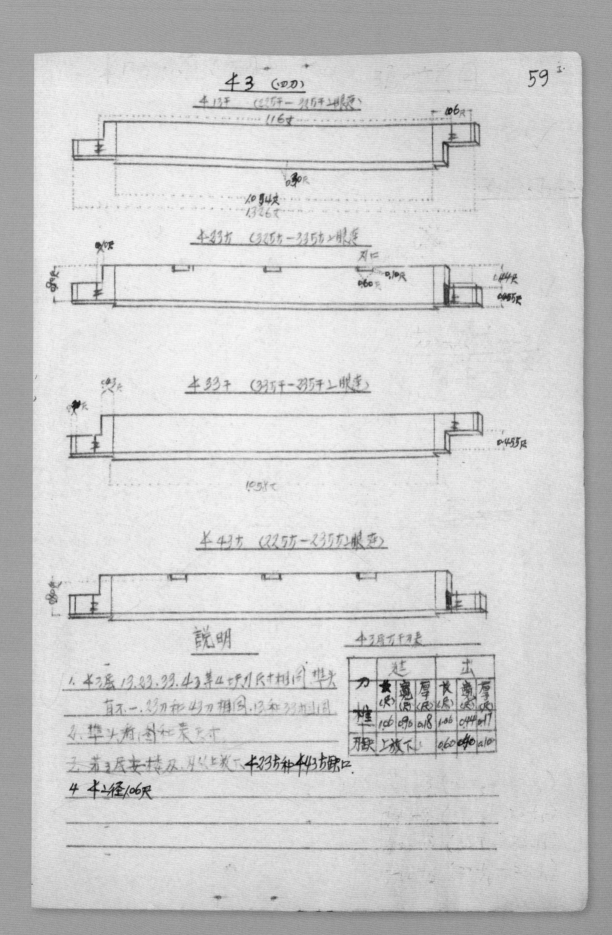

59

中3（四枋）

中13间（225间—325间柱眼连）

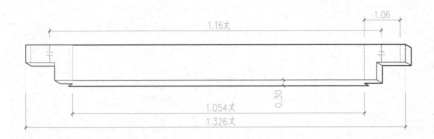

中23排（325排—335排柱眼连）

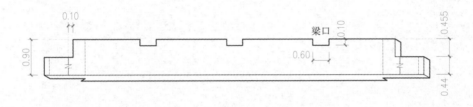

中33间（335间—235间柱眼连）

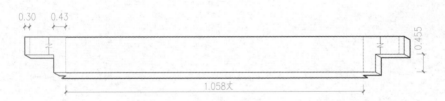

中43排（225排—235排柱眼连）

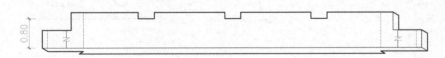

说明

1　中3层13、23、33、43等4块枋尺寸相同，榫头不一样，23枋和43枋榫头相同，13枋和33枋榫头相同。

2　榫头尺寸见图和表。

3　第3层装楼梁，梁从上放入中23排和43排的缺口。

4　中柱径1.06尺。

中2层枋排间表

单位：尺

枋榫	进			出		
	长	宽	厚	长	宽	厚
	1.06	0.90	0.18	1.06	0.44	0.17
梁缺	上放下			0.60	0.40	0.10

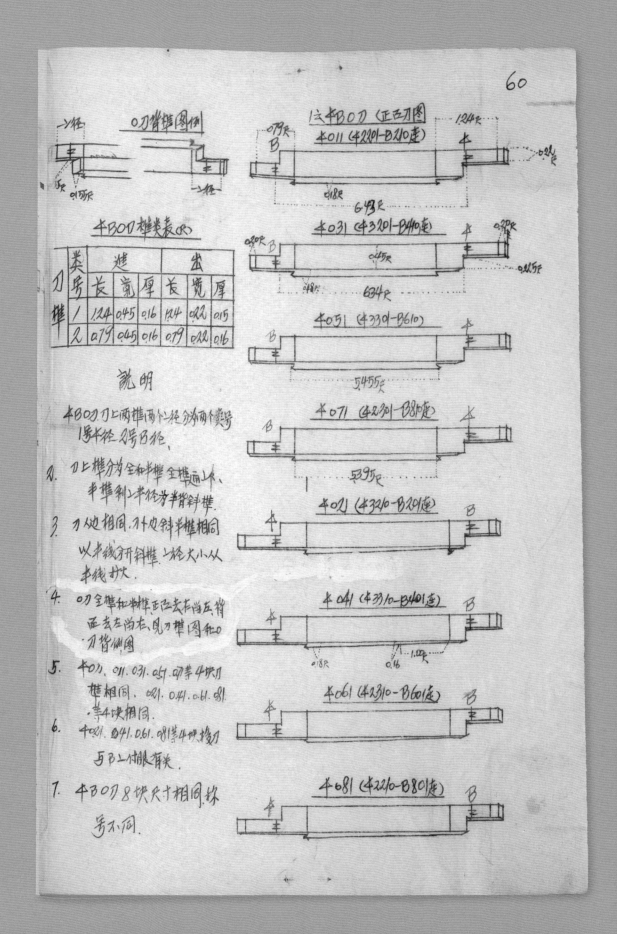

60

1层中假围枋（正面枋图）

围枋背榫图例

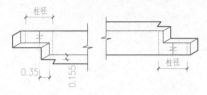

中假围枋榫类表

单位：尺

类号	进			出		
枋榫	长	宽	厚	长	宽	厚
1	1.24	0.45	0.16	1.24	0.22	0.15
2	0.79	0.45	0.16	0.79	0.22	0.16

说明

1　中假围枋，枋上两榫两个柱径分为两个号，1号中柱径，2号假柱径。

2　枋上榫分为全和半榫。全榫通柱外，半榫到柱半径，为半背斜榫。

3　枋内边相同，枋外边斜半榫相同，以中心线分开斜榫，柱径大小从中心线往两边量取。

4　围枋全榫和半榫正面去右留左，背面去左留右，见枋榫图和围枋背侧图。

5　中围枋，围11、围31、围51、围71四块枋榫相同；围21、围41、围61、围81四块枋榫相同。

6　中围21、围41、围61、围81四块棱枋与假柱付眼有关。

7　中假围枋8块尺寸相同，称号不同。

*构件名称注释：中柱的第1层第1根围枋（22中柱的22围1柱眼——2假柱的2角假1围柱眼），下同。

中围11（中22围1—假21围连）*

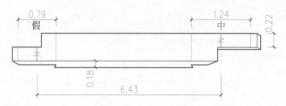

中围31（中32围1—假41围连）

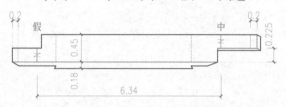

中围51（中33围1—假61围连）

中围71（中23围1—假81围连）

中围21（中321围—假2围1连）

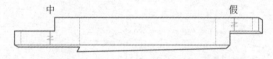

中围41（中331围—假4围1连）

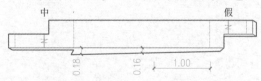

中围61（中231围—假6围1连）

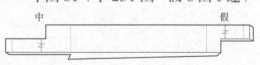

中围81（中221围—假8围1连）

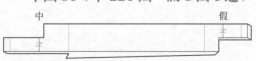

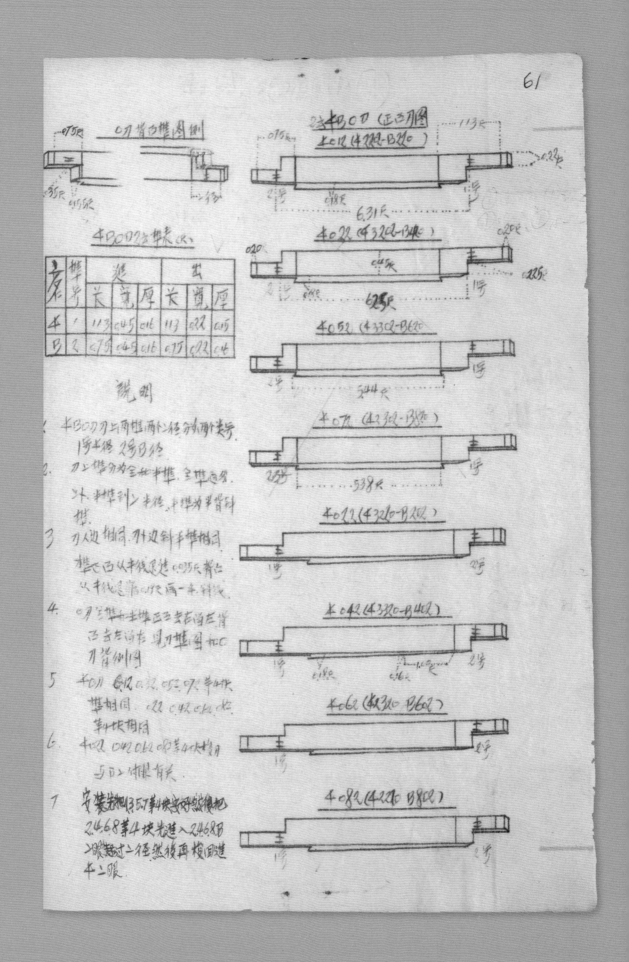

61

2 层中假围枋（正面枋图）

围枋背面榫图例

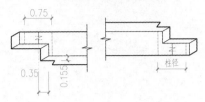

中假围枋二层榫类表

单位：尺

柱名	榫号	进			出		
		长	宽	厚	长	宽	厚
中	1	1.13	0.45	0.16	1.13	0.22	0.15
假	2	0.75	0.45	0.16	0.75	0.22	0.16

说明

1　中假围枋，枋上两榫两个柱径分为两个类号，1号中柱径、2号假柱径。

2　枋上榫分为全和半榫，全榫通到柱外，半榫通到柱半径，半榫为半背斜榫。

3　枋内边相同，枋外边斜半榫相同，榫正面从中心线退进0.035尺，背面从中心线退后0.19尺，画一条斜线。

4　围枋全榫和半榫正面去右留左，背面去左留右，见枋榫图和围枋背例图。

5　中围枋，围12、围32、围52、围72四块枋的榫相同；围22、围42、围62、围82四块的榫相同。

6　中围22、围42、围62、围82四块梭枋与假柱付眼有关。

7　安装先把1、3、5、7等4块安好，然后把2、4、6、8等4块先进入2、4、6、8假柱眼超过柱径，然后再缩回进中柱眼。

中围12（中22围2—假22围）

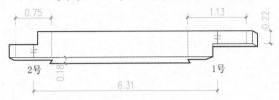

中围32（中32围2—假42围）

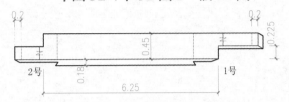

中围52（中33围2—假62围）

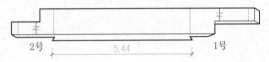

中围72（中23围2—假82围）

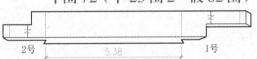

中围22（中322围—假2围2）

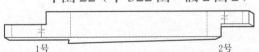

中围42（中332围—假4围2）

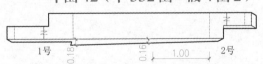

中围62（中232围—假6围2）

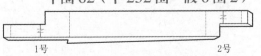

中围82（中221围—假8围2）

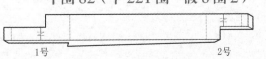

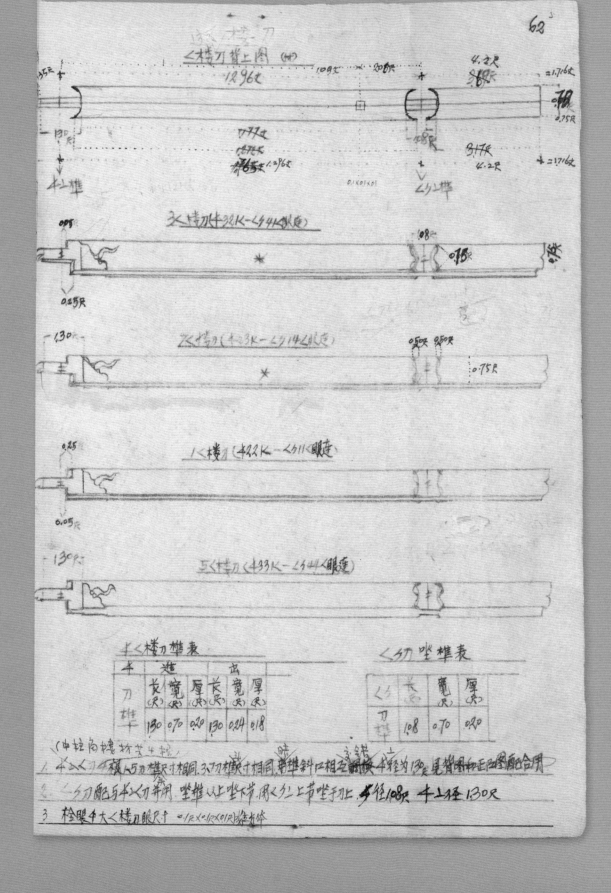

62

角楼枋

角楼枋背上图（假）

中柱榫　　　0.1×0.1×0.1　角檐柱榫

3 角楼枋（中 321 角—角檐 41 角眼连）*

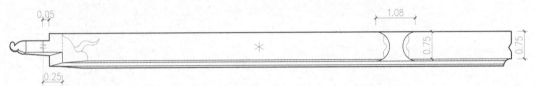

7 角楼枋（中 231 角—角檐 14 角眼连）

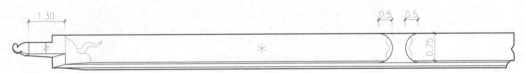

1 角楼枋（中 221 角—角檐 11 角眼连）

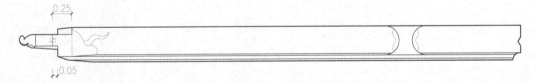

5 角楼枋（中 331 角—角檐 44 角眼连）

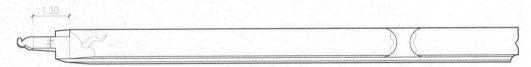

中角楼枋榫表

单位：尺

中	进			出		
	长	宽	厚	长	宽	厚
枋榫	1.30	0.70	0.20	1.30	0.24	0.18

角楼枋坐榫表

单位：尺

角檐	长	宽	厚
枋榫	1.08	0.70	0.20

说明

1　中柱角楼枋共 4 根，1、5 枋榫头尺寸相同，3、7 枋榫头尺寸相同。暗榫斜口相互交错。中柱径为 1.3 尺，见背面图和正面图配合使用。

2　角楼枋与中柱角枋一样，坐榫从上坐于角檐柱下节，角檐柱上节坐于枋上，檐柱径 1.08 尺，中柱径 1.3 尺。

3　4 根大角楼枋上设栓眼，尺寸为 0.1 尺 ×0.1 尺 ×0.1 尺的立方体。

* 构件名称注释：3 角方向的角楼枋（32 中柱的 321 角柱眼——41 角檐柱的 41 角柱眼），下同。

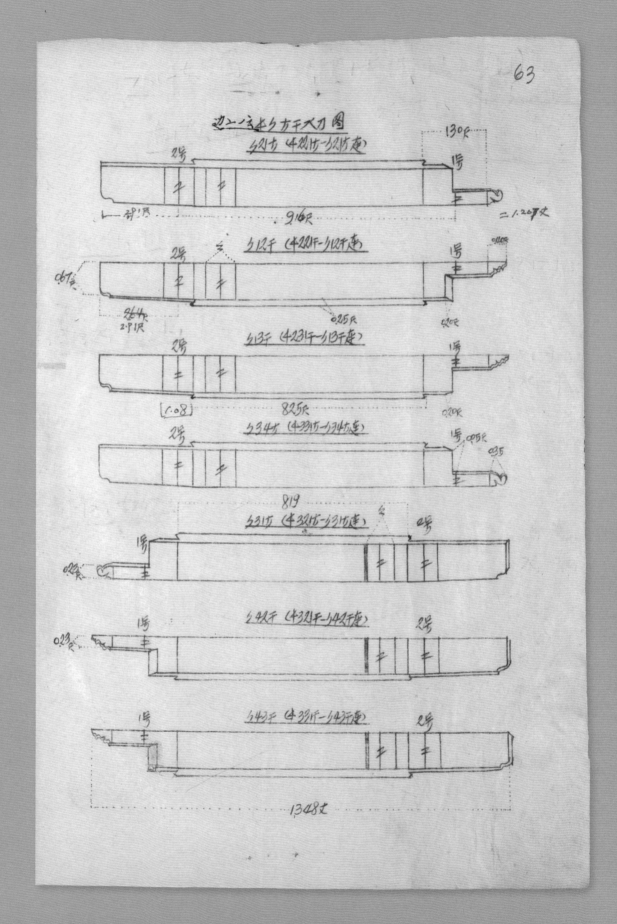

63

边柱 1 层中檐排间水枋图

檐 21 排（中 221 排—檐 21 排连）

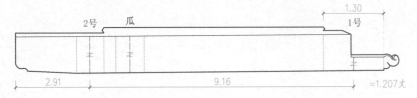

檐 12 间（中 221 间—檐 12 间连）

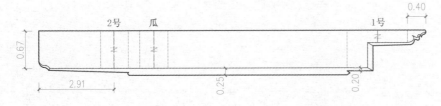

檐 13 间（中 231 间—檐 13 间连）

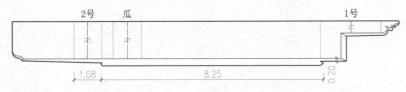

檐 34 排（中 331 排—檐 34 排连）

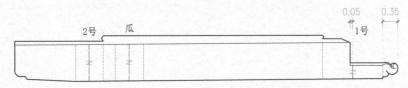

檐 31 排（中 321 排—檐 31 排连）

檐 42 间（中 321 间—檐 42 间连）

檐 43 间（中 331 间—檐 43 间连）

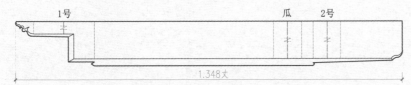

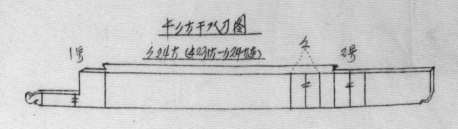

64

中心方千八刀图

1号　　　　4.24方（4.23折－4.24折）　　　　人　　2号

中心方千八刀推表（尺）

刀推	数编号	进			出		
	号	长	宽	厚	长	宽	厚
	1	1.30	0.70	0.18	1.30	0.23	0.17
	2	0.60	0.70	0.17	0.60	0.69	0.16

说明

1. 中心八方千刀分为8块为2号另3推、1号推分上图下3推、上千八刀连名、下为次刀通出。中心八刀通出。千推下半斜推、方上半斜推中心上下半斜推相反行斜。

2. 1号千和4号千半斜推为正斜、4号千和13号千下半斜推为背斜、2号3号3号4号5号4号半为背半斜推、13号千和43号千下半斜为背斜推、中11心下半半为左半斜推千、4心八刀一推。

3. 凡有半斜推、测为1号称为分推。

4. 2号为硬推通心。

5. 直径为1.30尺、0.60尺。

6. 凡半承推文每。　　1爪卡于出水坊插上。

7. 刀半长皆相同、斜度相同。但斜位分为下上扣正背面青松号不同。

8. 见图和表尺寸分明。（上页图）

中檐排间水枋图

檐24排（中231排—檐24排连）

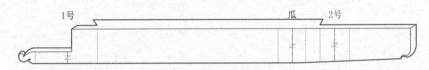

中一排檐间排水枋榫表

单位：尺

枋榫	编号	进			出		
		长	宽	厚	长	宽	厚
	1	1.30	0.7	0.18	1.30	0.23	0.17
	2	1.08	0.7	0.17	0.60	0.69	0.16

说明

1　中檐水排枋、间枋分为8块，有两个榫号，1号榫和2号榫。1号榫分为上中下榫，间榫是下半斜榫，排榫是上半斜榫。

2　12间和42间半斜榫为正斜，43间和13间下半斜榫为背斜，21排、31排、34排、24排为背半斜榫。

3　中角上下半斜相反开榫，中11角下半斜向排方向斜，上半斜向间方向斜，四个角水枋一样。

4　带有半斜榫的，如1号称为分榫。

5　2号为硬榫通到檐口。

6　1号榫的柱直径为1.3尺，2号榫的柱径为1.08尺。

7　枋中承架1层瓜柱。

8　枋中长度相同，斜度相同，但斜位分为下、上和正背面，称号不同。

9　尺寸见图和表（上页图）。

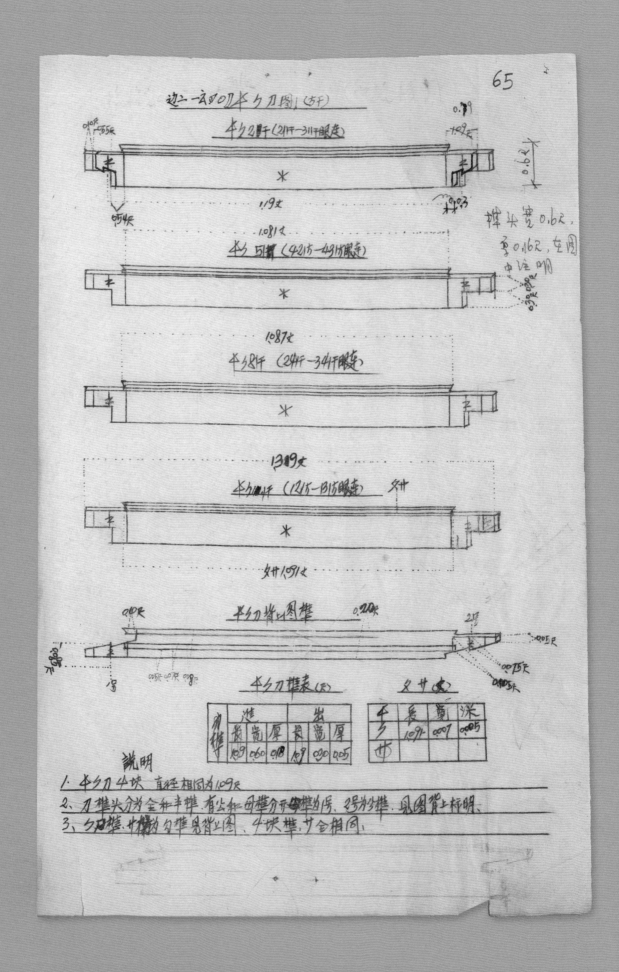

65

边柱一层左进围枋中檐枋图（排间）

中檐21间（211间—311间眼连）

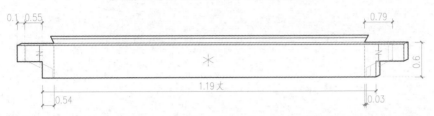

中檐51排（421排—431排眼连）

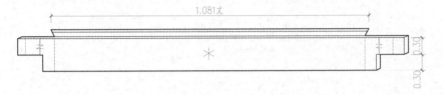

中檐81间（241间—341间眼连）

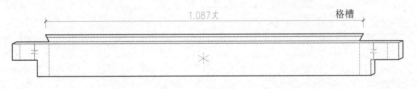

中檐111间（121排—131排眼连）

中檐枋背上图榫

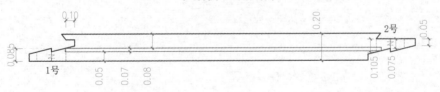

中檐枋榫表
单位：尺

枋榫	进			出		
	长	宽	厚	长	宽	厚
	1.09	0.60	0.18	1.09	0.30	0.05

格槽
单位：丈

	长	宽	深
中檐	1.091	0.007	0.005

说明

1　中檐枋4块直径同为1.09尺。

2　枋榫头分为全榫和半榫，又分公榫与母榫。母榫为1号，公榫为2号，见背上图。

3　檐枋榫为勾榫，见背上图。4块榫、槽全部相同。

4　榫头宽0.6尺，厚0.16尺，在图中注明。

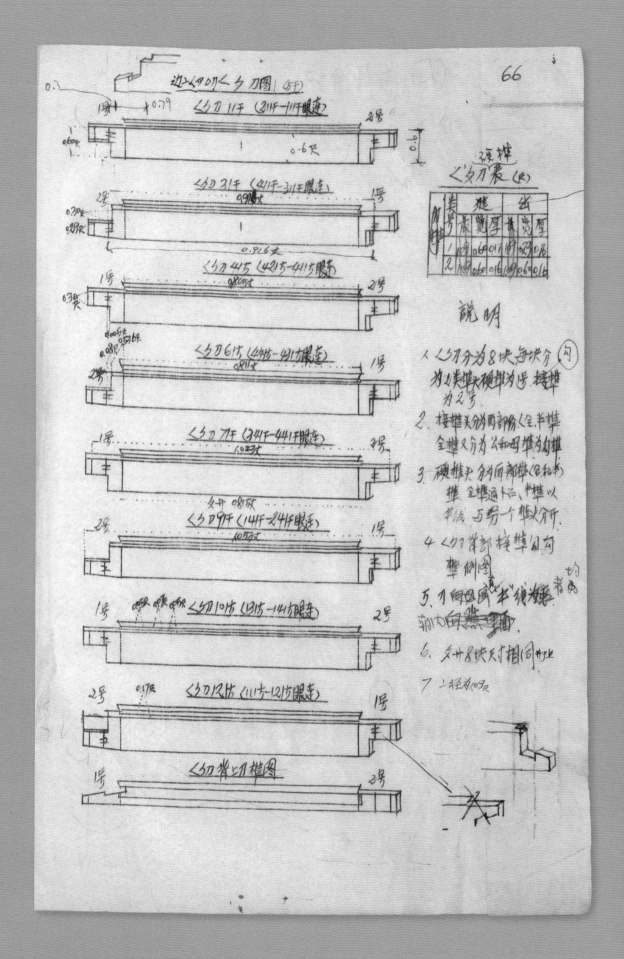

66

边柱角左进围枋角檐枋图1（排间）

角檐枋11间（211间—111间眼连）

角檐枋31间（411间—311间眼连）

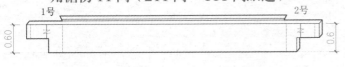

角檐枋41排（421排—411排眼连）

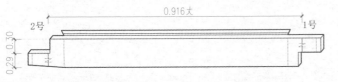

角檐枋61排（441排—431排眼连）

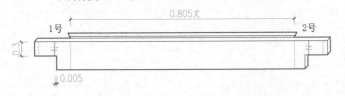

角檐枋71间（341间—441间眼连）

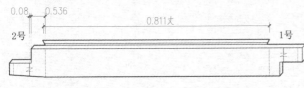

角檐枋91间（141间—241间眼连）

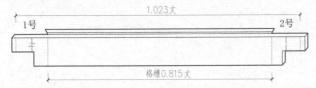

角檐枋101排（131排—141排眼连）

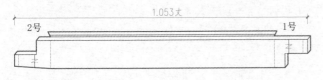

角檐枋121排（111排—121排眼连）

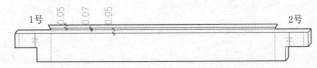

角檐枋背上枋榫图

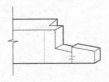

角檐枋硬榫表

单位：尺

类号		进			出	
		长	宽	厚	长	宽	厚
枋榫	1	1.09	0.60	0.17	1.09	0.29	0.16
	2	1.09	0.60	0.16	1.09	0.60	0.16

说明

1　角檐枋分为8块，每块分为2类榫头，勾榫为1号，硬榫为2号。

2　勾榫头分为两部分：角全榫、半榫。全榫又分为公榫和母榫，为勾榫。

3　硬榫头分为两部榫（全和半），全榫通外面，半榫以中线为准，与另一个榫头分开。

4　角檐枋背部接榫勾，勾榫见例图。

5　枋画有"ㄓ"线者均朝内。

6　格槽8块尺寸相同，槽开于枋上。

7　柱径为1.09尺。

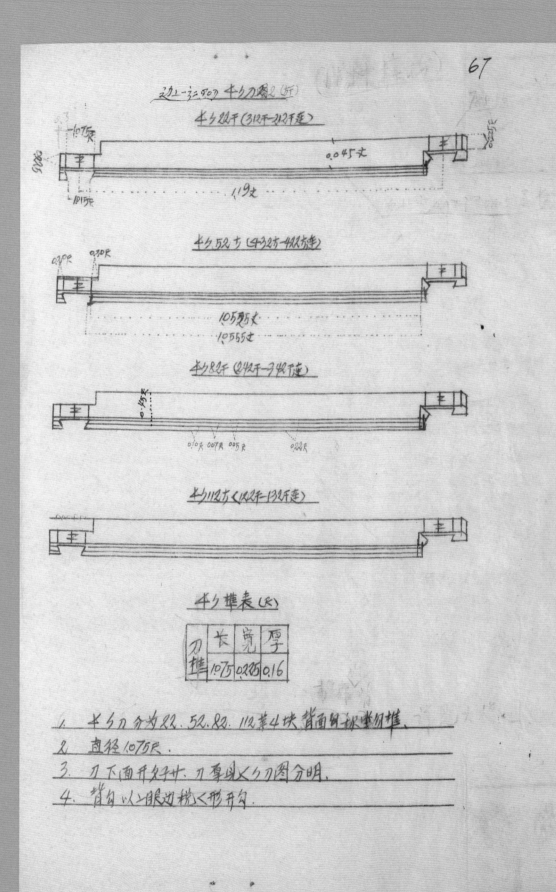

67

边柱一排二左进围枋中檐枋图2（排间）

中檐22间（312间—212间连）

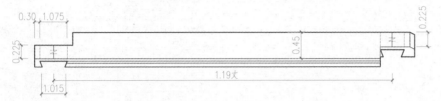

中檐52排（432排—422排连）

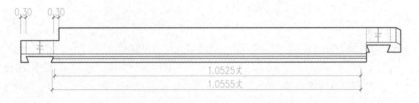

中檐82间（242间—342间连）

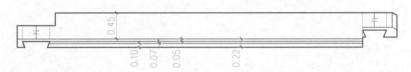

中檐112排（122排—132排连）

中檐榫表

单位：尺

枋榫	长	宽	厚
	1.075	0.225	0.16

说明

1　中檐枋分为22、52、82、112四块，背面勾称为坐勾榫。

2　直径1.075尺。

3　枋下面开格子槽，枋厚见角檐枋图。

4　背勾在柱眼边以锐角形开勾。

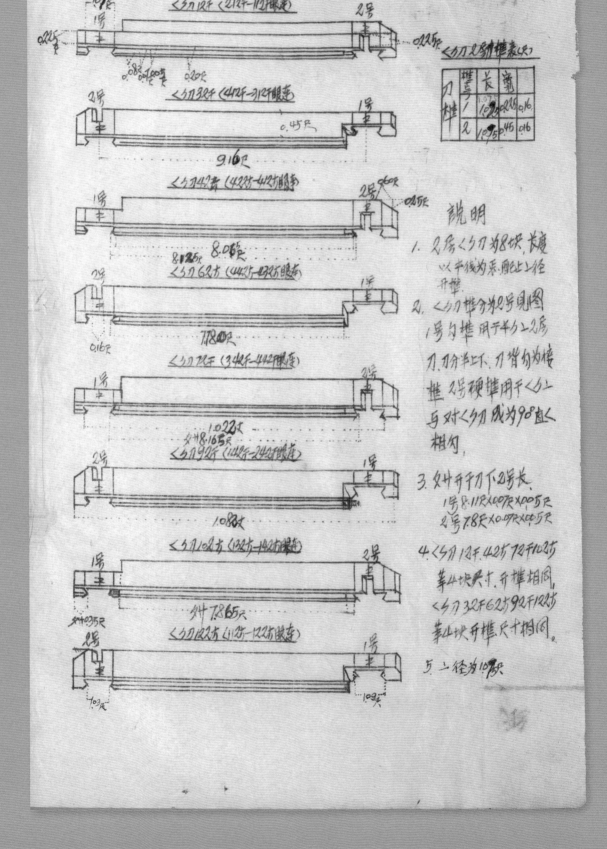

边柱二左进围枋角檐枋图2（排间）

角檐枋12间（212间—112间眼连）

角檐枋32间（412间—312间眼连）

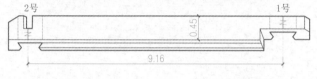

角檐枋42排（422排—412排眼连）

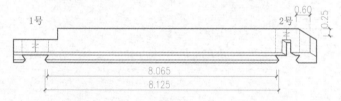

角檐枋62排（442排—432排眼连）

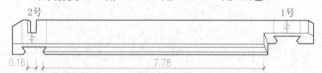

角檐枋72间（342间—442间眼连）

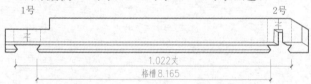

角檐枋92间（142间—242间眼连）

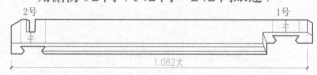

角檐枋102排（132排—142排眼连）

角檐枋122排（112排—122排眼连）

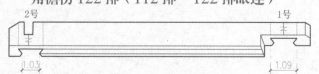

中檐枋2层枋榫表

单位：尺

	榫号	长	宽	厚
枋榫	1	1.075	0.225	0.16
	2	1.075	0.45	0.16

说明

1　2层角檐枋为8块，长度以中线为准，配上柱径开榫。

2　角檐枋榫分为两个号，见图，1号勾榫用于中檐柱2层枋，枋分为上下两半，枋背勾为接榫。2号硬榫用于角檐柱，与对角檐枋成为90°直角相勾。

3　格槽开于枋下，有两个号，1号8.11尺×0.07尺×0.05尺，2号7.8尺×0.07尺×0.05尺。

4　角檐枋12间、42排、72间、102排四块，尺寸、开榫相同，角檐枋32间、62排、92间、122排四块，开榫、尺寸相同。

5　柱径为1.075尺。

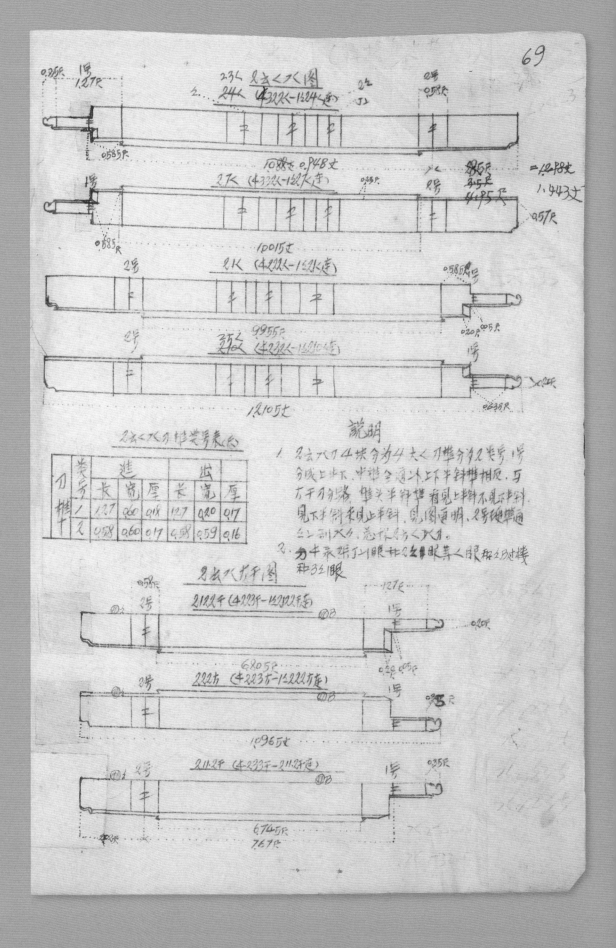

69

2 层角水图

23 角（中 322 角—1 瓜 24 角连）

0.35 1.27
1号
0.58
2号
0.585
瓜 2瓜 顶柱
0.948丈
4.95 =1.443丈

25 角（中 332 角—1 瓜 27 角连）

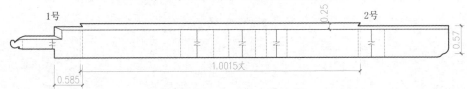

1号
0.25
2号
0.57
0.585
1.0015丈

21 角（中 222 角—1 瓜 21 角连）

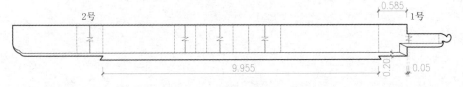

2号
0.585
1号
9.955
0.20 0.05

27 角（中 232 角—1 瓜 210 角连）

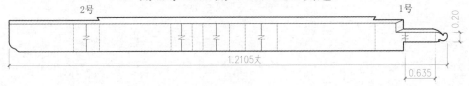

2号
1号
0.20
1.2105丈
0.635

2 层水排间图

2122 间（中 223 间—1 瓜 2122 间连）

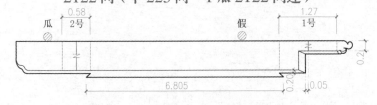

瓜
0.58
2号
1.27
1号
假
0.2
6.805
0.20 0.05

222 排（中 223 排—1 瓜 222 排连）

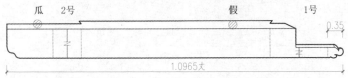

瓜 2号
假
1号
0.35
1.0965丈

2112 间（中 233 间—1 瓜 2112 间连）

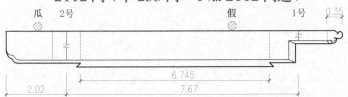

瓜 2号
假
1号
0.35
6.745
2.02
7.67

2 层角水枋榫类号表

单位：尺

类号	进			出		
枋榫	长	宽	厚	长	宽	厚
1	1.27	0.60	0.18	1.27	0.20	0.17
2	0.58	0.60	0.17	0.58	0.59	0.16

说明

1　2 层水枋 4 块分为 4 大角，枋榫分为两个号，1 号分成上中下三类，中榫全通柱外，上下半斜榫相反，与排、间枋相配。榫头的半斜榫如看见上半斜，就看不见下半斜。反之亦然，见图更明。2 号硬榫通瓜柱到水檐，总称 2 层角水枋。

2　顶柱、2 瓜、正角 3 瓜、假柱过楼、瓜柱过楼架在 2 层水枋上。

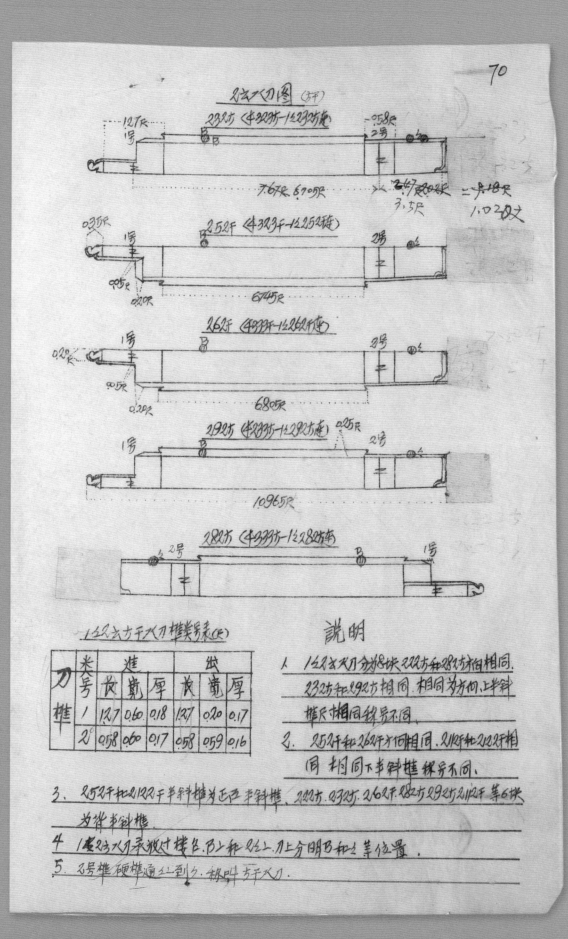

70

2层水枋图（排间）

232排（中323排—1瓜232排连）

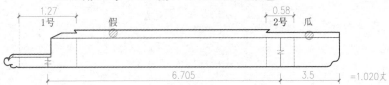

252间（中323间—1瓜252间连）

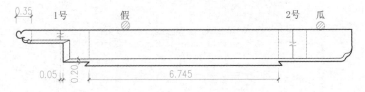

262间（中333间—1瓜262间连）

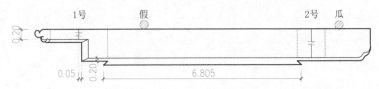

292排（中233排—1瓜292排连）

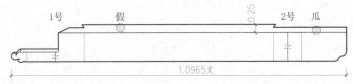

282排（中333排—1瓜282排连）

1瓜2层排间水枋榫类号表

单位：尺

枋榫 \ 类号	进			出		
	长	宽	厚	长	宽	厚
1	1.27	0.60	0.18	1.27	0.20	0.17
2	0.58	0.60	0.17	0.58	0.59	0.16

说明

1 1瓜2层水枋分为8块，222排和282排方向相同，232排和292排方向相同，上半斜榫尺寸相同，称号不同。

2 252间和262间方向相同，2112间和2122间方向相同，下半斜榫尺寸相同，称号不同。

3 252间和2122间半斜榫为正面半斜榫。222排、232排、262间、282排、292排、2112间等6块，为背半斜榫。

4 1瓜2层水枋承放过楼枋（楼台），假柱和2瓜柱，枋上分别注明了假柱过楼枋（内楼台）和瓜柱过楼枋（外楼台）的位置。

5 2号榫为硬榫，通瓜柱到檐，称作排间水枋。

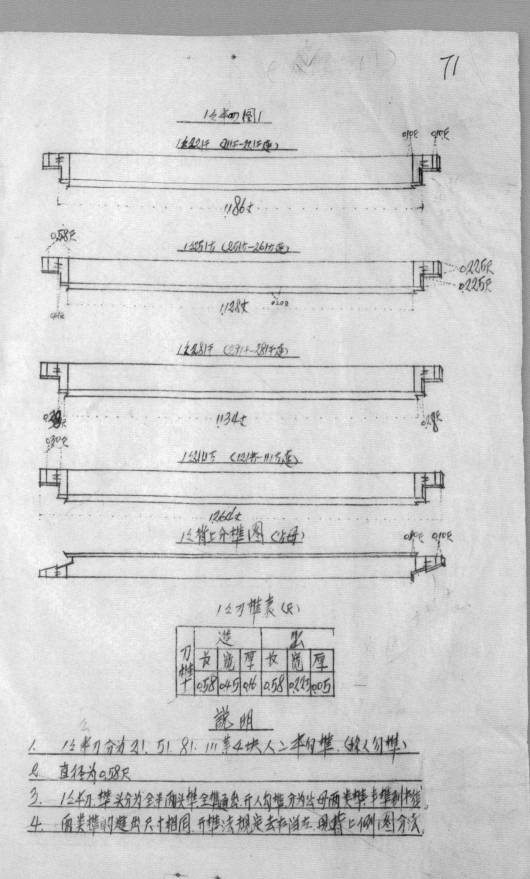

71

1瓜中围枋图1

1瓜221间（221间—231间连）*

1瓜251排（251排—261排连）

1瓜281间（291间—281间连）

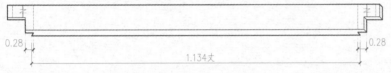

1瓜2111排（2121排—2111排连）

1瓜背上分榫图（公母）

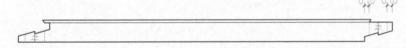

1瓜枋榫表

单位：尺

枋榫	进			出		
	长	宽	厚	长	宽	厚
	0.58	0.45	0.16	0.58	0.225	0.05

说明

1　1瓜中枋分为21、51、81、111共4块，内柱心勾榫（称内勾榫）。

2　直径为0.58尺。

3　1瓜中枋榫头分为全、半两头榫，全榫通出，开内勾榫，分为公母两类榫，半榫到中线。

4　两类榫的进出尺寸相同，开榫法规定去右留左，见背上例图分法。

*构件名称注释：连接221瓜柱和231瓜的间枋（221瓜的221间的柱眼——231瓜的231间）。

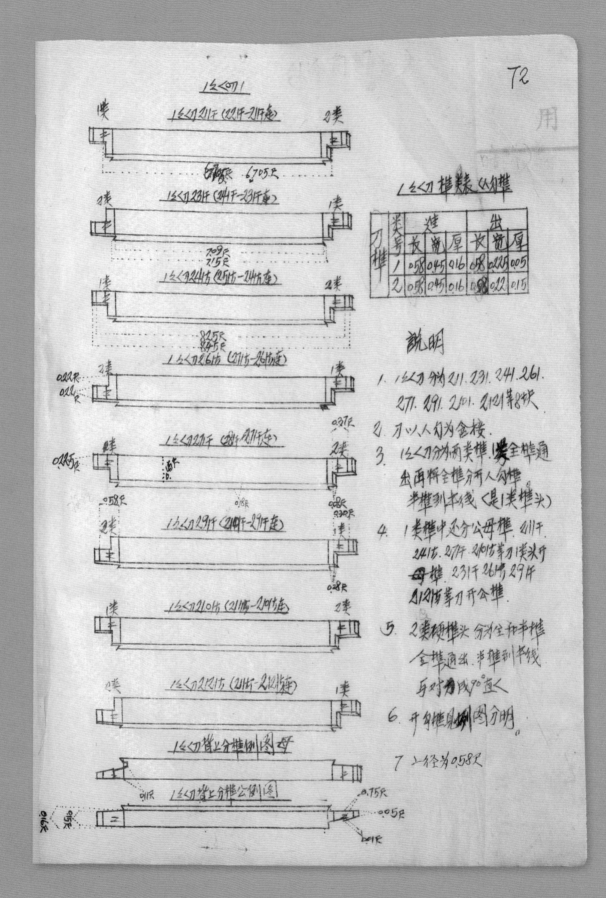

1 瓜角围枋图 1

1 瓜角枋 211 间（221 间—211 间连）

1类   2类

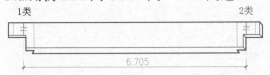

6.705

1 瓜角枋 231 间（241 间—231 间连）

2类   1类

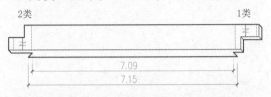

7.09
7.15

1 瓜角枋 241 排（251 排—241 排连）

1类   2类

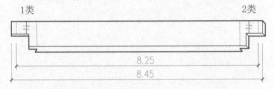

8.25
8.45

1 瓜角枋 261 排（271 排—261 排连）

2类   1类

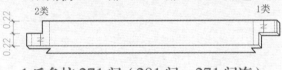

0.22 0.22
0.22

1 瓜角枋 271 间（281 间—271 间连）

1类   2类

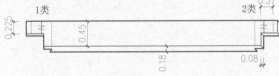

0.225
0.45
0.18
0.37
0.08

1 瓜角枋 291 间（2101 间—291 间连）

2类   1类

0.58
0.30
0.28

1 瓜角枋 2101 排（2111 排—2101 排连）

1类   2类

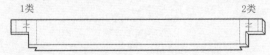

1 瓜角枋 2121 排（2111 排—2121 排连）

2类   1类

1 瓜角枋背上分榫母榫例图

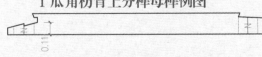

0.11

1 瓜角枋背上分榫公榫例图

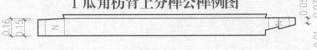

0.16
0.15
0.05
0.075
0.01

1 瓜角枋榫类表（内勾榫）

单位：尺

枋榫		进			出		
类号		长	宽	厚	长	宽	厚
	1	0.58	0.45	0.16	0.58	0.225	0.05
	2	0.58	0.45	0.16	0.58	0.22	0.15

说明

1   1 瓜角枋分为 211、231、241、261、271、291、2101、2121 等 8 块。

2   中围枋与角围枋以内勾衔接。

3   1 瓜角枋分为两类榫，1 类全榫通出，再将全榫分开内勾。半榫到心线（是 1 类榫头）。

4   1 类榫中还分公母榫，211 间、241 排、271 间、2101 排枋头开母榫，231 间、261 排、291 间、2121 排枋头开公榫。

5   2 类硬榫头分为全和半榫，全榫通出，半榫到心线与对枋成 90°直角。

6   开勾榫见例图。

7   柱径为 0.58 尺。

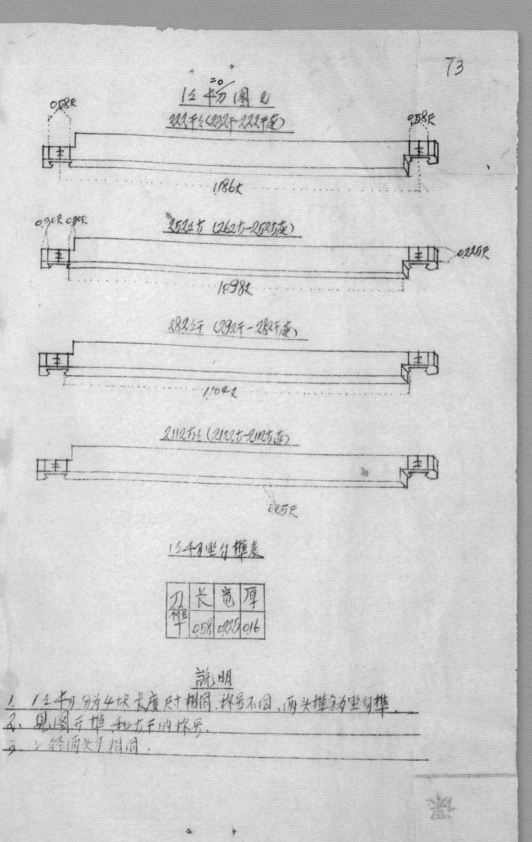

73

1 瓜中二围枋图 2

1 瓜 222 间（232 间—222 间连）

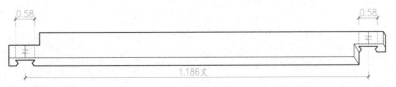

1 瓜 252 排（262 排—252 排连）

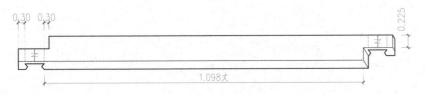

1 瓜 282 间（292 间—282 间连）

1 瓜 2112 排（2122 排—2112 排连）

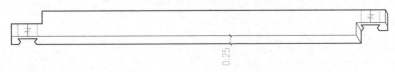

1 瓜中枋坐勾榫表

单位：尺

枋榫	长	宽	厚
	0.58	0.225	0.16

说明

1　1 瓜中枋分为 4 块，长度尺寸相同，称号不同，枋两端榫头为坐勾榫。

2　开榫和排间的称号见图。

3　枋两端连接的柱径相同。

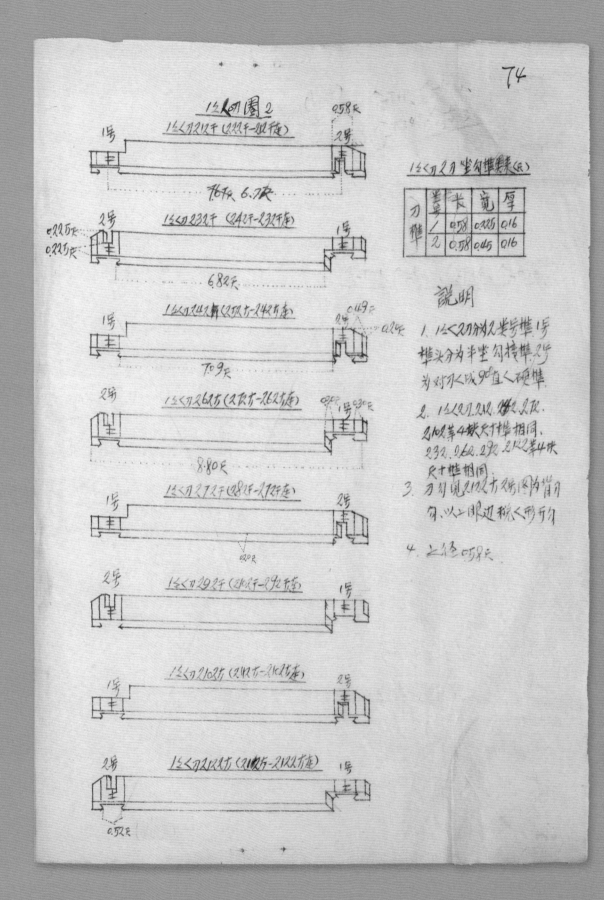

74

1 瓜角围枋图 2

1 瓜角枋 212 间（222 间—212 间连）

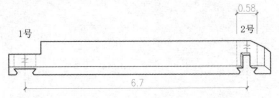

1号　2号　0.58　6.7

1 瓜角枋 232 间（242 间—232 间连）

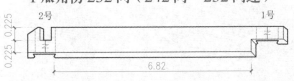

2号　1号　0.225　0.225　6.82

1 瓜角枋 242 排（252 排—242 排连）

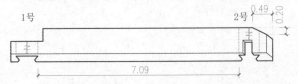

1号　2号　0.49　0.20　7.09

1 瓜角枋 262 排（272 排—262 排连）

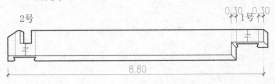

2号　0.30　0.30　1号　8.80

1 瓜角枋 272 间（282 间—272 间连）

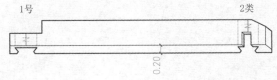

1号　2类　0.20

1 瓜角枋 292 间（2102 间—292 间连）

2号　1号

1 瓜角枋 2102 排（2112 排—2102 排连）

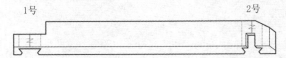

1号　2号

1 瓜角枋 2122 排（212 排—2122 排连）

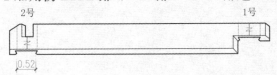

2号　1号　0.52

1 瓜角枋 2 枋坐勾榫类表

单位：尺

	类号	长	宽	厚
枋榫	1	0.58	0.225	0.16
	2	0.58	0.45	0.16

说明

1　1 瓜角 2 枋分为 2 类榫，1 号榫头为半坐勾接榫。2 号为互相对勾成 90° 的直角硬榫。

2　1 瓜角 2 枋 212、242、272、2102，4 块枋的榫尺寸相同。232、262、292、2122，4 块枋的榫尺寸相同。

3　枋勾见 2122 排 2 号图，为背枋勾，在柱眼边以锐角型开勾。

4　柱径 0.58 尺。

贵州省黔东南苗族侗族自治州黎平县登江村登江鼓楼内景

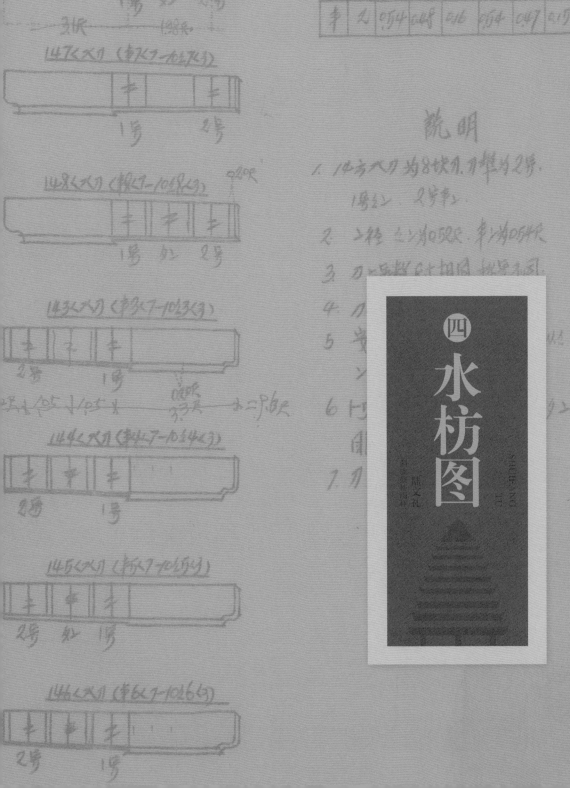

名称	排号	进			出		
		长	宽	厚	长	宽	厚
牵	1	0.52	0.50	0.17	0.52	0.41	0.16
牵	2	0.54	0.48	0.16	0.54	0.47	0.15

说明

四

水枋图

SHUIFANG TU

陆文礼

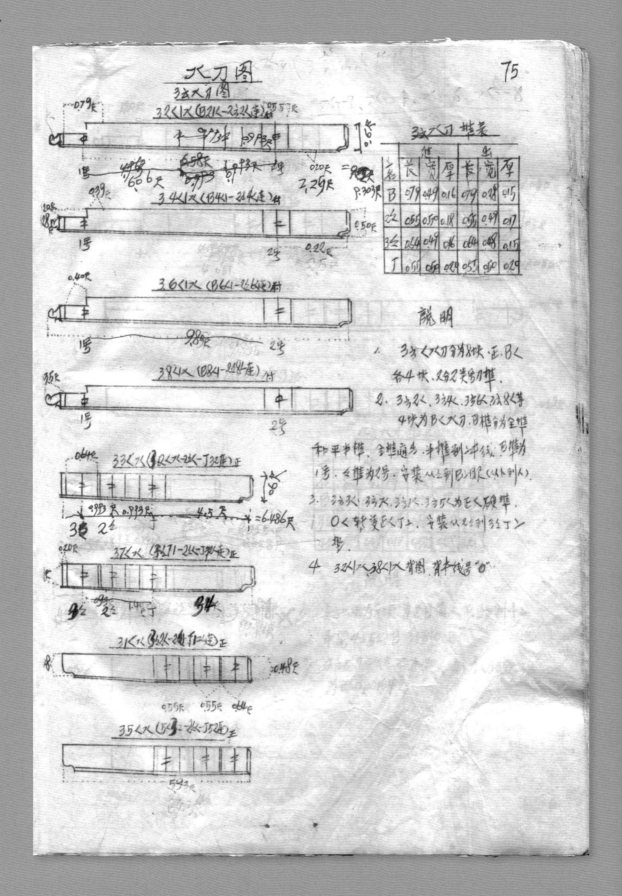

75

陆文礼　侗族·鼓楼·画样

四　水枋图

152

3层水枋图

32角1水（假21角—2瓜2角连）付 *

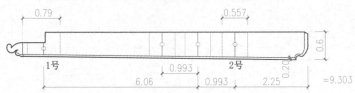

0.79　0.557　0.6
1号　0.993　2号　0.20
6.06　0.993　2.25　=9.303

34角1水（假4角1—2瓜4角连）付

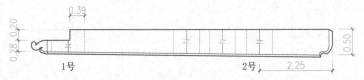

0.28　0.20　0.39　0.50
1号　2号　2.25

36角1水（假6角1—2瓜6角连）付

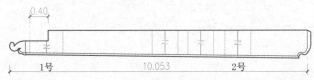

0.40
1号　10.053　2号

38角1水（假8角1—2瓜8角连）付

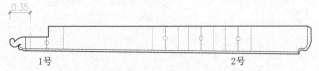

0.35
1号　2号

33角水（3瓜3角2—2瓜3角2—顶32角连）正

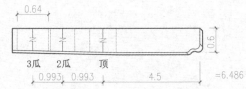

0.64　0.6
3瓜　2瓜　顶
0.993　0.993　4.5　=6.486

37角水（3瓜7角2—2瓜7角2—顶72角连）正

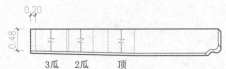

0.20
0.48
3瓜　2瓜　顶

31角水（3瓜1角2—2瓜1角2—顶12角连）正

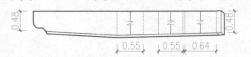

0.48　0.48
0.55　0.55　0.64

35角水（3瓜5角2—2瓜5角2—顶52角连）正

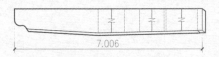

7.006

3层水枋榫表
单位：尺

柱名	进			出		
	长	宽	厚	长	宽	厚
假	0.79	0.49	0.16	0.79	0.28	0.15
2瓜	0.55	0.50	0.18	0.55	0.49	0.17
3瓜	0.64	0.49	0.16	0.64	0.48	0.15
顶	0.55	0.50	0.20	0.55	0.50	0.20

说明

1　3层角水枋分为8块，正、假角各四块，又分两类枋榫。

2　3层2角、3层4角、3层6角、3层8角水枋4块为假角水枋。假榫分为全榫和平半榫，全榫通出，半榫到柱心线，假榫为1号，瓜榫为2号，安装从瓜到假柱眼（从外到内）。

3　3层3角、3层7角、3层1角、3层5角水枋为正角硬榫。安装从2瓜到3瓜，再用顶柱垫起出水枋。

4　图32角1水、图38角1水为背面图，背面心线符号为"φ"。

* 构件名称注释：3层2角的水枋（2假柱的2角假1角柱眼——22瓜的22角柱眼），下同。

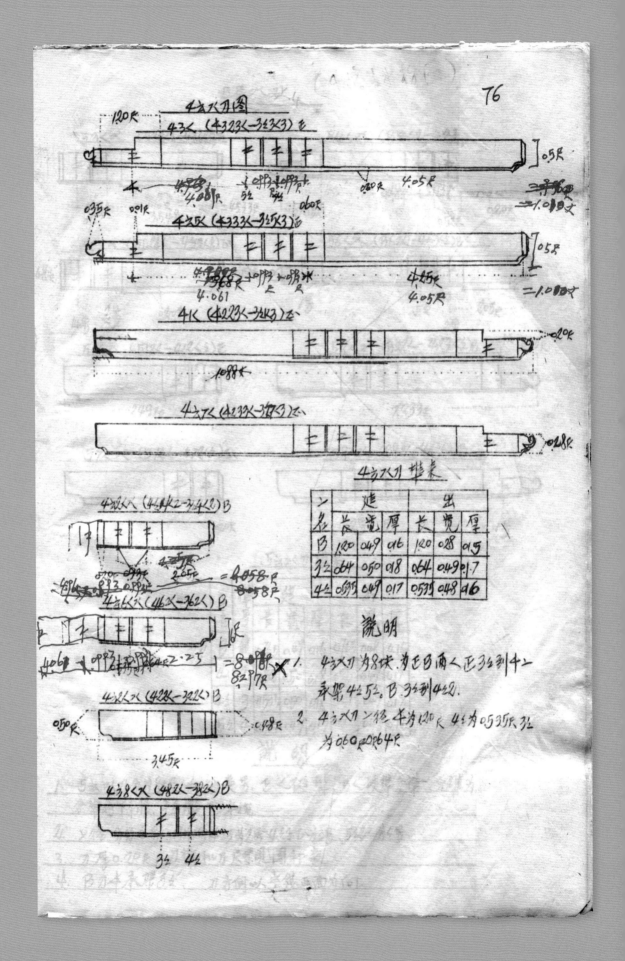

76

4层水枋图

4层3角水（中323角—3瓜3角3）正*

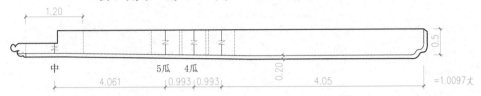

1.20

中　　　　5瓜　4瓜

4.061　0.993　0.993　　4.05

0.5

0.20

=1.0097丈

4层5角水（中333角—3瓜5角3）正

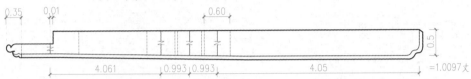

0.35　0.01　　　0.60

4.061　0.993　0.993　　4.05

0.5

=1.0097丈

4层1角水（中223角—3瓜1角3）正

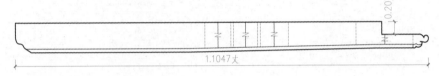

0.20

1.1047丈

4层7角水（中233角—3瓜7角3）正

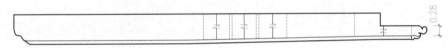

0.28

4层4角水（4瓜4角2—3瓜4角2）假

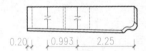

0.20　0.993　2.25

4层6角水（4瓜6角2—3瓜6角2）假

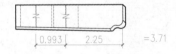

0.993　2.25　=3.71

4层2角水（4瓜2角2—3瓜2角2）假

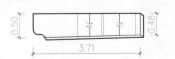

0.50　　　　0.48

3.71

4层8角水（4瓜8角2—3瓜8角2）假

3瓜　4瓜

4层水枋榫表

单位：尺

柱名	进			出		
	长	宽	厚	长	宽	厚
假	1.20	0.49	0.16	1.2	0.28	0.15
3瓜	0.64	0.50	0.18	0.64	0.49	0.17
4瓜	0.535	0.49	0.17	0.535	0.48	0.16

说明

1　4层水枋为8块，分为正假两角。枋通过正角3瓜和中柱承架正角4瓜和5瓜，假角的水枋穿过假角3瓜和4瓜。

2　4层水枋连接的中柱径为1.2尺，4瓜柱径为0.535尺，正角3瓜柱径为0.60尺，假角3瓜柱径0.64尺。

*构件名称注释：4层3角的水枋（32中柱的323角柱眼——33瓜的333角柱眼），下同。

77

5层水刀

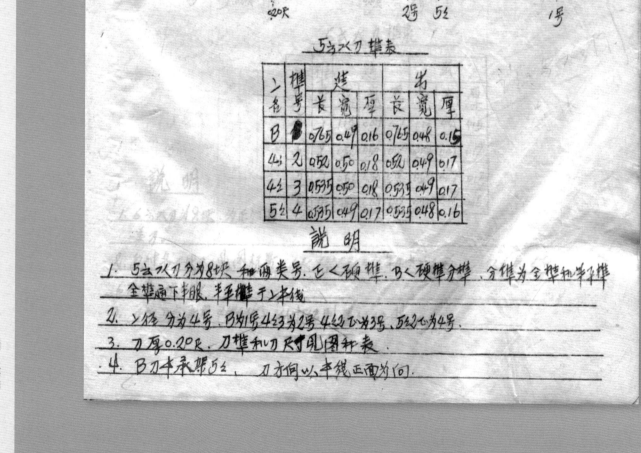

5层水刀榫表

类号 柱号	榫号	楚			卯		
		长	宽	厚	长	宽	厚
B	1	0.765	0.49	0.16	0.765	0.48	0.15
4左	2	0.52	0.50	0.18	0.52	0.49	0.17
4右	3	0.535	0.50	0.18	0.535	0.49	0.17
5左	4	0.535	0.49	0.17	0.535	0.48	0.16

说明

1. 5层水刀分为8块 和两类号。正×硬榫，B×硬榫分榫，分榫为全榫和半子榫全榫通下卯眼，半半榫至于上半线

2. 以径 分为4号，B为1号，4左3为2号，4右右为3号，5左左为4号。

3. 刀厚0.20尺，刀榫和刀尺寸见图和表。

4. B刀半承榫5左。刀打向以半线正面为向。

5层水枋图

53 角水（532 角瓜—432 角瓜）正 *

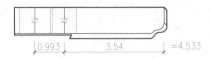

54 角水（假42 角—443 角瓜）假

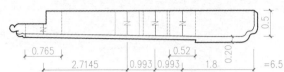

55 角水（552 角瓜—452 角瓜）正

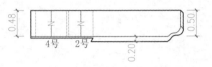

56 角水（假62 角—463 角瓜）假

51 角水（512 角瓜—412 角瓜）正

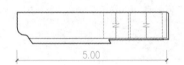

52 角水（假22 角—423 角瓜）假

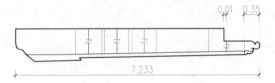

57 角水（572 角瓜—472 角瓜）正

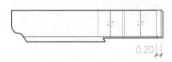

58 角水（假82 角—483 角瓜）假

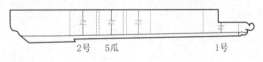

5 层水枋榫表

单位：尺

柱名	榫号	进			出		
		长	宽	厚	长	宽	厚
假	1	0.765	0.49	0.16	0.765	0.48	0.15
4 瓜	2	0.52	0.50	0.18	0.52	0.49	0.17
4 瓜	3	0.535	0.50	0.18	0.535	0.49	0.17
5 瓜	4	0.535	0.49	0.17	0.535	0.48	0.16

说明

1　5层水枋分为 8 块和两类榫，正角用硬榫，假角用硬榫分榫，分榫为全榫和半平榫，全榫通过下半眼，半平榫止于柱心线。

2　柱径分为 4 号，假柱为 1 号、4 瓜 3 为 2 号、4 瓜 2 正为 3 号、5 瓜 2 正为 4 号。

3　枋厚 0.2 尺，枋榫样式和尺寸见图和表。

4　假枋中承架 5 瓜，枋以有"扌"的面为正面。

* 构件名称注释：5 层 3 角的水枋（53 瓜的 532 角柱眼——43 瓜的 432 角柱眼），下同。

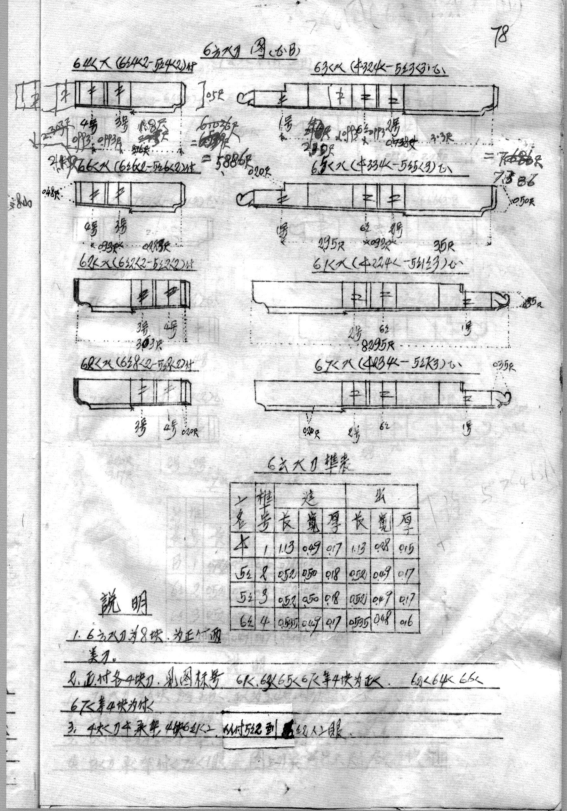

78

6灵大刀 图

6丝大 (6丝42-亚4丝2)井

63<大 (中32丝-5丝3<3)心

2丝66<大 (6丝62-5丝6<2)井

6丝大人 (中334人-5丝5<9)心

6丈大 (6丝2<2-5丝2<2)井

6人人 (中224人-5丝133)心

68<大 (6丝8<2-亚丝<2)井

67<大 (中丝34-52丝3)心

6灵大刀 推卷

陆文礼　侗族·鼓楼 画样
四·水枋图
158

6灵大刀 推卷

套	推号	造			装		
		长	宽	厚	长	宽	厚
本	1	1.13	0.49	0.17	1.13	0.28	0.15
5丝	8	0.52	0.50	0.18	0.52	0.49	0.17
5丝	3	0.52	0.50	0.18	0.52	0.49	0.17
6丝	4	0.535	0.49	0.17	0.535	0.48	0.16

说明

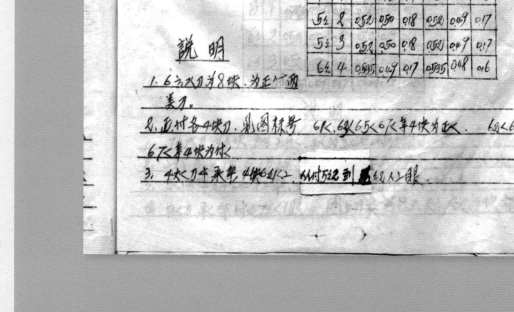

1. 6灵大刀为8块. 为正付两美刀.

2. 正付各4块刀. 别图标号 6大.63大65<6大 每4块为正大. 6丈<64大 66<
6丈 每4块为付大.

3. 4大<刀平乘配 4块61大2. 从付5丈2到 丝丝入2眼.

6层水枋图（正假）

64角水（6瓜4角2—5瓜4角2）假

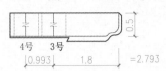

4号　3号
0.993　1.8　=2.793
0.5

63角水（中324角—5瓜3角3）正

1号　7瓜　6瓜　2号
2.1　0.993　0.993　3.3　=7.386

66角水（6瓜6角2—5瓜6角2）假

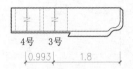

4号　3号
0.993　1.8

65角水（中334角—5瓜5角3）正

1号　7瓜　6瓜　2号
2.1　0.993　0.993　3.3
0.5

62角水（6瓜2角2—5瓜2角2）假

3号　4号
3.2605

61角水（中224角—5瓜1角3）正

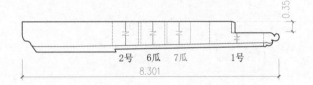

2号　6瓜　7瓜　1号
8.301
0.35

68角水（6瓜8角2—5瓜8角2）假

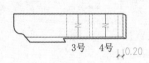

3号　4号　0.20

67角水（中234角—5瓜7角3）正

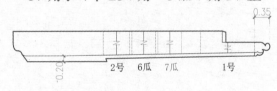

2号　6瓜　7瓜　1号
0.35
0.20

6层水枋榫表

单位：尺

柱名	榫号	进			出		
		长	宽	厚	长	宽	厚
假	1	1.13	0.49	0.17	1.13	0.28	0.15
5瓜	2	0.52	0.50	0.18	0.52	0.49	0.17
5瓜	3	0.52	0.50	0.18	0.52	0.49	0.17
6瓜	4	0.535	0.49	0.17	0.535	0.48	0.16

说明

1　6层水枋为8块，有正假两类枋。

2　正假各4块枋，见图标号，61角、63角、65角、67角4块为正角。62角、64角、66角、68角四块为假角。

3　正角4角枋中部共承架4根6瓜，穿过其1角眼。从假5瓜2眼进入6瓜2眼内柱眼。

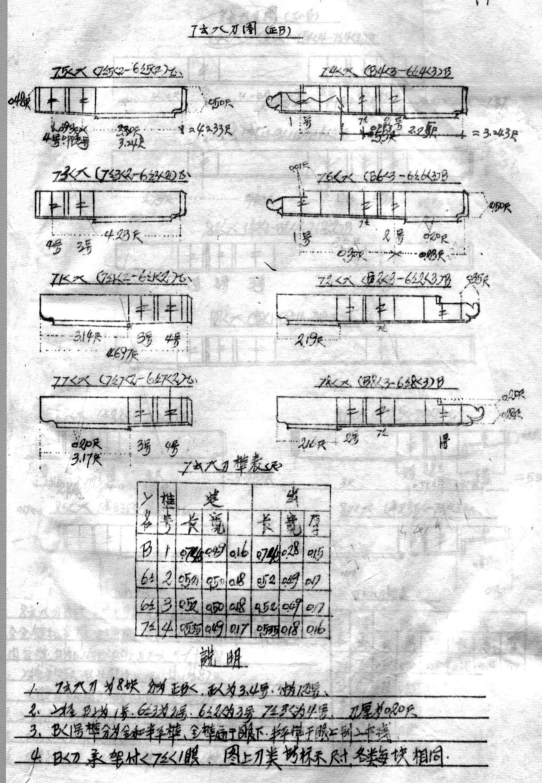

79

7层水枋图（正假）

75 角水（7 瓜 5 角 2—6 瓜 5 角 2）正

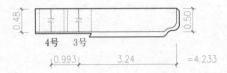

0.48 0.50
4号 3号
0.993 3.24 =4.233

74 角水（假 4 角 3—6 瓜 4 角 3）假

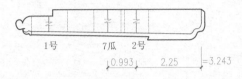

1号 7瓜 2号
0.993 2.25 =3.243

73 角水（7 瓜 3 角 2—6 瓜 3 角 2）正

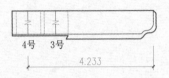

4号 3号
4.233

76 角水（假 6 角 3—6 瓜 6 角 3）假

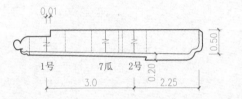

0.01 0.50
1号 7瓜 2号
3.0 0.20 2.25

71 角水（7 瓜 1 角 2—6 瓜 1 角 2）正

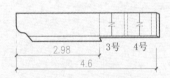

2.98 3号 4号
4.6

72 角水（假 2 角 3—6 瓜 2 角 3）假

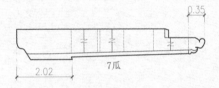

0.35
2.02 7瓜

77 角水（7 瓜 7 角 2—6 瓜 7 角 2）正

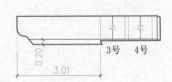

0.20 3号 4号
3.01

78 角水（假 8 角 3—6 瓜 8 角 3）假

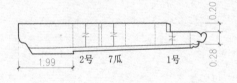

0.20
2号 7瓜 1号
1.99 0.28

7层水枋榫表

单位：尺

柱名	榫号	进			出		
		长	宽	厚	长	宽	厚
假	1	0.745	0.49	0.16	0.745	0.28	0.15
6瓜	2	0.52	0.50	0.18	0.52	0.49	0.17
6瓜	3	0.52	0.50	0.18	0.52	0.49	0.17
7瓜	4	0.535	0.49	0.17	0.535	0.18	0.16

说明

1 7层水枋为8块，分为正假角，正角榫号为3、4号，假角榫号为1、2号。

2 柱径假柱为1号，6瓜3角为2号，6瓜2角为3号，7瓜3角为4号，枋厚为0.2尺。

3 假角1号榫分为全榫和半平榫，全榫通于眼下，半平榫位于眼上到柱中线。

4 假角枋承架假7瓜角柱，穿过其角1眼。图上枋类所标示尺寸，各类每块相同。

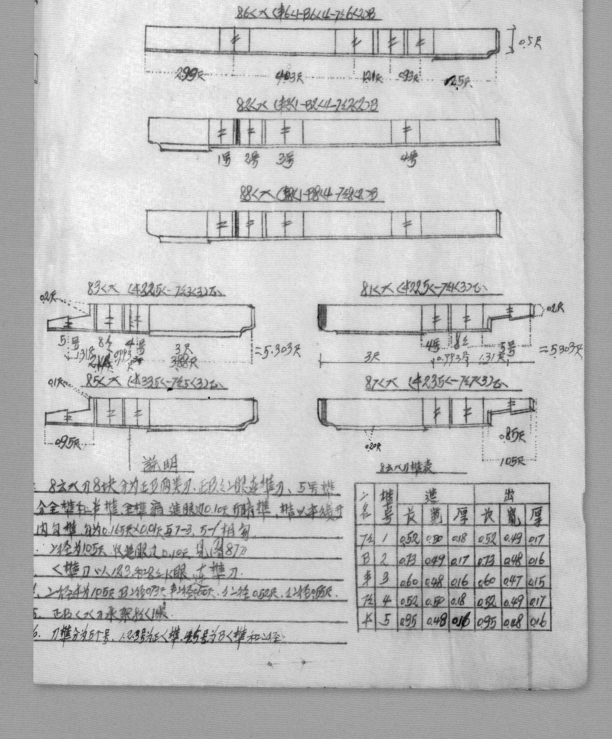

80

8层水枋图（正假）

84角水（蜂4角1—假4角4—7瓜4角2）假

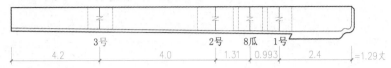

3号　　　2号　8瓜　1号
4.2　　　4.0　　1.31　0.993　　2.4　　=1.29丈

86角水（蜂6角1—假6角4—7瓜6角2）假

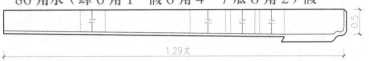

0.5
1.29丈

82角水（蜂2角1—假2角4—7瓜2角2）假

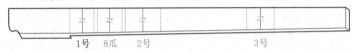

1号　8瓜　2号　　　　　3号

88角水（蜂8角1—假8角4—7瓜8角2）假

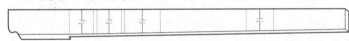

83角水（中325角—7瓜3角3）正

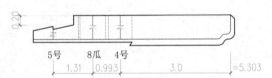

0.20
5号　8瓜　4号
1.31　0.993　　3.0　　=5.303

81角水（中225角—7瓜1角3）正

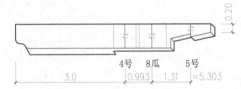

0.20
4号　8瓜　5号
3.0　　0.993　1.31　=5.303

85角水（中335角—7瓜5角3）正

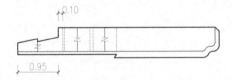

0.10
0.95

87角水（中235角—7瓜7角3）正

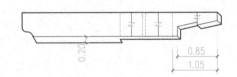

0.20
0.85
1.05

说明

1　8层水枋的8块枋分为正假两类枋，正角水枋连中柱和瓜柱眼，假角水枋连假柱与瓜柱眼。5号榫分全榫和半榫，全榫缩进眼边0.1尺，开暗榫。榫以心线开内勾榫，勾为0.165尺×0.01尺，将7、3角相勾，5、1角相勾。

2　柱径为1.05尺，仅进眼边0.1尺，见图87枋。

3　假角水枋以1号、2号、3号榫相连承架8瓜，穿过其1角眼。

4　中柱径为1.05尺，假柱径为0.73尺，蜂柱径为0.6尺，7瓜柱径为0.52尺，8瓜柱径为0.55尺。

5　正假角水枋承架8瓜角1眼。

6　枋榫分为5个号，1、2、3号为正角榫，4、5号为假角榫和柱径。

8层水枋榫表

单位：尺

柱名	榫号	进			出		
		长	宽	厚	长	宽	厚
7瓜	1	0.52	0.50	0.18	0.52	0.49	0.17
假	2	0.73	0.49	0.17	0.73	0.48	0.16
蜂	3	0.60	0.48	0.16	0.60	0.47	0.15
7瓜	4	0.55	0.50	0.18	0.55	0.49	0.17
中	5	0.95	0.48	0.16	0.95	0.48	0.16

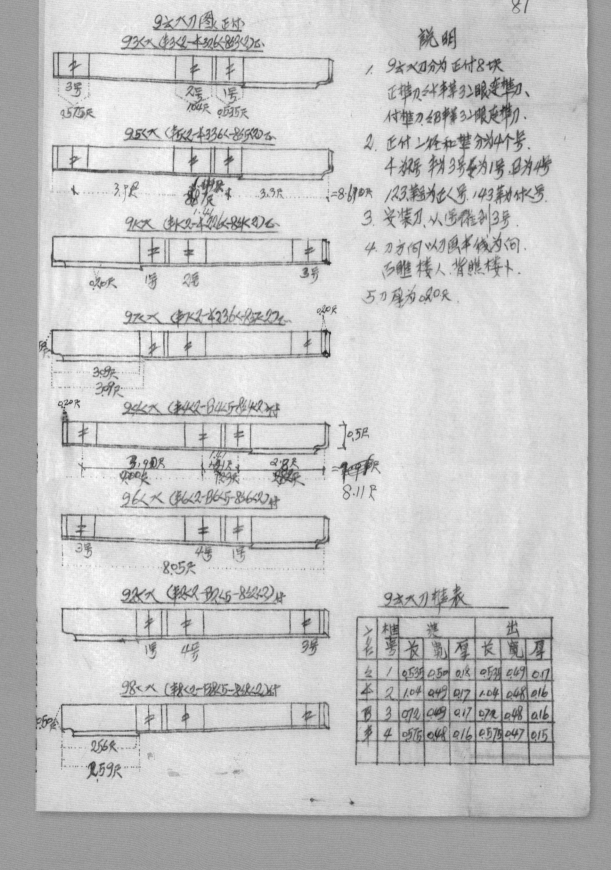

81

9 层水枋图（正假）

93 角水（蜂 3 角 2—中 326 角—8 瓜 3 角 2）正

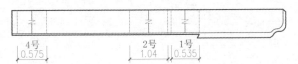

4号 0.575　　2号 1.04　　1号 0.535

95 角水（蜂 5 角 2—中 336 角—8 瓜 5 角 2）正

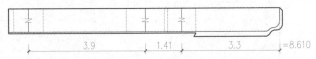

3.9　　1.41　　3.3　　=8.610

91 角水（蜂 1 角 2—中 226 角—8 瓜 1 角 2）正

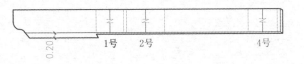

0.20　1号　2号　　4号

97 角水（蜂 7 角 2—中 236 角—8 瓜 7 角 2）正

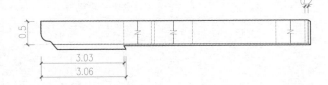

0.2
0.5
3.03
3.06

94 角水（蜂 4 角 2—假 4 角 5—8 瓜 4 角 2）付

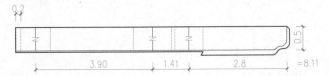

0.2
0.5
3.90　　1.41　　2.8　　=8.11

96 角水（蜂 6 角 2—假 6 角 5—8 瓜 6 角 2）付

4号　　3号　1号
8.67

92 角水（蜂 2 角 2—假 2 角 5—8 瓜 2 角 2）付

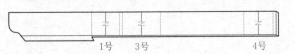

1号　3号　　4号

98 角水（蜂 8 角 2—假 8 角 5—8 瓜 8 角 2）付

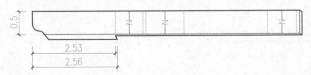

0.5
2.53
2.56

说明

1　9 层水枋分为正假角 8 块，正角的枋、瓜柱、中柱、蜂柱等三柱的柱眼连正角榫枋。瓜柱、假柱、蜂柱等三柱的柱眼连假角榫枋。

2　正假柱径和榫分为 4 个号，中柱为 2 号，蜂柱为 3 号，瓜柱为 1 号，假柱为 4 号。1、2、3 号为正角号，1、4、3 号为假角号（蜂柱有 8 根，故 3 号有正角 4 根和假角 4 根）。

3　安装枋，从 1 号推到 3 号。

4　枋方向以枋画心线的面为正面，正面朝鼓楼内部，背面朝鼓楼外部。

5　枋厚为 0.2 尺。

9 层水枋榫表

单位：尺

柱名	榫号	进			出		
		长	宽	厚	长	宽	厚
瓜	1	0.535	0.50	0.18	0.535	0.49	0.17
中	2	1.04	0.49	0.17	1.04	0.48	0.16
假	3	0.72	0.49	0.17	0.72	0.49	0.16
蜂	4	0.575	0.48	0.16	0.575	0.47	0.15

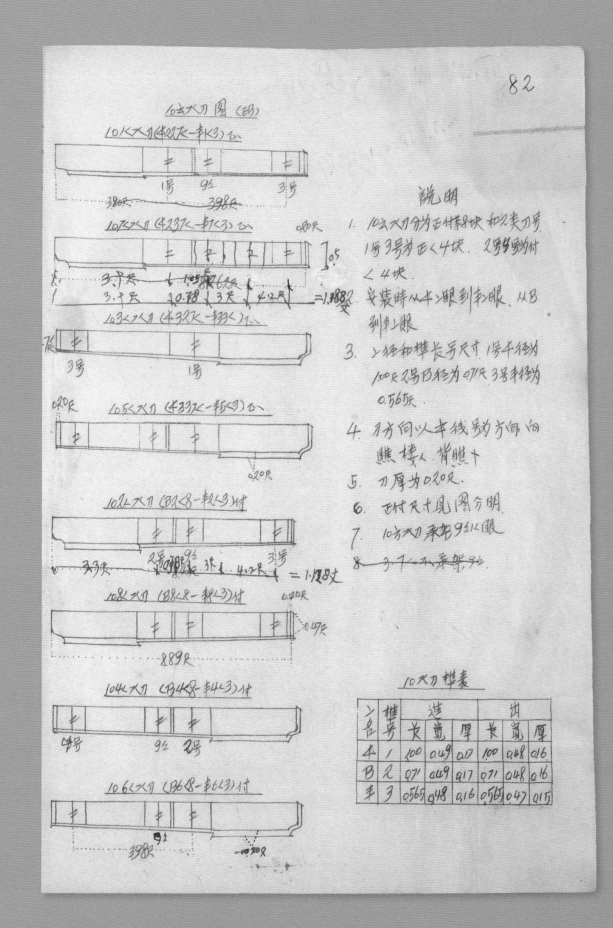

82

10层水枋图（正假）

101 角水枋（中 228 角—蜂 1 角 4）正

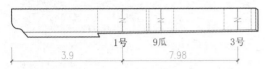

1号　9瓜　3号
3.9　7.98

107 角水枋（中 237 角—蜂 7 角 3）正

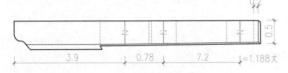

0.2
0.5
3.9　0.78　7.2　└=1.188丈

103 角水枋（中 327 角—蜂 3 角 3）正

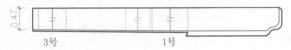

0.47
3号　1号

105 角水枋（中 338 角—蜂 5 角 4）正

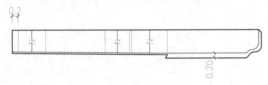

0.2
0.20

102 角水枋（假 2 角 6—蜂 2 角 3）付

2号　9瓜　3号
3.3　0.78　7.2　└=1.128丈

108 角水枋（假 8 角 6—蜂 8 角 3）付

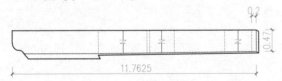

0.2
0.47
11.7625

104 角水枋（假 4 角 6—蜂 4 角 3）付

3号　9瓜　2号

106 角水枋（假 6 角 6—蜂 6 角 3）付

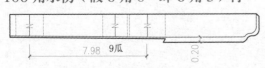

7.98　9瓜　0.20

说明

1　10层水枋分为正假角8块，有两类枋，又分四个榫号。正角水枋四块，上有1号、3号两类榫；假角水枋四块，上有2号、4号两类榫。

2　安装时，枋从中柱眼到蜂柱眼，从假柱眼到蜂柱眼。

3　柱径、榫长、榫号、尺寸：1号中柱经为1尺，2号假径为0.71尺，3号蜂柱径为0.565尺。

4　枋方向以心线号为正面，正面朝鼓楼内部，背面朝鼓楼外部。

5　枋厚为0.2尺。

6　正付尺寸见图。

7　10层水枋承架9瓜，穿过其1角眼。

10层水枋榫表

单位：尺

柱名	榫号	进			出		
		长	宽	厚	长	宽	厚
中	1	1.00	0.49	0.17	1.00	0.48	0.16
假	2	0.71	0.49	0.17	0.71	0.48	0.16
蜂	3	0.565	0.48	0.16	0.565	0.47	0.15

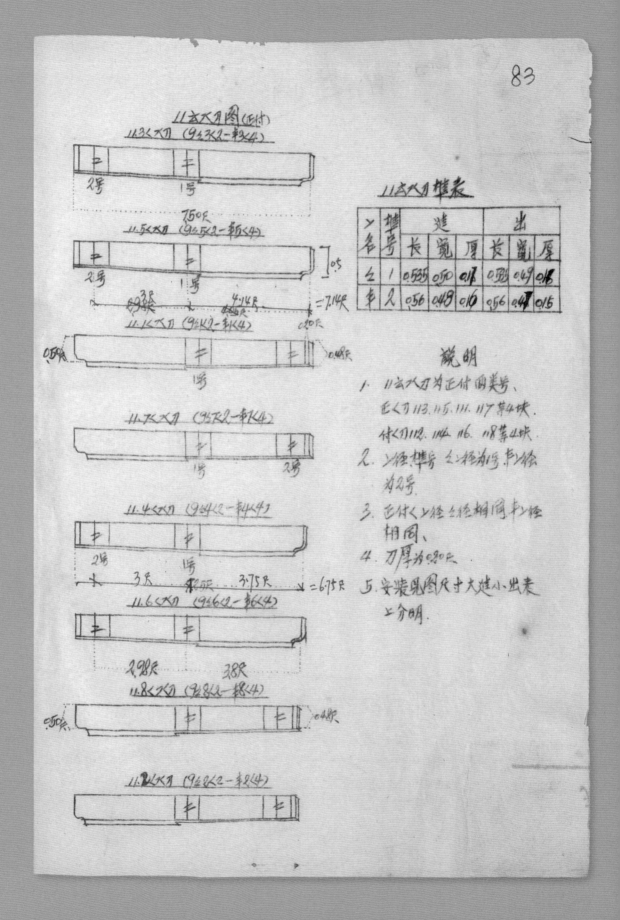

83

11 层水枋图（正假）

11.3 角水枋（9瓜3角2—蜂3角5）

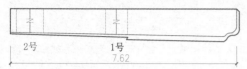

2号　1号
7.62

11.5 角水枋（9瓜5角2—蜂5角5）

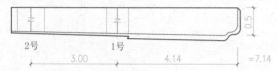

0.5
2号　1号
3.00　4.14　=7.14

11.1 角水枋（9瓜1角2—蜂1角5）

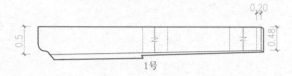

0.20
0.5　0.48
1号

11.7 角水枋（9瓜7角2—蜂7角5）

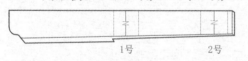

1号　2号

11.4 角水枋（9瓜4角2—蜂4角4）

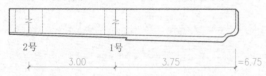

2号　1号
3.00　3.75　=6.75

11.6 角水枋（9瓜6角2—蜂6角4）

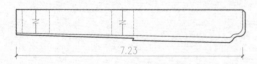

7.23

11.8 角水枋（9瓜8角2—蜂8角4）

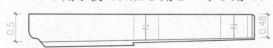

0.5　0.48

11.2 角水枋（9瓜2角2—蜂2角4）

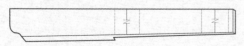

说明

1　11层水枋分为正、假两类号，正角枋有113、115、111、117四块。假角枋有112、114、116、118四块。

2　柱径榫号：瓜柱径为1号，蜂柱径为2号。

3　正付角柱径、瓜柱径相同，蜂柱径相同。

4　枋厚为0.2尺。

5　安装尺寸，大进小出，安装见图和表。

11 层水枋榫表

单位：尺

柱名	榫号	进			出		
		长	宽	厚	长	宽	厚
瓜	1	0.535	0.50	0.17	0.535	0.49	0.16
蜂	2	0.56	0.48	0.16	0.56	0.47	0.15

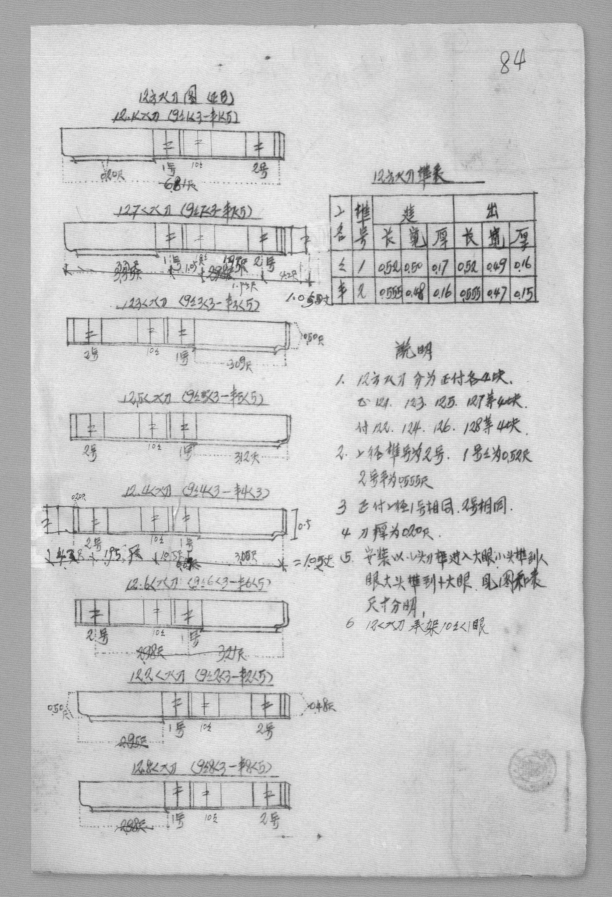

84

12层水枋图（正假）

12.1 角水枋（9瓜1角3—蜂1角6）

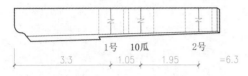

0.20
1号　10瓜　2号
6.775

12.7 角水枋（9瓜7角3—蜂7角6）

1号　10瓜　2号
3.3　1.05　1.95　=6.3

12.3 角水枋（9瓜3角3—蜂3角6）

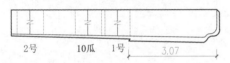

0.5
2号　10瓜　1号
3.04

12.5 角水枋（9瓜5角3—蜂5角6）

2号　10瓜　1号
3.07

12.4 角水枋（9瓜4角3—蜂4角5）

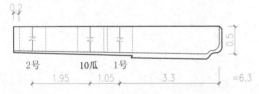

0.2
0.5
2号　10瓜　1号
1.95　1.05　3.3　=6.3

12.6 角水枋（9瓜6角3—蜂6角5）

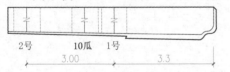

2号　10瓜　1号
3.00　3.3

12.2 角水枋（9瓜2角3—蜂2角5）

0.5　　0.48
1号　10瓜　2号
2.74

12.8 角水枋（9瓜8角3—蜂8角5）

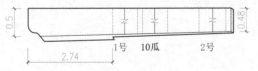

1号　10瓜　2号
2.74

12层水枋榫表

单位：尺

柱名	榫号	进			出		
		长	宽	厚	长	宽	厚
瓜	1	0.52	0.50	0.17	0.52	0.49	0.16
蜂	2	0.555	0.48	0.16	0.555	0.47	0.15

说明

1　12层水枋分为正假各4块，正角是121、123、125、127四块，假角是122、124、126、128四块。

2　柱径榫号有两个号，1号为瓜柱榫，柱径0.52尺；2号为蜂柱榫，柱径0.555尺。

3　1号正、假柱径相同，2号正、假柱径相同。

4　枋厚为0.2尺。

5　安装以小头枋榫进入大眼，小头榫到内眼，大头榫到外大眼，尺寸见图和表。

6　12角水枋承架10层瓜柱，并穿过其1角眼。

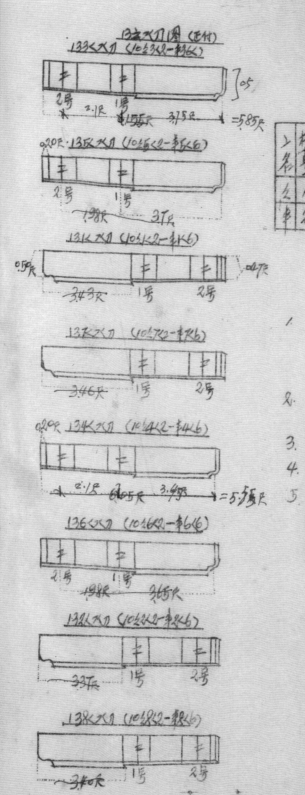

13生火刀样表

工名	样号	进			出		
		长	宽	厚	长	宽	厚
刀	1	0.535	0.50	0.17	0.535	0.47	0.16
串	2	0.55	0.48	0.16	0.55	0.47	0.15

说明

1. 13生火刀为正付2类刀 各为4块
正く131.133.135.137等4块
付132.134.136.138等4块.

2. 上格样为又号 1号くち0.535尺
2号的0.55尺

3. 正付上径样号尺寸相同.

4. 刀厚为0.20尺.

5. 安装从下到上 从大到小 见
图和尺寸表过程.

13 层水枋图（正假）

133 角水枋（10 瓜 3 角 2—蜂 3 角 7）

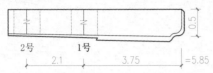

2号　1号
2.1　3.75　=5.85
0.5

135 角水枋（10 瓜 5 角 2—蜂 5 角 7）

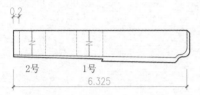

0.2
2号　1号
6.325

131 角水枋（10 瓜 1 角 2—蜂 1 角 7）

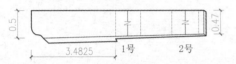

0.5　0.47
3.4825　1号　2号

137 角水枋（10 瓜 7 角 2—蜂 7 角 7）

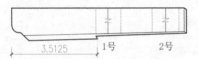

3.5125　1号　2号

134 角水枋（10 瓜 4 角 2—蜂 4 角 6）

0.2
2.1　3.45　=5.55

136 角水枋（10 瓜 6 角 2—蜂 6 角 6）

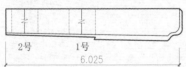

2号　1号
6.025

132 角水枋（10 瓜 2 角 2—蜂 2 角 6）

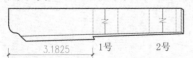

3.1825　1号　2号

138 角水枋（10 瓜 8 角 2—蜂 8 角 6）

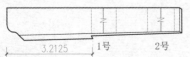

3.2125　1号　2号

13 层水枋榫表

单位：尺

柱名	榫号	进			出		
		长	宽	厚	长	宽	厚
瓜	1	0.535	0.50	0.17	0.535	0.49	0.16
蜂	2	0.55	0.48	0.16	0.55	0.47	0.15

说明

1　13 层水枋为正假两类枋，各有 4 块。正角 131、133、135、137 四块，假角 132、134、136、138 四块。

2　柱径榫有两个号，1 号为瓜柱，柱径 0.535 尺，2 号为蜂柱，柱径为 0.55 尺。

3　正假柱的柱径、榫号和尺寸相同。

4　枋厚为 0.2 尺。

5　安装从外到内，从大到小，过程见图和尺寸表。

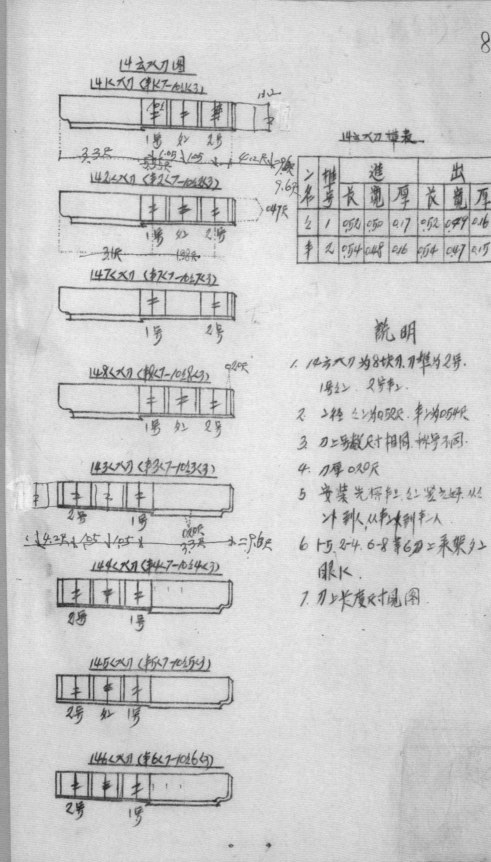

14支火刀排表

名	雉号	進			出		
		长	宽	厚	长	宽	厚
乙	1	0.52	0.50	0.17	0.52	0.49	0.16
丰	2	0.54	0.48	0.16	0.54	0.47	0.15

说明

1. 14支火刀为8块，刀雉为2号，1号乙，2号丰。

2. 乙径乙乙为0.52尺，丰乙为0.54尺。

3. 刀上号数尺寸相同，排号不同。

4. 刀厚0.20尺。

5. 安装先标乙上，红鉴定好，从乙入到人，从丰乙入到丰人。

6. 1-5、2-4、6-8等6刀乙乘蝶乙上眼长。

7. 刀上长度尺寸见图。

14层水枋图

141 角水枋（蜂 1 角 9—10 瓜 1 角 3）

142 角水枋（蜂 2 角 7—10 瓜 2 角 3）

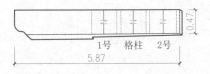

147 角水枋（蜂 7 角 8—10 瓜 7 角 3）

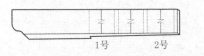

148 角水枋（蜂 8 角 7—10 瓜 8 角 3）

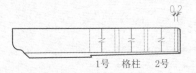

143 角水枋（蜂 3 角 8—10 瓜 3 角 3）

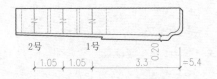

144 角水枋（蜂 4 角 7—10 瓜 4 角 3）

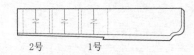

145 角水枋（蜂 5 角 9—10 瓜 5 角 3）

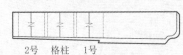

146 角水枋（蜂 6 角 7—10 瓜 6 角 3）

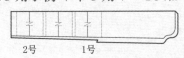

14 层水枋榫表

单位：尺

柱名	榫号	进			出		
		长	宽	厚	长	宽	厚
瓜	1	0.52	0.50	0.17	0.52	0.49	0.16
蜂	2	0.54	0.48	0.16	0.54	0.47	0.15

说明

1　14 层水枋有 8 块枋，枋榫为两个号，1 号瓜柱，2 号蜂柱。

2　柱径：瓜柱为 0.52 尺，蜂柱径为 0.54 尺。

3　枋上号数、尺寸相同，称号不同。

4　枋厚 0.2 尺。

5　安装先将蜂柱，瓜柱竖立好，水枋从瓜柱外向内插入，从蜂柱外向蜂柱内插入。

6　1-5、2-6、4-8、3-7 八个枋上承架格柱，穿过其 1 角眼。

7　枋的长度和尺寸见图。

87

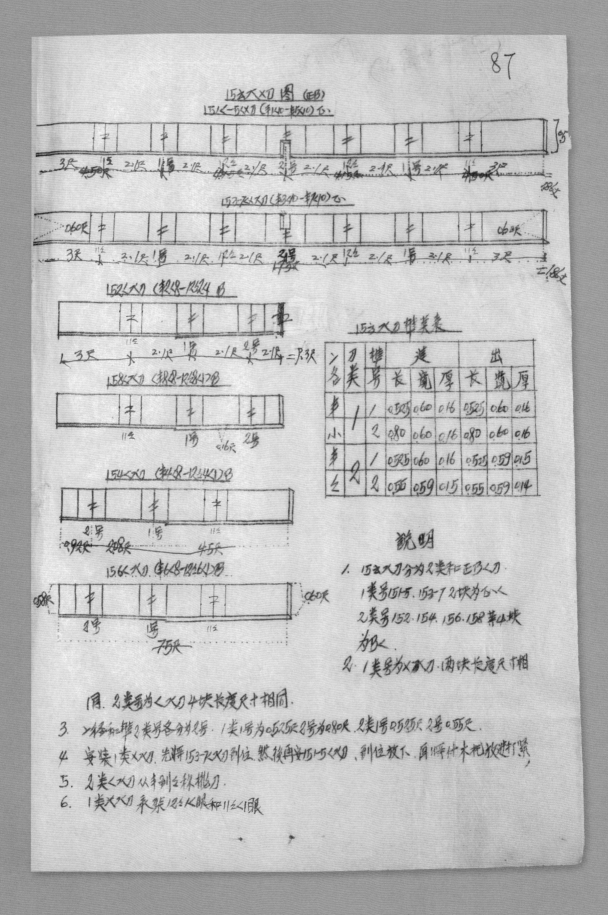

15层水十字枋图（正假）

151角—5角十字枋（蜂1角10—蜂5角10）正

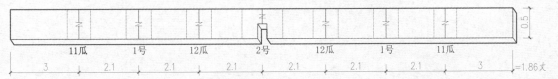

11瓜　　1号　　12瓜　　2号　　12瓜　　1号　　11瓜
3　2.1　2.1　2.1　2.1　2.1　2.1　3　＝1.86丈
0.5

153角—7角十字枋（蜂3角10—蜂7角10）正

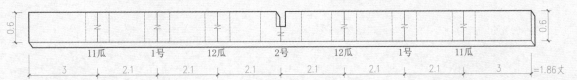

0.6
11瓜　　1号　　12瓜　　2号　　12瓜　　1号　　11瓜
3　2.1　2.1　2.1　2.1　2.1　2.1　3　＝1.86丈
0.6

152角水枋（蜂2角8—12瓜2角1）假

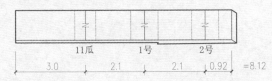

11瓜　　1号　　2号
3.0　2.1　2.1　0.92　＝8.12

158角水枋（蜂8角8—12瓜8角1）假

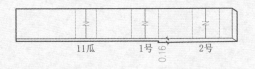

11瓜　　1号　　2号
0.16

154角水枋（蜂4角8—12瓜4角1）假

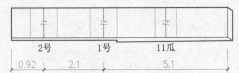

2号　　1号　　11瓜
0.92　2.1　5.1

156角水枋（蜂6角8—12瓜6角1）假

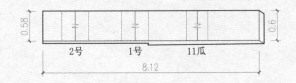

0.58
2号　　1号　　11瓜
8.12
0.6

15层水枋榫类表

单位：尺

柱名	枋类	榫号	进			出		
			长	宽	厚	长	宽	厚
蜂	1	1	0.525	0.60	0.16	0.525	0.60	0.16
尖		2	0.80	0.60	0.16	0.80	0.60	0.16
蜂	2	1	0.525	0.60	0.16	0.525	0.59	0.15
瓜		2	0.55	0.59	0.15	0.55	0.59	0.14

说明

1　15层水枋分为两个号，为正、假角枋，1号151-5、153-7两块为正角；2号152、154、156、158四块为假角。

2　1类为十字水枋，两块长度尺寸相同，2类为角水枋4块，长度尺寸相同。

3　柱径和榫的2类又各分为2号，1类1号为0.525尺，2号为0.8尺；2类1号0.525尺，2号0.55尺。

4　安装1类十字水枋，先将153-7角水枋安装到位，然后安装151-5水。到位置后再放下151-5角水枋，再将付木托放进付眼打紧。

5　2类角水枋从蜂柱到瓜柱称作挑枋。

6　1类十字水枋承架11瓜柱和2瓜柱，并穿过其1角眼。

贵州省黔东南苗族侗族自治州黎平县肇兴镇登江村登江鼓楼内景

五

蜂瓜角枋图

陆文礼

FENGGUA JIAOFANG TU

枋〈榫图

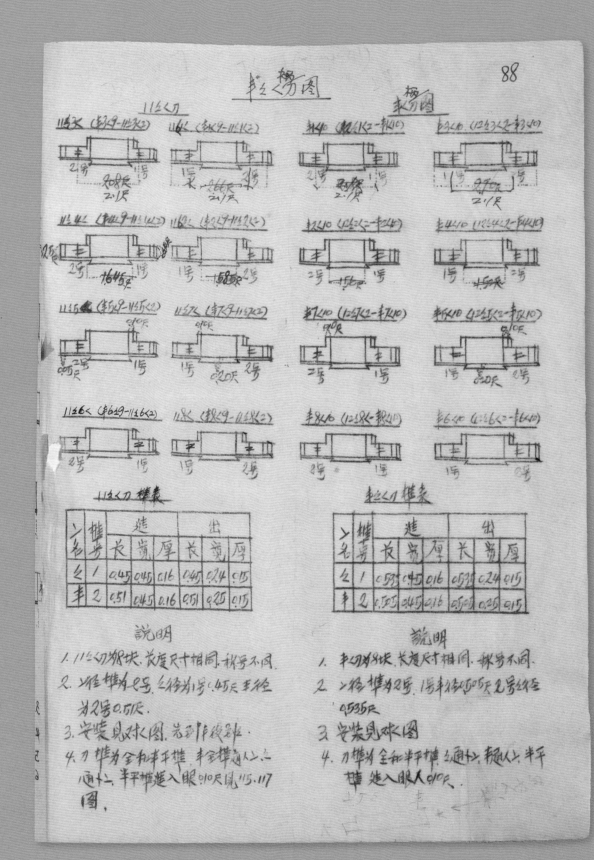

11号〈刀

丰号〈榫图

11号〈榫表

丰号〈榫表

名号	榫号	进			出		
		长	宽	厚	长	宽	厚
之	1	0.45	0.45	0.16	0.45	0.24	0.15
丰	2	0.51	0.45	0.16	0.51	0.25	0.15

名号	榫号	进			出		
		长	宽	厚	长	宽	厚
之	1	0.535	0.45	0.16	0.535	0.24	0.15
丰	2	0.505	0.45	0.16	0.505	0.25	0.15

说明

1. 11号〈刀为4块. 长宽尺寸相同. 榫号不同.

2. 上格榫为2号, 之格为1号: 1.45尺. 丰径为2号0.51尺.

3. 安装见欢图, 若到作后钻.

4. 刀榫为全和半平榫. 丰金榫通上, 通十上. 半平榫进入眼0.10尺见"115·117图.

说明

1. 丰刀为8块. 长宽尺寸相同. 榫号不同.

2. 之格榫为2号. 1号丰径0.505尺 2号线长4.535尺

3 安装见欢图

4. 刀榫为全和半平榫. 之通上, 丰进入上. 半平榫进入眼入0.10尺.

11 瓜角枋图

蜂角枋图

11 瓜 3 角（蜂 3 角 11—11 瓜 3 角2）

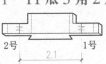

2号 　 1号
2.1

11 瓜 1 角（蜂 1 角 11—11 瓜 1 角2）

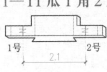

1号 　 2号
2.1

蜂 1 角 10（12 瓜 1 角2—蜂 1 角 12）

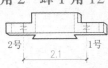

2号 　 1号
2.1

蜂 3 角 10（12 瓜 3 角2—蜂 3 角 12）

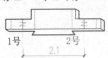

1号 　 2号
2.1

11 瓜 4 角（蜂 4 角 9—11 瓜 4 角2）

0.25 　 0.20
2号 　 1号
1.68

11 瓜 2 角（蜂 2 角 9—11 瓜 2 角2）

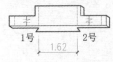

1号 　 2号
1.62

蜂 2 角 10（12 瓜 2 角2—蜂 2 角 10）

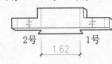

2号 　 1号
1.62

蜂 4 角 10（12 瓜 4 角2—蜂 4 角 10）

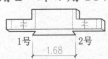

1号 　 2号
1.68

11 瓜 5 角（蜂 5 角 11—11 瓜 5 角2）

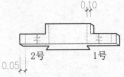

0.10
0.05
2号 　 1号

11 瓜 7 角（蜂 7 角 11—11 瓜 7 角2）

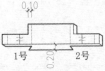

0.10
1号 0.20 2号

蜂 7 角 10（12 瓜 7 角2—蜂 7 角 12）

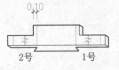

0.10
2号 　 1号

蜂 5 角 10（12 瓜 5 角2—蜂 5 角 12）

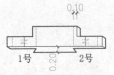

0.10
1号 0.20 2号

11 瓜 6 角（蜂 6 角 9—11 瓜 6 角2）

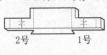

2号 　 1号

11 瓜 8 角（蜂 8 角 9—11 瓜 8 角2）

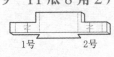

1号 　 2号

蜂 8 角 10（12 瓜 8 角2—蜂 8 角 10）

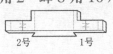

2号 　 1号

蜂 6 角 10（12 瓜 6 角2—蜂 6 角 10）

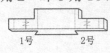

1号 　 2号

11 瓜角枋榫表
单位：尺

柱名	榫号	进			出		
		长	宽	厚	长	宽	厚
瓜	1	0.45	0.45	0.16	0.45	0.24	0.15
蜂	2	0.51	0.45	0.16	0.51	0.25	0.15

蜂瓜角枋榫表
单位：尺

柱名	榫号	进			出		
		长	宽	厚	长	宽	厚
瓜	1	0.535	0.45	0.16	0.535	0.24	0.15
蜂	2	0.505	0.45	0.16	0.505	0.25	0.15

说明

1 11 瓜角枋为 8 块，长度和尺寸相同，名称不同。

2 柱径榫分为两个号，瓜径为 1 号，0.45 尺，蜂径为 2 号，0.51 尺。

3 安装顺序见对角图，先到蜂柱后到瓜柱。

4 枋榫为全榫和半平榫，蜂柱的全榫通内柱，瓜柱通外柱。半平榫进入眼 0.10 尺，见图 11 瓜 5 角、图 11 瓜 7 角。

说明

1 蜂角枋为 8 块，长度、尺寸相同，名称不同。

2 柱径榫分为两个号，1 号蜂柱柱径 0.505 尺，2 号瓜柱柱径 0.535 尺。

3 安装见对角图。

4 枋榫为全榫和半平榫，瓜柱通外柱，蜂柱通内柱，半平榫进入眼内 0.10 尺。

贵州省黔东南苗族侗族自治州从江县高仟村宰俄鼓楼

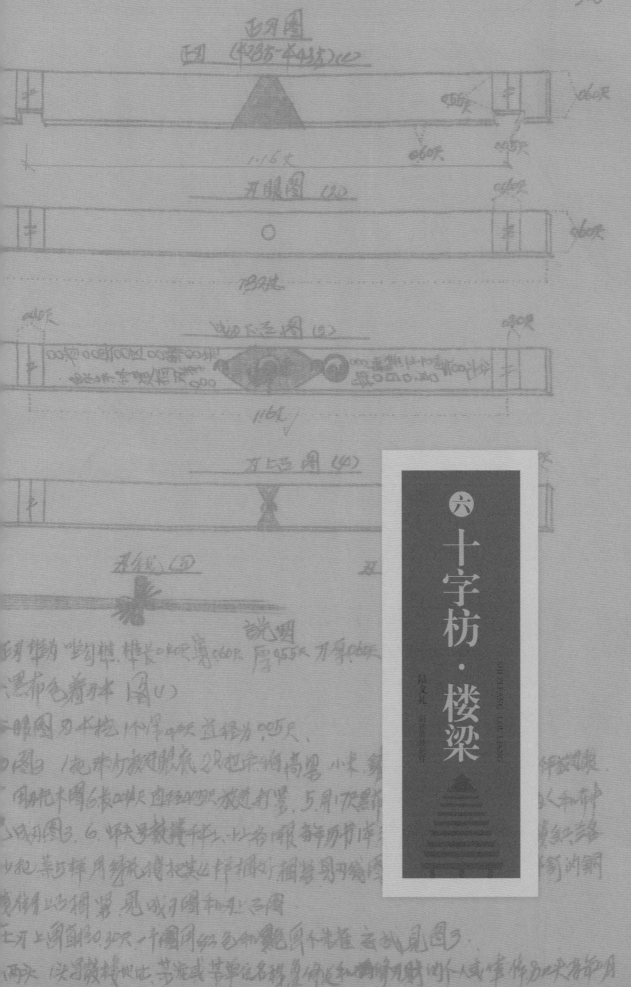

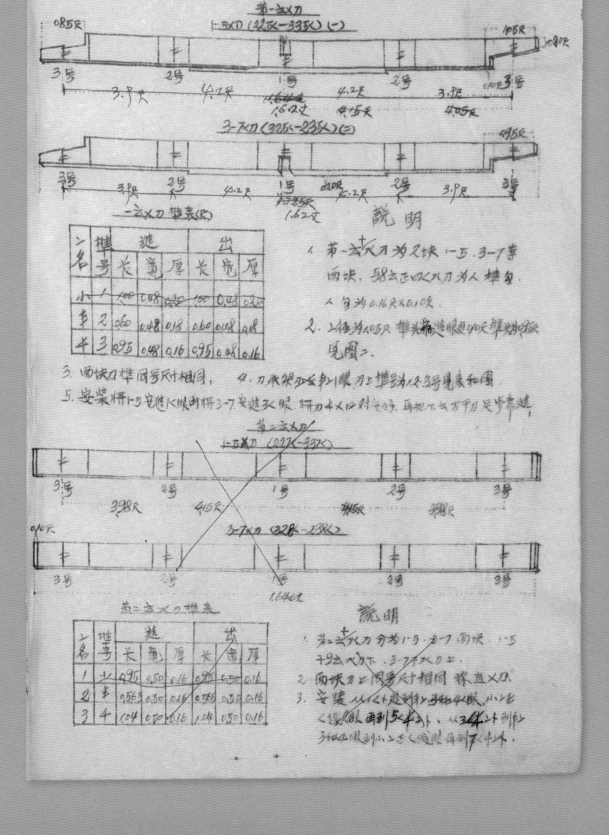

89

第一层十字枋

1—5 十字枋（中225角—中335角）（一）

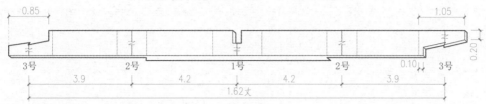

3号　3.9　2号　4.2　1号　4.2　2号　3.9　3号
0.85　　　1.05　0.20　0.10
1.62丈

3—7 十字枋（中325角—中235角）（二）

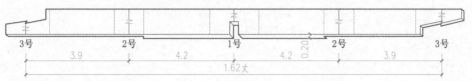

3号　3.9　2号　4.2　1号　0.20　4.2　2号　3.9　3号
1.62丈

一层十字枋榫表

单位：尺

柱名	榫号	进			出		
		长	宽	厚	长	宽	厚
尖	1	1.00	0.48	0.20	1.00	0.48	0.20
蜂	2	0.60	0.48	0.18	0.60	0.48	0.18
中	3	0.95	0.48	0.16	0.95	0.48	0.16

说明

1　第一层十字水枋有1—5、3—7两块，与8层正四角水枋一样，为内勾榫，内勾为0.16尺×0.10尺。

2　柱径为1.05尺，榫头缩进眼内0.10尺，榫头为0.95尺，见图二。

3　两块枋同号的榫尺寸相同。

4　枋承架蜂柱眼1眼，枋上榫号为1、2、3号，见表和图。

5　安装将1—5安进1角眼，再将3—7安进3角眼。在中柱竖立时将枋中十字口对安好，再逐步安装下层排间枋。

第二层十字枋

1—5 十字枋（中227角—中337角）

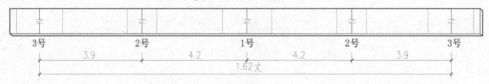

3号　3.9　2号　4.2　1号　4.2　2号　3.9　3号
1.62丈

3—7 十字枋（中328角—中238角）

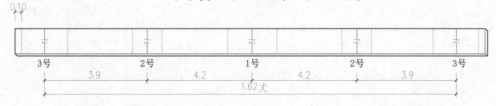

0.10
3号　3.9　2号　4.2　1号　4.2　2号　3.9　3号
1.62丈

第二层十字枋榫表

单位：尺

榫号	柱名	进			出		
		长	宽	厚	长	宽	厚
1	尖	0.95	0.50	0.16	0.95	0.50	0.16
2	蜂	0.565	0.50	0.16	0.565	0.50	0.16
3	中	1.04	0.50	0.16	1.04	0.50	0.16

说明

1　第二层十字水枋为1—5、3—7两块，1—5位于9层水枋下，3—7位于9层水枋上。

2　两块枋上，同号的榫尺寸相同，称为直十字枋。

3　安装：从1角外进到蜂柱的第3号和第4号角眼，尖柱正角线上的两眼，再到5角中柱外。从3角中柱外到蜂柱的第3和第4层角眼，再到尖柱正角线上的两眼，再到7角中柱外。

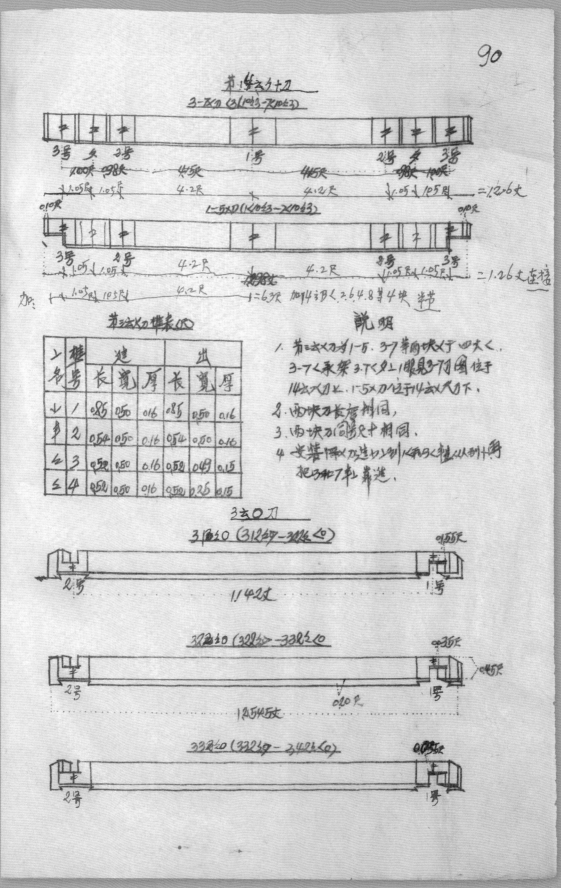

90

第14层檐十字枋

3—7十字枋（3角10瓜3—7角10瓜3）

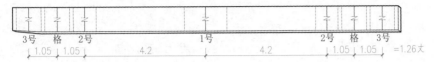

3号	格	2号		1号		2号	格	3号
1.05	1.05	4.2		4.2		1.05	1.05	=1.26丈

1—5十字枋（1角10瓜3—5角10瓜3）

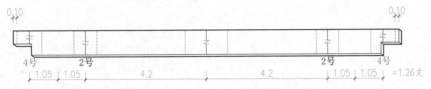

0.10							0.10
4号	2号		4.2	4.2		2号	4号
1.05	1.05					1.05	1.05	=1.26丈

第三层十字枋榫表

单位：尺

柱名	榫号	进			出		
		长	宽	厚	长	宽	厚
尖	1	0.85	0.50	0.16	0.85	0.50	0.16
蜂	2	0.54	0.50	0.16	0.54	0.50	0.16
瓜	3	0.52	0.50	0.16	0.52	0.49	0.15
瓜	4	0.52	0.50	0.16	0.52	0.25	0.15

说明

第14层檐十字枋，即三层十字枋为1—5，3—7两块十字枋，位于四个正角。3—7十字枋位于14层水枋上，承架3角、7角格柱，穿过其下方的眼，见图3—7十字枋和原作31页图格3、格7；1—5十字枋位于14层水枋下。

1

2 两块枋的长度相同。

3 两块枋同号的榫尺寸相同。

4 安装时，将两块十字枋从尖柱进到1角、3角蜂柱，再从内到外把5角、7角蜂柱靠近。

3层围枋

312瓜围（312瓜左进—322瓜右进）

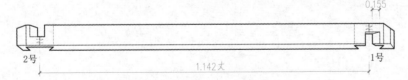

2号		1号
	1.142丈	0.155

322瓜围（322瓜左进—332瓜右进）

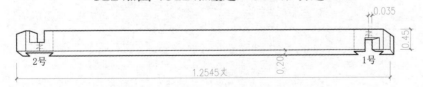

2号		1号
	1.2545丈	0.035 0.45 0.20

332瓜围（332瓜左进—342瓜右进）

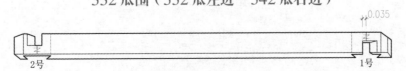

2号		1号
		0.035

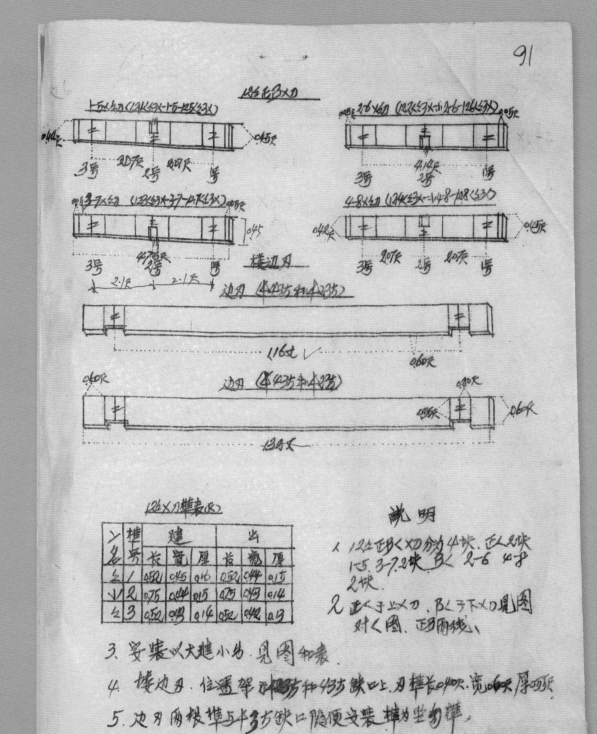

91

12 瓜正假十字枋

1—5 十字瓜枋
（12 瓜 1 角 3 十字—1—5—12 瓜 5 角 3 十字）

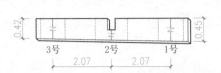

2—6 十字瓜枋
（12 瓜 2 角 3 十字—尖 2—6—12 瓜 6 角 3 十字）

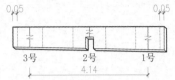

3—7 十字瓜枋
（12 瓜 3 角 3 十字—3—7—12 瓜 7 角 3 十字）

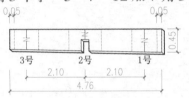

4—8 十字瓜枋
（12 瓜 4 角 3 十字—尖 4—8—12 瓜 8 角 3 十字）

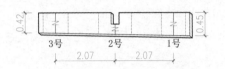

楼边梁

边梁（中 43 排和中 23 排）

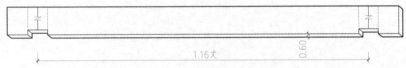

边梁（中 43 排和中 23 排）

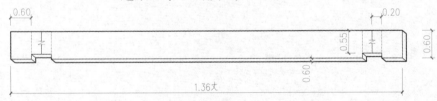

12 瓜十字枋榫表

单位：尺

柱名	榫号	进			出		
		长	宽	厚	长	宽	厚
瓜	1	0.52	0.45	0.16	0.52	0.44	0.15
尖	2	0.75	0.44	0.15	0.75	0.43	0.14
瓜	3	0.52	0.43	0.14	0.52	0.42	0.13

说明

1. 12 瓜正假角十字枋分为 4 块，正角是 1—5、3—7 两块。假角是 2—6、4—8 两块。

2. 正角十字枋在上，假角十字枋在下，见图和表及尖柱、12 瓜柱的正假作线图。

3. 安装以大进小出，见图和表。

4. 楼边梁，位置架于中 23 排和 43 排缺口上，梁榫长 0.40 尺，宽 0.60 尺，厚 0.55 尺。

5. 边梁两根榫与中 3 排缺口随便安装，榫为坐勾榫。

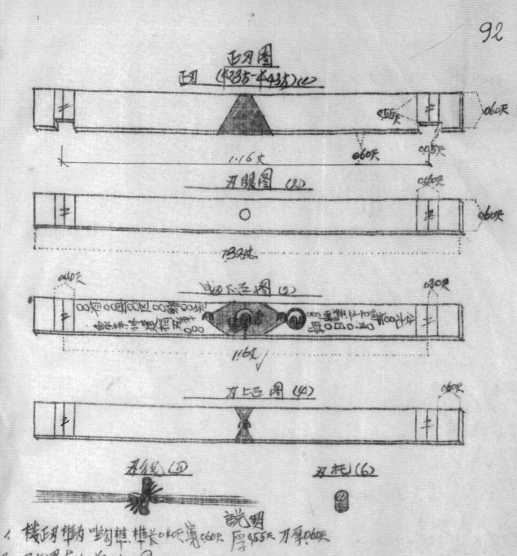

92

正刃图

正刃（长2.3丈-半4.3丈）(1)

1.16丈

刃眼图 (2)

○

1.32丈

刃口正面图 (3)

1.16丈

刃上正面图 (4)

刃线 (5)　　　　　　刃托 (6)

说明

1. 楼刃挑动 的刀柄。柄长0.40尺,高0.60尺,厚0.55尺 刀身0.60尺

2. 刃上黑布色着刃本 图(1)

3. 正谷眼图刃本挖1个深0.05尺 直径为0.05尺。

4. 刃口图3 1把米灯放进眼底 2把半糯高梁 小米,锋寿子放进谷眼3把银布两伊放谷眼.

4. 用刃托木图6长0.40尺 直径0.40尺 放进刃置.5用1次黑布水色好用14铜钱钉两人和布中 见该刃图3.6.师夫号数横千上,必有1帐 当年历甘本毛笔恨 黑布,续在费红二路 必把美5样刃绣抗,捅把头必样捅好 相誉刃线图5.把刃城 一张美丝及黑样林钉以铜 镜倒以相誉 见成刃图和刃上正图

5. 在刃上图面0.30尺,一个围用红色和艳围个先催 之就见图3

6. 刃两头 以号数楼地比,芸宠或某单位名称,集修送和啄吟刃财 以个人或单作,为以尖半甘某月 0日0时竖立 工程师十博000迢造

正梁图

正梁（中23排—中43排）（1）

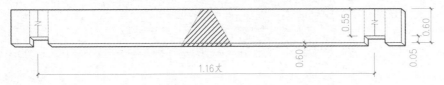

梁眼图（2）

成梁下面图（3）

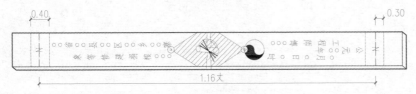

梁上面图（4）

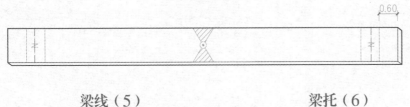

梁线（5）　　　　　　　　　　梁托（6）

说明

1　楼正梁榫为坐勾榫，榫长 0.40 尺，宽 0.60 尺，厚 0.55 尺，枋厚 0.60 尺。

2　梁正中用黑布包着梁心，见图（1）。

3　五谷眼见梁眼图（2），梁中挖 1 个深 0.10 尺、直径为 0.05 尺的洞。

4　成梁见图（3）。
1. 把朱砂放进眼底；2. 把禾稻、高粱、小米、铲子放进谷眼；3. 在梁眼底平放两个银币；4. 用长 0.04 尺、直径 0.051 尺的梁托木，放进梁眼打紧，见图梁托（6）；5. 用 1.7 尺的黑布对角包好，用 4 个铜钱钉住两角和布中，见成梁下面图（3）；6. 师傅拿给鼓楼柱眼编号的中柱签、尖柱签各 1 根，当年历书 1 本，毛笔 1 根，墨条 1 条，绣花线红、蓝各 1 小把，5 样，用绣花线把其余 4 样捆好、捆紧，见图梁线（5），把梁线一头穿进梁黑布中钉的铜钱，捆紧在梁上面，见成梁图和梁上面图。

5　在梁上画直径 0.30 尺的两个圈，一个圈用红色，一个圈用黑色，画朱雀和玄武，见成梁下面图（3）。

6　梁两头，一头写鼓楼地址、某寨或某单位名称，如修建和捐修梁财的个人或集体，另一头写某年○月○日时竖立，工程师傅○○○建造。

93

楼臼

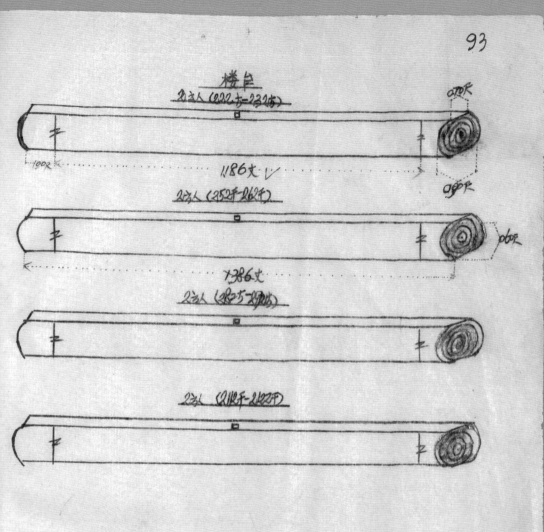

说明

1. 楼臼分为人臼和外臼8根人4根，树在上，架于2方开大刀板上。

2. 楼臼上栓眼 0.1尺×0.1尺×0.1尺。

3. 楼住上下为平面，上正开栓眼，两边臼刀为半月形。

楼台

2 层内（222 排—232 排）

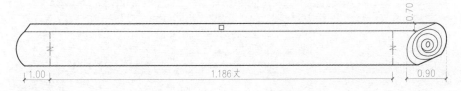

0.70

1.00　　　　　　1.186 丈　　　　　　0.90

2 层内（252 间—262 间）

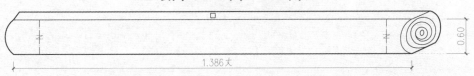

0.60

1.386 丈

2 层内（282 排—292 排）

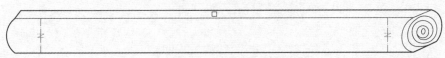

2 层内（2112 间—2122 间）

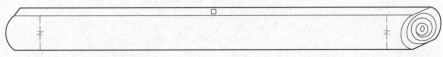

说明　1　楼台分为内台 4 根和外台 4 根，共 8 根。内台 4 根，垫于假柱，架于 2 层排间水枋柄上。

　　　　2　楼台上设栓眼，尺寸为 0.1 尺 ×0.1 尺 ×0.1 尺。

　　　　3　楼台上下为平面，上面开栓眼，抬枋两侧边为半月形。

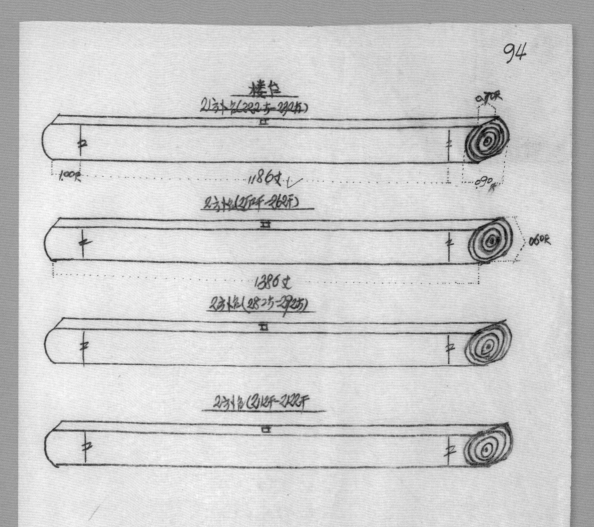

楼台

21寸木名(222斤—232斤)

1186丈

2.3寸名(272斤—282斤)

1386丈

2寸名(282斤—292斤)

2.3寸名(212斤—222斤)

说明

1. 楼台分为人台和卜台8根木台4根 挑1之上 方木见卜。

2. 楼台上拴眼 11火0火火0火。

3. 木楼台上下为平台，上下开拴眼 两边为半月形。

楼台

2 层外台（222 排—232 排）

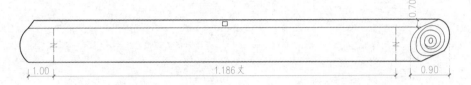

1.00　　　　　　　　1.186 丈　　　　　　　　0.90　　　0.70

2 层外台（252 间—262 间）

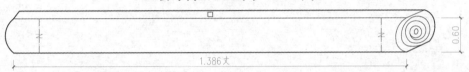

1.386 丈　　　　　　0.60

2 层外台（282 排—292 排）

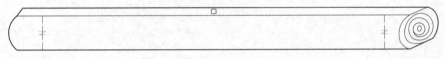

2 层外台（2112 间—2122 间）

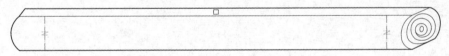

说明　1　楼台分为内台 4 根和外台 4 根，共 8 根。外台 4 根，垫于 1 瓜柱排、间水枋外。

　　　　2　楼台上设栓眼，尺寸为 0.1 尺 × 0.1 尺 × 0.1 尺。

　　　　3　楼台上下为平面，上面开栓眼，两侧边为半月形。

贵州省黔东南苗族侗族自治州从江县高仟村宰俄鼓楼内景

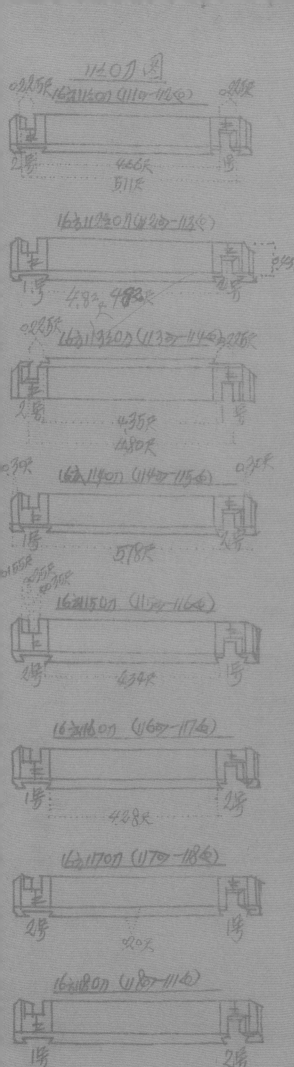

16×114刀博表（尺）

名 尺	推享	地			公		
		长	宽	厚	长	宽	厚
上	1	0.45	0.45	0.16	0.45	0.45	0.16
左	2	0.45	0.45	0.16	0.45	0.45	0.16

说明

1. 16×114刀刀为8根。

2. 刀分为正口×2号，1号为正×2号为反口。

3. 刀棒头料欲上以平线相反尺寸 0.225×
0.225×0.225。

4. 两头牌张口尺寸相同今上随用。

5. 111围为上也刀心2边线距别，113围为背
与缺口处放距别，4.2围为刀平线
距别。

6. 113围...

7. 刀入...

8. 114...

9. 115...

10. 安...

七
围枋
WEI FANG
陆文礼

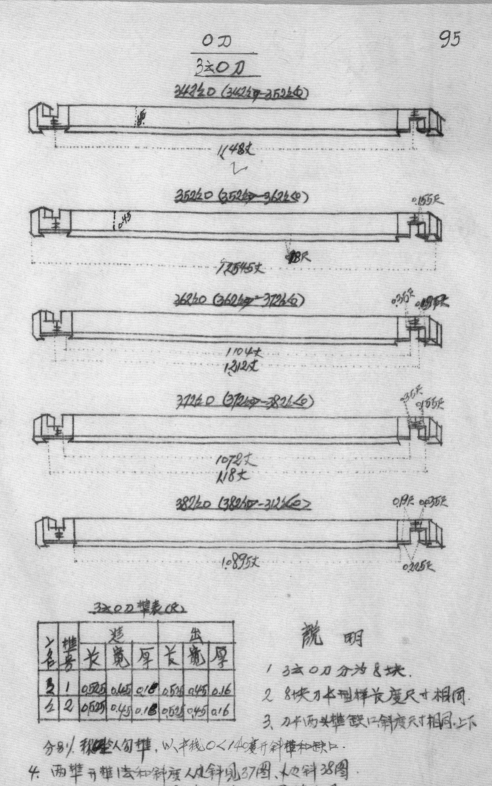

95

〇刀
3太〇刀

说　明

1. 3太〇刀分为8块.
2. 8块刀本型样长度尺寸相同.
3. 刀本两头榫契口斜度尺寸相同·上下
4. 两榫开榫去和斜度入庄斜见37图、入边斜38图.
5. 榫头契口斜度相同入本边或上下调换适用.

部位	榫房	凳			齿		
		长	宽	厚	长	宽	厚
上	1	0.525	0.45	0.18	0.525	0.45	0.16
下	2	0.525	0.45	0.18	0.525	0.45	0.16

3层2瓜围枋

342 瓜围（342 瓜左进—352 瓜右进）*

1.148丈

352 瓜围（352 瓜左进—362 瓜右进）

0.155

0.45

0.18

1.2305丈

362 瓜围（362 瓜左进—372 瓜右进）

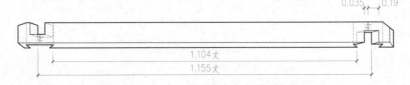

0.035 0.19

1.104丈
1.155丈

372 瓜围（372 瓜左进—382 瓜右进）

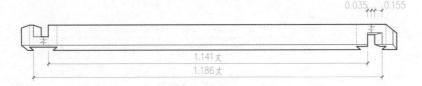

0.035 0.155

1.141丈
1.186丈

382 瓜围（382 瓜左进—312 瓜右进）

0.19 0.035

1.1015丈
0.225

3层围枋榫表

单位：尺

柱名	榫号	进			出		
		长	宽	厚	长	宽	厚
瓜	1	0.525	0.45	0.16	0.525	0.45	0.16
瓜	2	0.525	0.45	0.16	0.525	0.45	0.16

说明

1　3层围枋分为8块。

2　8块枋的形状、样式、长度、尺寸相同。

3　枋两头榫缺口、斜度尺寸相同，上下有别，称为内外坐勾榫，以心线围角135°开斜榫和缺口。

4　两榫开榫法和斜度，内边斜（正面）见图372瓜围，外边斜（背面）见图382瓜围。

5　榫头的缺口、斜度相同，内、外边（正、背面）和上下榫调换运用。

*构件名称注释：3（层）4角2瓜柱的围枋（3层4角2瓜左进——3层5角2瓜右进），根据柱眼，"右进"对应25瓜25右围柱眼。后同。

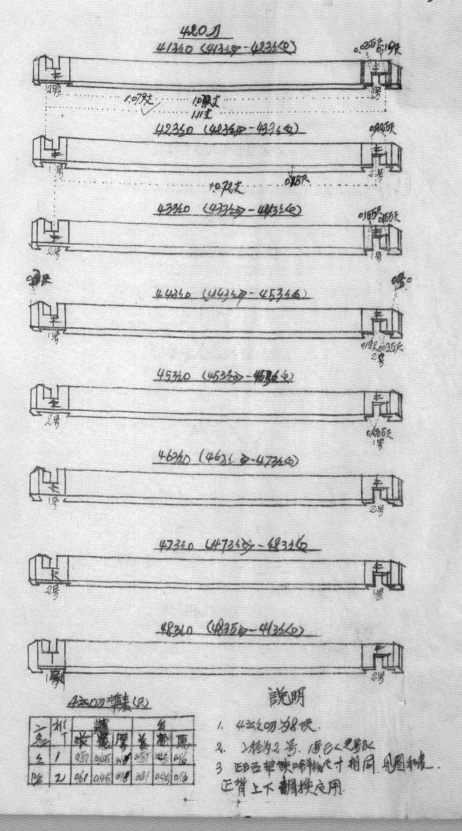

96

4层3瓜围枋

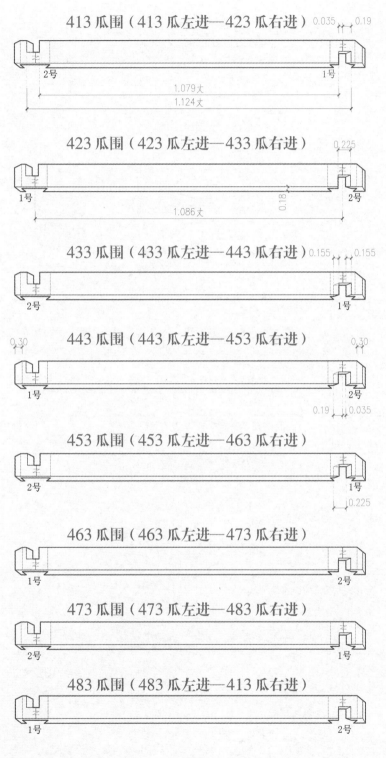

413 瓜围（413 瓜左进—423 瓜右进）

0.035　0.19

2号　　1.079大　　1号
1.124大

423 瓜围（423 瓜左进—433 瓜右进）

0.225

1号　1.086大　0.18　2号

433 瓜围（433 瓜左进—443 瓜右进）0.155　0.155

2号　　1号

443 瓜围（443 瓜左进—453 瓜右进）

0.30　0.30

1号　2号
0.19　0.035

453 瓜围（453 瓜左进—463 瓜右进）

2号　1号
0.225

463 瓜围（463 瓜左进—473 瓜右进）

1号　2号

473 瓜围（473 瓜左进—483 瓜右进）

2号　1号

483 瓜围（483 瓜左进—413 瓜右进）

1号　2号

4层围枋榫表

单位：尺

柱名	榫号	进			出		
		长	宽	厚	长	宽	厚
瓜	1	0.57	0.45	0.16	0.57	0.45	0.16
假瓜	2	0.61	0.45	0.16	0.61	0.45	0.16

说明

1　4层瓜围枋为8块。

2　柱径有两个号，1号为正角，2号为假角。

3　榫的正背面缺口、斜线尺寸相同，见图和表。正背面和上下榫调换运用。

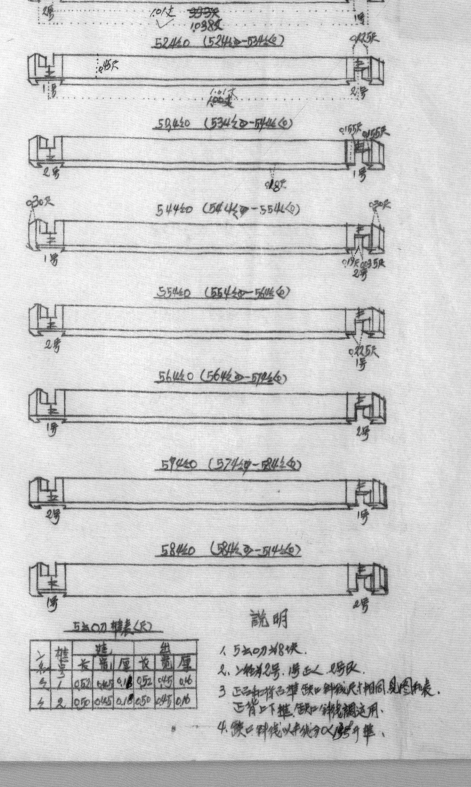

5层4瓜围枋

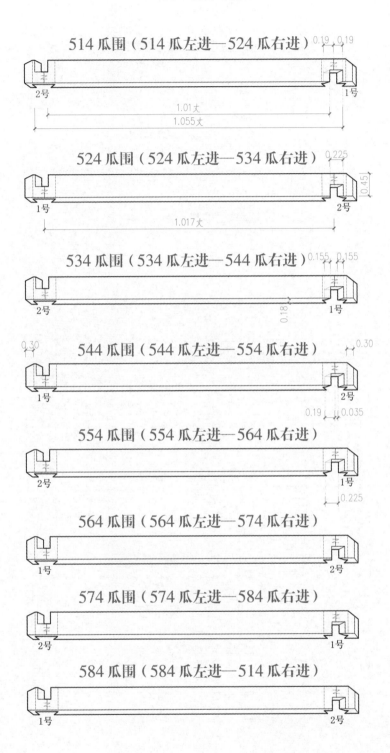

514瓜围（514瓜左进—524瓜右进）

524瓜围（524瓜左进—534瓜右进）

534瓜围（534瓜左进—544瓜右进）

544瓜围（544瓜左进—554瓜右进）

554瓜围（554瓜左进—564瓜右进）

564瓜围（564瓜左进—574瓜右进）

574瓜围（574瓜左进—584瓜右进）

584瓜围（584瓜左进—514瓜右进）

5层围枋榫表

单位：尺

柱名	榫号	进			出		
		长	宽	厚	长	宽	厚
瓜	1	0.52	0.45	0.16	0.52	0.45	0.16
瓜	2	0.50	0.45	0.16	0.50	0.45	0.16

说明

1　5层围枋为8块。

2　柱径有两个号，1号为正角，2号为假角。

3　榫的正面和背面缺口、斜线尺寸相同，见图和表。榫的正背面和上下榫的缺口、斜线调换运用。

4　缺口、斜线以心线分围角135°开榫。

98

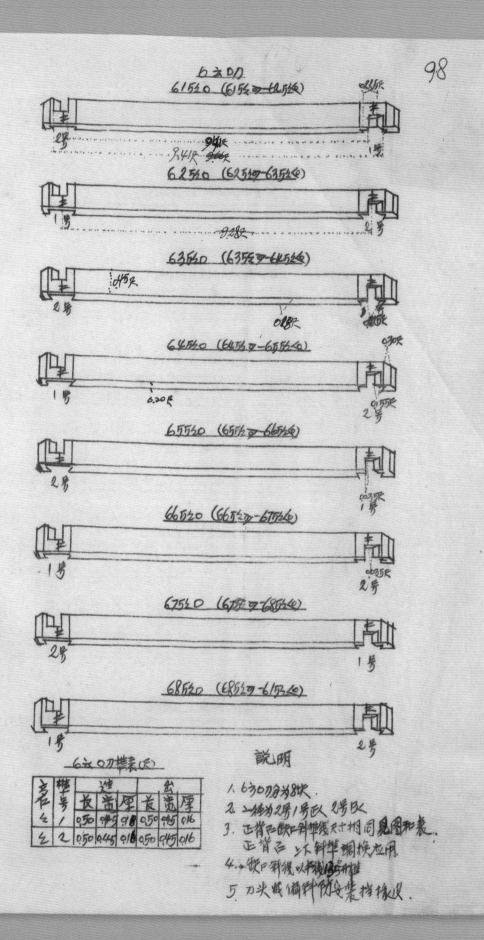

6层5瓜围枋

615瓜围（615瓜左进—625瓜右进）

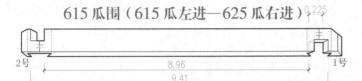

625瓜围（625瓜左进—635瓜右进）

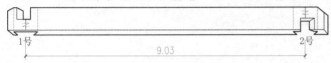

635瓜围（635瓜左进—645瓜右进）

645瓜围（645瓜左进—655瓜右进）

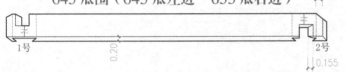

655瓜围（655瓜左进—665瓜右进）

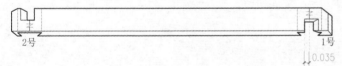

665瓜围（665瓜左进—675瓜右进）

675瓜围（675瓜左进—685瓜右进）

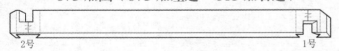

685瓜围（685瓜左进—615瓜右进）

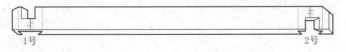

6层围枋榫表

单位：尺

柱名	榫号	进			出		
		长	宽	厚	长	宽	厚
瓜	1	0.50	0.45	0.16	0.50	0.45	0.16
瓜	2	0.50	0.45	0.16	0.50	0.45	0.16

说明

1　6层围枋为8块。

2　柱径有两个号，1号为正角，2号为假角。

3　榫的正背面缺口、斜榫线尺寸相同，见图和表。榫的正背面和上下斜榫调换运用。

4　缺口斜线以心线135°开榫。

5　枋头成偏斜，以防安装时挡住橡皮。

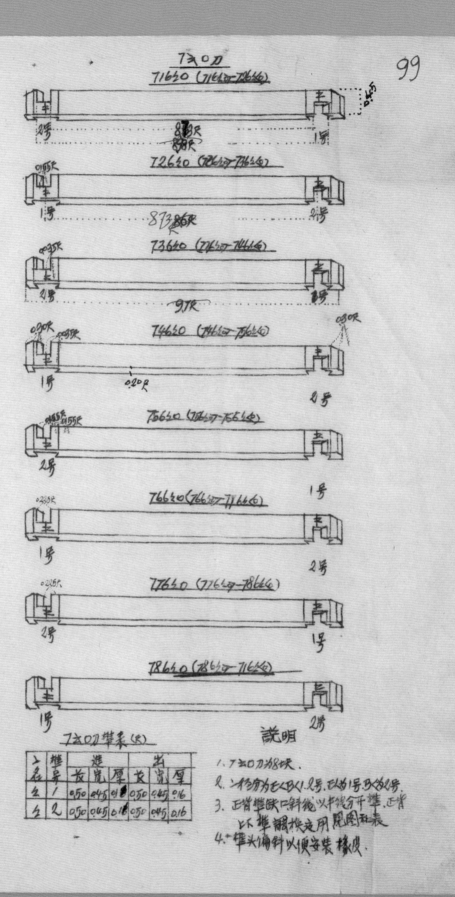

99

7层6瓜围枋

716瓜围（716瓜左进—726瓜右进）

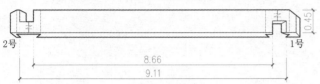

2号　　　　　　　　　　　　　　　　　1号

8.66
9.11

0.45

726瓜围（726瓜左进—736瓜右进）

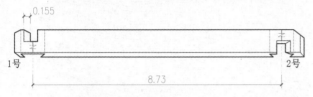

0.155

1号　　　　　　　　　　　　　　　　　2号

8.73

736瓜围（736瓜左进—746瓜右进）

0.035

2号　　　　　　　　　　　　　　　　　1号

746瓜围（746瓜左进—756瓜右进）

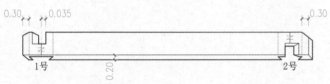

0.30　0.035　　　　　　　　　　　　　　0.30

1号　　　　　　　　　　　　　　　　　2号

0.20

756瓜围（756瓜左进—766瓜右进）

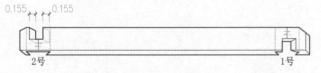

0.155　0.155

2号　　　　　　　　　　　　　　　　　1号

766瓜围（766瓜左进—776瓜右进）

0.225

1号　　　　　　　　　　　　　　　　　2号

776瓜围（776瓜左进—786瓜右进）

0.225

2号　　　　　　　　　　　　　　　　　1号

786瓜围（786瓜左进—716瓜右进）

1号　　　　　　　　　　　　　　　　　2号

7层围枋榫表

单位：尺

柱名	榫号	进			出		
		长	宽	厚	长	宽	厚
瓜	1	0.50	0.45	0.16	0.50	0.45	0.16
瓜	2	0.50	0.45	0.16	0.50	0.45	0.16

说明

1　7层围枋为8块。

2　柱径分为两个号，正角为1号，假角为2号。

3　榫的正背缺口、斜线以心线为准开榫，见图和表，榫的正背面和上下榫调换运用。

4　榫头偏斜以便安装椽皮。

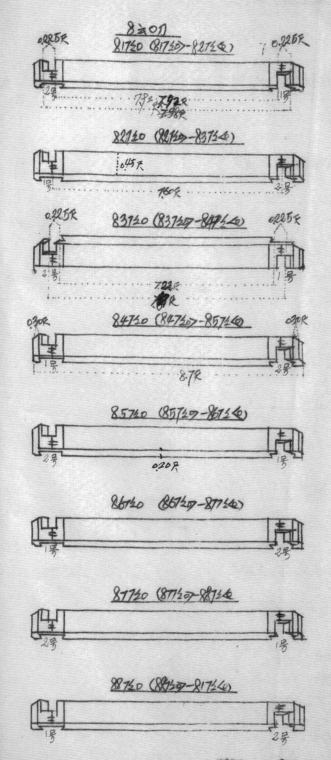

100

8吉口样表(尺)

名 栓号	进			出		
	长	宽	厚	长	宽	厚
2 1	0.50	0.45	0.16	0.50	0.45	0.16
2 2	0.50	0.45	0.16	0.50	0.45	0.16

说　明

1. 8吉口分为8块.

2. 二径为正B人、2号. 1号为正人 2号为B人.

3. 正背蛟口斜栓以本线为忠正背分开栓.

4. 刀本两头栓相反为上下适用. 尺寸相同.

5. 81图为正栓尺寸和栓跌口人逆斜度呢销. 83图为背栓尺寸. 栓跌口十逆斜度呢销.

6. 82图为本线刀距销.

7. 83图及正表孔栓斜. 共图通表正斜度.

8. 栓宽0.45尺分为0.225尺别图尚除部份. 为人些可栓.

9. 交叉关以0人135度分成.

10. 安装先从某块刀放入二头然后向左安到第8块把节一块. 下跌口头把上放第8块上块上头放下二头. 再激节一块.

8层7瓜围枋

817 瓜围（817 瓜左进—827 瓜右进）

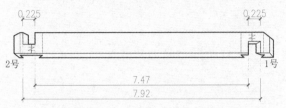

827 瓜围（827 瓜左进—837 瓜右进）

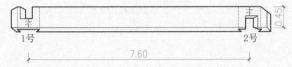

837 瓜围（837 瓜左进—847 瓜右进）

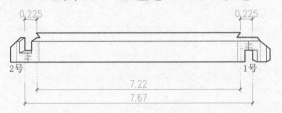

847 瓜围（847 瓜左进—857 瓜右进）

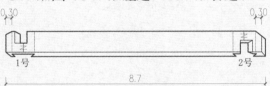

857 瓜围（857 瓜左进—867 瓜右进）

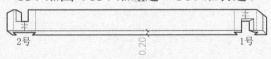

867 瓜围（867 瓜左进—877 瓜右进）

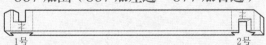

877 瓜围（877 瓜左进—887 瓜右进）

887 瓜围（887 瓜左进—817 瓜右进）

8层围枋榫表

单位：尺

柱名	榫号	进			出		
		长	宽	厚	长	宽	厚
瓜	1	0.50	0.45	0.16	0.50	0.45	0.16
瓜	2	0.50	0.45	0.16	0.50	0.45	0.16

说明

1　8层围枋分为8块。

2　柱径分为正、假角两个号，1号为正角，2号为假角。

3　榫的正背缺口、斜榫以心线为准，正背面分别开榫。

4　枋的两端榫头相反，上下榫调换运用，尺寸相同。

5　图817为正榫尺寸和榫缺口内边斜度距离，图837为背榫尺寸，榫缺口外边斜度距离。

6　图827为心线枋距离。

7　图837反面表现背斜，其图同样表示正面斜度。

8　榫宽0.45尺，分为两个0.225尺，留下和去除的部分见图，为内坐勾榫。

9　交叉点以围角135°分成。

10　安装先从某块枋放入柱头，然后向左安到第8块，把第一块榫头下缺口抬起放到第8块上缺口，放入榫头，再放第一块。

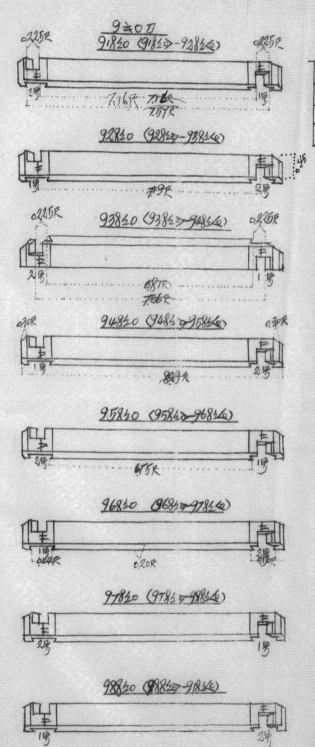

9去0刀排表(尺)

名号	进			出		
	长	宽	厚	长	宽	厚
之 1	0.50	0.45	0.18	0.50	0.45	0.16
之 2	0.50	0.45	0.18	0.50	0.45	0.16

説 明

1. 9去0刀分为8块.

2. 工程为正与之号，1号为正，2号为0。

3. 正背排针，以中线为亇亇背相及开排针。

4. 刀的两头排相及为上下运用. 尺寸相同.

5. 918图为正排针边和斜边的距离.
938图为背排针边和斜边的距离.

6. 928图为半线亇距离.

7. 938图及正表孔背针. 其图为正人斜.

8. 排宽0.45尺亇为0.225尺，围图当除部份.

9. 交叉总以0<135分成.

10. 安装先从第一块放进上头然后向左装安. 到第8块，把第一块排上，放第8块进去，再把第一块放进上头为平打紧.

11. 0刀排为亇亇匀排。

9 层 8 瓜围枋

918 瓜围（918 瓜左进—928 瓜右进）

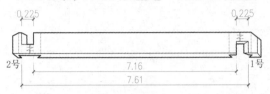

2号   0.225   7.16   7.61   0.225   1号

928 瓜围（928 瓜左进—938 瓜右进）

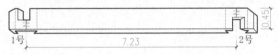

1号   7.23   0.45   2号

938 瓜围（938 瓜左进—948 瓜右进）

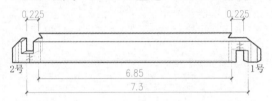

2号   0.225   6.85   7.3   0.225   1号

948 瓜围（948 瓜左进—958 瓜右进）

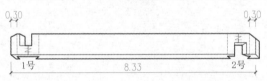

1号   0.30   8.33   0.30   2号

958 瓜围（958 瓜左进—968 瓜右进）

2号   6.79   1号

968 瓜围（968 瓜左进—978 瓜右进）

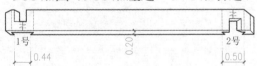

1号   0.44   0.20   0.50   2号

978 瓜围（978 瓜左进—988 瓜右进）

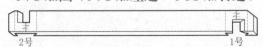

2号   1号

988 瓜围（988 瓜左进—918 瓜右进）

1号   2号

9 层围枋榫表

单位：尺

柱名	榫号	进			出		
		长	宽	厚	长	宽	厚
瓜	1	0.50	0.45	0.16	0.50	0.45	0.16
瓜	2	0.50	0.45	0.16	0.50	0.45	0.16

说明

1　9 层围枋分为 8 块。

2　柱径有正假角两类号，1 号为正角，2 号为假角。

3　正背榫斜口以心线为界开榫斜口，正背面相反。

4　枋中两头榫相反，可以上下调换使用，尺寸相同。

5　图 918 为正榫斜口边到斜口边的距离，图 938 为背榫斜口边到斜口边的距离。

6　图 928 为枋上两心线距离。

7　图 938 反面表现背斜，其图为正内斜。

8　榫宽 0.45 尺，分为两个 0.225 尺，留下去除部分见图。（去右留左）

9　交叉点以围角 135° 分成。

10　安装先从第 1 块放进柱头，然后向左依次安装到第 8 块，把第 1 块抬起，放第 8 块进柱头，再把第 1 块放入柱头，打紧放平。

11　围枋榫为内外坐勾榫。

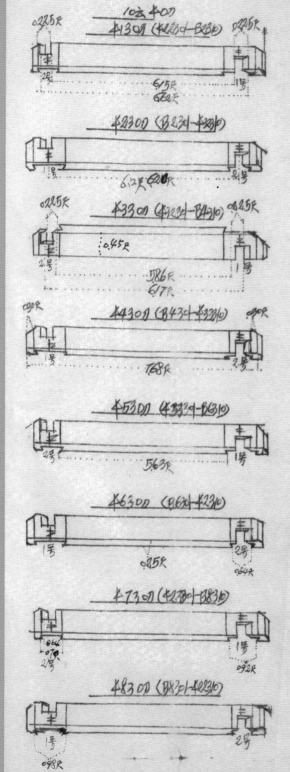

102

10立平刀华表(尺)

名称	椎号	造			线		
		长	宽	厚	长	宽	厚
平	1	0.98	0.45	0.16	0.98	0.45	0.16
	2	0.70	0.45	0.16	0.70	0.45	0.16

说明

1. 10立平刀刀为8块.

2. 椎分为正刀与刀号，1号刀正，2号刀反.

3. 刀榫平铁口，以平线按0.140度为正背斜线斜口.（0.225×0.25=0.225）

4. 平刀两头榫斜口相反为上下，应用斜线斜口尺寸相同.

5. 第13图为正斜口边线距端，第33图为背斜口边线距端.

6. 第23图平线距端.

7. 第43图刀全长.

8. 第93图2号背斜口斜线到其均正向侧.

9. 刀的交点为140度.

10. 铁斜口上下相反，规除左边当左边，株叶云右当右，以便抱口操作.

11. 安装先从第一块放造上头，向左转一圈到第8块后关门，将第一块下铁口推上放第8块造上头再抱第一块下铁口放下口对口打紧.

12. 刀刀榫为人字坐勾榫

10 层中围枋

中 13 围枋（中 22 围 3—假 23 围）*

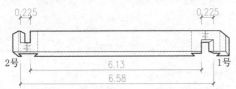

2号 0.225   0.225 1号
6.13
6.58

中 23 围枋（假 2 围 3—中 323 围）

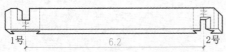

1号   6.2   2号

中 33 围枋（中 32 围 3—假 43 围）

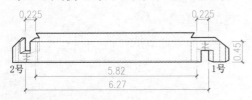

2号 0.225   0.225 1号   0.45
5.82
6.27

中 43 围枋（假 4 围 3—中 333 围）

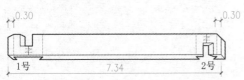

0.30   0.30
1号   7.34   2号

中 53 围枋（中 33 围 3—假 63 围）

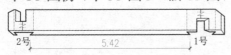

2号   5.42   1号

中 63 围枋（假 6 围 3—中 233 围）

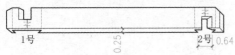

1号   0.25   2号 0.64

中 73 围枋（中 23 围 3—假 83 围）

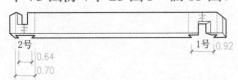

2号   1号 0.92
0.64
0.70

中 83 围枋（假 8 围 3—中 223 围）

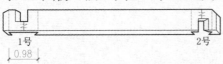

1号   2号
0.98

10 层中围枋榫表
单位：尺

柱名	榫号	进			出		
		长	宽	厚	长	宽	厚
中	1	0.98	0.45	0.16	0.98	0.45	0.16
假	2	0.70	0.45	0.16	0.70	0.45	0.16

说明

1　10 层中围枋分为 8 块。

2　柱径为正假角两个号，1 号为正角，2 号为假角。

3　围枋榫中缺口以心线按围角 135° 为正背斜线成斜口。（0.225 尺 ×0.225 尺 ×0.225 尺）

4　中围枋两头榫斜口相反，可上下调换使用，斜线斜口尺寸相同。

5　图中 13 为正面斜口边线距离，中 33 图为背面斜口边线距离。

6　图中 23 为枋上两心线距离。

7　图中 43 为枋全长。

8　图中 33 的 2 号是背斜口斜线例图，其余为正面例图。

9　枋的交点为 135°。

10　缺斜口上下相反，规定除右边留左边的做法，称作去右留左，以便施工操作。

11　安装先从第 1 块放进柱头，向左转一圈到第 8 块后，应将第 1 块下缺口抬起放第 8 块进柱头，再把第 1 块下缺口放下，口对口打紧。

12　围枋榫为内外坐勾榫。

*构件名称注释：1 角的中柱（22 中柱）上的第 3 根围枋（22 中柱的 22 围 3 柱眼——2 假柱的 2 角假 3 围柱眼）
本页围枋上的假柱柱眼写法与其柱眼图有差别，区别在于"假"与"角"描述的前后顺序。如柱眼"假 23 围"应是"2 角假 3 围""假 8 围 3"应是"8 角假围 3"。

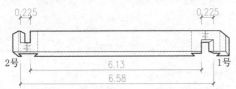

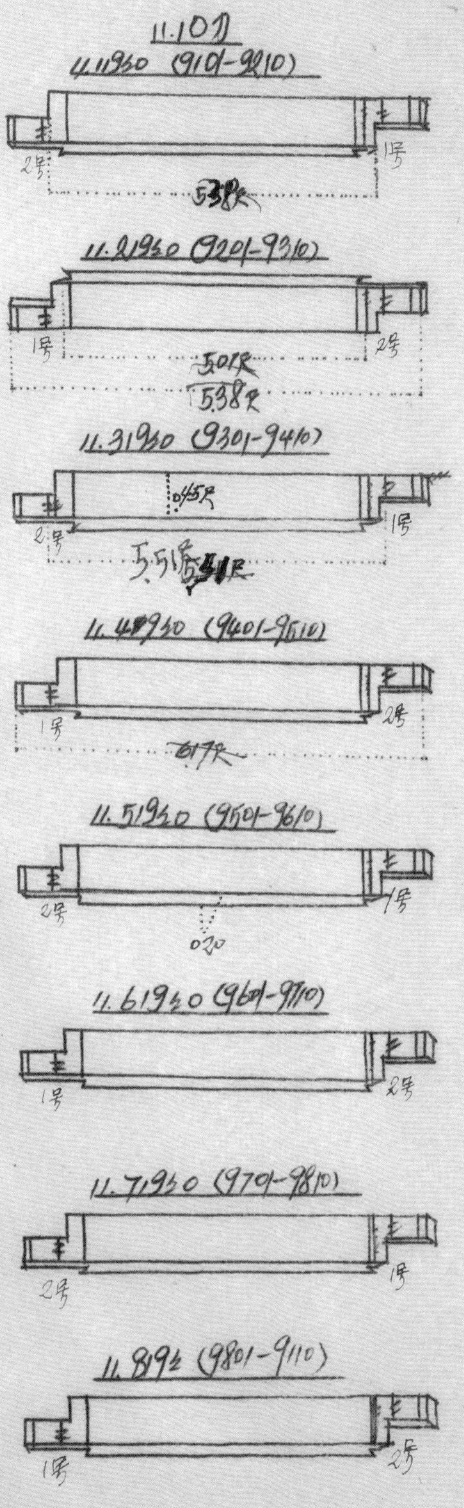

103

陆文礼

侗族·鼓楼·画样

七·围枋

214

11.10刀
11.11½½0 (910-9210)

2号　　　　　　　1号

538尺

11.2 1½½0 (9201-9310)

1号　　　　　　　2号

501尺
538尺

11.3 1½½0 (9301-9410)

2号　0.45尺　　　1号

5.51尺
51尺

11.4 ½9½0 (9401-9510)

1号　　　　　　　2号

0.17尺

11.5 1½½0 (9501-9610)

2号　　　　　　　1号

0.20

11.6 1½½0 (9601-9710)

1号　　　　　　　2号

11.7 1½½0 (9701-9810)

2号　　　　　　　1号

11.8 9½ (9801-9110)

1号　　　　　　　2号

11.1 至9½0刀榫表 (尺)

名	榫号	进			出		
		长	宽	厚	长	宽	厚
之	1	0.52	0.45	0.18	0.52	0.22	0.15
之	2	0.52	0.45	0.18	0.52	0.22	0.15

说　明

1. 11.1至9½0刀为8块.

2. 0刀分为正反〈榫2号. 1号为正〈榫
2号为反〈榫.

3. 刀榫头分为全榫和半榫. 半榫头
分个以本线正反榫退进0.035尺背反
榫退进0.19尺为半斜榫. 正反刀头取
左至右. 两头榫正反上下相反行榫
尺寸相同. 人反全和半榫为平. 背反
全榫为平. 半榫为斜榫.

4. 正反全和半榫为平榫图11.19.
背反全榫平半榫为斜榫图11.19.

5. 刀个完以半线为仰图11.319.

6. 刀的全长图11.419.

7. 安装将刀榫头都穿进2眼, 慢之
紧进往里打进.

8. 将9至1刀安好后, 然后把水刀安
进. 再将9至10刀安装进2眼头.

11层9瓜围枋

11.119 瓜围（91围1—921围）*
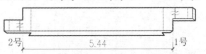
2号　5.44　1号

11.219 瓜围（92围1—931围）
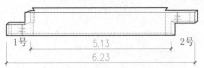
1号　5.13　2号
6.23

11.319 瓜围（93围1—941围）
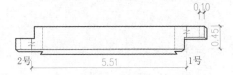
0.10
0.45
2号　5.51　1号

11.419 瓜围（94围1—951围）
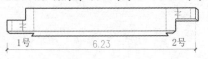
1号　6.23　2号

11.519 瓜围（95围1—961围）
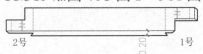
2号　0.20　1号

11.619 瓜围（96围1—971围）
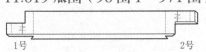
1号　2号

11.719 瓜围（97围1—981围）
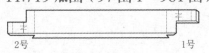
2号　1号

11.819 瓜围（98围1—911围）
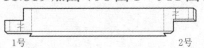
1号　2号

11层9瓜围枋榫表

单位：尺

柱名	榫号	进			出		
		长	宽	厚	长	宽	厚
瓜	1	0.52	0.45	0.16	0.52	0.22	0.15
瓜	2	0.52	0.45	0.16	0.52	0.22	0.15

说明

1　11层9瓜围枋为8块。

2　围枋分为正假角榫两个号，1号为正角榫，2号为假角榫。

3　枋榫头分为1/2全榫和半榫，半榫头分界以心线正面榫退进0.035尺，背面榫退进0.19尺为半斜榫，面朝枋头留左去右，两头榫正假上下相反，开榫尺寸相同。榫全和半榫的正面是平榫，全榫背面是平榫，半榫背面是斜榫。

4　全榫和半榫正面为平榫见图11.119，全榫背面为平榫，半榫背面为斜榫，见图11.219。

5　枋以心线为界，见图11.319。

6　枋的全长，见图11.419。

7　安装时将枋榫头都穿进瓜柱眼，慢慢靠近，往里打紧。

8　将9瓜1枋安好，然后把水枋安进去，再将9瓜2围枋安坐进柱眼头。

9　由于11层围枋和12层围枋都位于9瓜上，又分别称为9瓜1围枋和9瓜2围枋。

*构件名称注释：11（层）1（角）9瓜柱的第一根围（91瓜的91围1柱眼——92瓜的921围柱眼）。

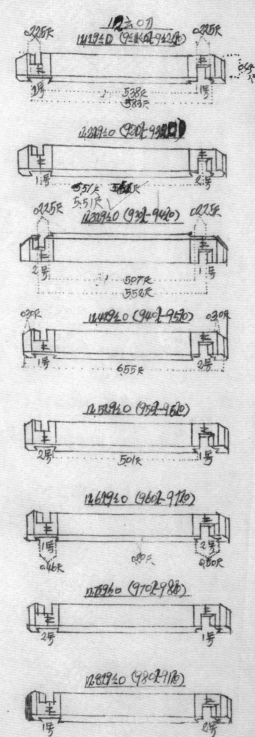

	榫			卯		
名	长	宽	厚	长	宽	厚
丝 1	050	045	016	050	045	016
丝 2	050	045	0.16	050	0.45	0.16

説明

1. 11 圭 9 乙 0 刀分为 8 块.

2. 乙 编为正 B 乆 2 号. 1 号为反 B 乆 2 号为反 B.

3. 0 刀棒本铁口以半线棱 α 尺故厚度 正背斜线弹料口为 α.225 乆 α.225 × α.225 R

4. 0 刀两头棒铁斜口相反上下反度尺相 同.

5. 11129 图为正面石斜口边线距离 11329为 背面钟口边线距离 11229图为半线 距离.

6. 11.429 图为刀总长.

7. 11329图棒背斜侧. 具于是正三图棒例.

8. 0 刀棒为人十参勾棒.

9. 外十勾取边眼 见图 11.629.

12层9瓜围枋

12.129 瓜围（9瓜1角围2—9瓜2角2围）*

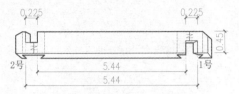

12.229 瓜围（92围2—932围）

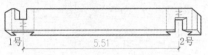

12.329 瓜围（93围2—942围）

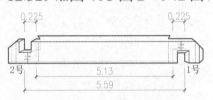

12.429 瓜围（94围2—952围）

12.529 瓜围（95围2—962围）

12.629 瓜围（96围2—972围）

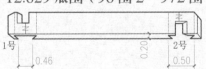

12.729 瓜围（97围2—982围）

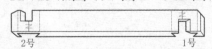

12.829 瓜围（98围2—912围）

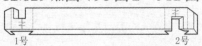

12层9瓜围枋榫表

单位：尺

柱名	榫号	进			出		
		长	宽	厚	长	宽	厚
瓜	1	0.50	0.45	0.16	0.50	0.45	0.16
瓜	2	0.50	0.45	0.16	0.50	0.45	0.16

说明

1　12层9瓜围枋分为8块。

2　柱径为正假角两个号，1号为正角，2号为假角。

3　围枋榫心缺口以心线按围角为135°角，正背斜线缺斜口尺寸为0.225尺×0.225尺×0.225尺。

4　围枋两头榫缺斜口相反，可以上下调换运用，尺寸相同。

5　图12.129为正面斜口边线距离，图12.329为背面斜口边线距离，图12.229为心线距离。

6　图12.429为枋全长。

7　图12.329是榫背斜例图，其余是榫正面例图。

8　围枋榫为内外坐勾榫。

9　枋外勾柱眼两边，见图12.629。

10　由于11层围枋和12层围枋都位于9瓜上，又分别称为9瓜1围枋和9瓜2围枋。

＊构件名称注释：12（层）1（角）9瓜柱的第2根围枋（91瓜的91围2柱眼——92瓜的922围柱眼）。

105

13.①刀
13.1刀10么0（101刀-102刀）

2号　1号
463尺

13.2刀10么0（102刀-103刀）

1号　2号
428尺
542尺

13.3刀10么0（103刀-104刀）

2号　1号
4.8刀尺　482尺　0.45尺

13.4刀10么0（104刀-105刀）

0.10R　0.10R
1号　2号
542尺

13.5刀10么0（105刀-106刀）

2号　1号
0.20尺

13.6刀10么0（106刀-107刀）

1号　2号

13.7刀10么0（107刀-108刀）

2号　1号

13.8刀10么0（108刀-109刀）

1号　2号

13刀10么0刀 榫表尺

名	榫号	进			出		
		长	宽	厚	长	宽	厚
么	1	0.52	0.45	0.16	0.52	0.22	0.15
么	2	0.52	0.45	0.16	0.52	0.22	0.15

说　明

1. 13么10么0刀为8块.

2. ①刀分为正反么人榫2号. 1号为凸人榫
　2号为凹榫.

3. 　刀榫头分为全榫和半榫头 榫头
　分介以本线正反 榫退进0.035尺特凸
　榫退进0.19尺为半斜榫. 凡照刀头取
　左去右两头榫正凸上下相反开榫
　尺寸相同. 正凸全和半榫为平背凸
　全榫为平. 半榫为斜榫.

4. 正凸全和半榫为平榫图13.1刀0.
　背凸全榫平半榫为斜榫图13.2刀0.

5. 刀介定以本 线为介图13.1刀0.

6. 刀刀全长图13.4刀0.

7. 安装 将刀榫先前 安进么眼. 慢么
　靠进往里打进打紧.

8. 将10么刀穿好后. 然後把火刀从
　木打进 再将10么2刀 当作榫对
　口 放进么眼.

13 层 10 瓜围枋

13.1110 瓜围（101 围 1—10 瓜 21 围）*

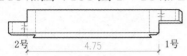

2号　4.75　1号

13.2110 瓜围（102 围 1—1031 围）

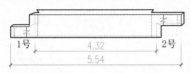

1号　4.32　2号
5.54

13.3110 瓜围（103 围 1—1041 围）

2号　4.82　0.45　1号

13.4110 瓜围（104 围 1—1051 围）

0.10　0.10

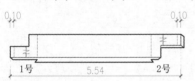

1号　5.54　2号

13.5110 瓜围（105 围 1—1061 围）

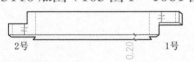

2号　0.20　1号

13.6110 瓜围（106 围 1—1071 围）

1号　2号

13.7110 瓜围（107 围 1—1081 围）

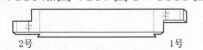

2号　1号

13.8110 瓜围（108 围 1—1011 围）

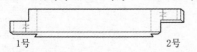

1号　2号

13 层 10 瓜围枋榫表

单位：尺

柱名	榫号	进			出		
		长	宽	厚	长	宽	厚
瓜	1	0.52	0.45	0.16	0.52	0.22	0.15
瓜	2	0.52	0.45	0.16	0.52	0.22	0.15

说明

1　13 层 10 瓜围枋为 8 块。

2　围枋分为正假角榫两个号，1 号为正角榫，2 号为假角榫。

3　枋榫头分为 1/2 全榫和半榫头，榫头以心线为界，榫正面退进 0.035 尺，背面退进 0.19 尺为半斜榫，面朝枋榫头留左去右，正假角枋榫两头上下相反，开榫尺寸相同。全榫和半榫正面为平榫，全榫背面为平榫，半榫背面为斜榫。

4　全榫和半榫正面为平榫，见图 13.1110，全榫背面为平榫，半榫背面为斜榫，见图 13.2110。

5　枋以心线为界，见图 13.1110。

6　枋的全长见图 13.4110。

7　安装时，将枋榫头都穿进瓜眼，把瓜柱慢慢往里靠近打紧。

8　将 10 瓜围枋安好，然后把水枋从外打进，再将 10 瓜 2 围枋坐勾榫对口放进柱眼。

*　构件名称注释：13（层）1（角）10 瓜柱的第 1 根围枋（101 瓜的 101 围 1 柱眼——102 瓜的 1021 围柱眼）。

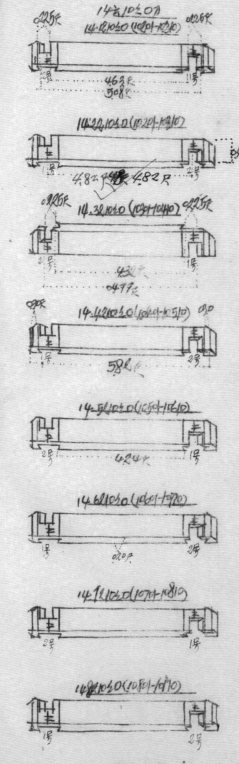

106

14方10½2牌棒（正）

牌号	造			共		
	长	宽	厚	长	宽	厚
1	052	045	010	052	045	016
2	052	045	016	052	045	016

说明

1. 14方10½0刀为8块。

2. Y牌也分2号，1号为正2号为反。

3. 刀牌头斜口，以本线度成的0人。

4. 0刀两头牌料口相反为上下适用尺寸相同。

5. 14方10½1刀图为正斜口边线距纱，14方10½3 1刀对背斜口边线距纱。

6. 14方10½2刀图为本线距纱。

7. 14方3110图牌为符正斜口二斜线侧图。

8. 0刀牌人大为牌别牌。

9. 外分两边牌体见图。

14层10瓜围枋

14.1210瓜围（101围2—1022围）*

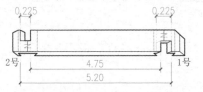

0.225　　　0.225
2号　　4.75　　1号
5.20

14.2210瓜围（102围2—1032围）

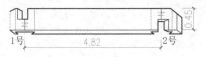

0.45
1号　　4.82　　2号

14.3210瓜围（103围2—1042围）

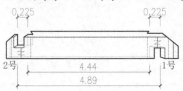

0.225　　　0.225
2号　　4.44　　1号
4.89

14.4210瓜围（104围2—1052围）

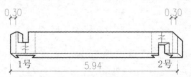

0.30　　　0.30
1号　　5.94　　2号

14.5210瓜围（105围2—1062围）

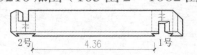

2号　　4.36　　1号

14.6210瓜围（106围2—1072围）

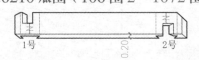

1号　　0.20　　2号

14.7210瓜围（107围2—1082围）

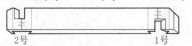

2号　　1号

14.8210瓜围（108围2—1012围）

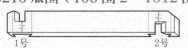

1号　　2号

14层10瓜2榫表

单位：尺

柱名	榫号	进			出		
		长	宽	厚	长	宽	厚
瓜	1	0.52	0.45	0.16	0.52	0.45	0.16
瓜	2	0.52	0.45	0.16	0.52	0.45	0.16

说明

1　14层10瓜围枋为8块。

2　柱径有正假两类号，1号为正角，2号为假角。

3　枋榫头斜口以心线135°成为围角。

4　围枋两头的榫，斜口相反，可以上下调换运用，尺寸相同。

5　图14层10瓜12枋为正面斜口边线距离，14层10瓜32枋为背面斜口边线距离。

6　图14层10瓜22枋为心线距离。

7　图14.3210中的榫为背面斜口斜线例图。

8　围枋榫为内外坐勾榫。

9　枋外勾柱眼两边，见图。

*构件名称注释：14（层）1（角）10瓜柱的第2根围枋（101瓜的101围2柱眼——102瓜的1022围柱眼）。

格柱围枋图

格 2 围枋　　　格 1 围枋

格围枋12（格1围2—格22围）　格11围（格1围1—格21围）

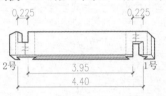
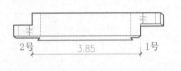

格围枋22（格2围2—格32围）　格21围（格2围1—格31围）

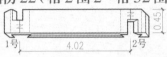

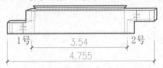

格围枋32（格3围2—格42围）　格31围（格3围1—格41围）

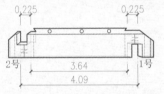
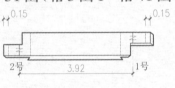

格围枋42（格4围2—格52围）　格41围（格4围1—格51围）

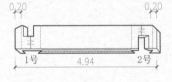

格围枋52（格5围2—格62围）　格51围（格5围1—格61围）

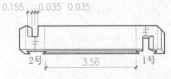
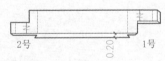

格围枋62（格6围2—格72围）　格61围（格6围1—格71围）

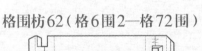
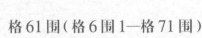

格围枋72（格7围2—格82围）　格71围（格7围1—格81围）

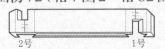
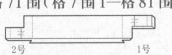

格围枋82（格8围2—格12围）　格81围（格8围1—格81围）

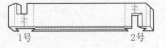
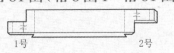

格柱2层围枋榫表

单位：尺

柱名	榫径		
	长	宽	厚
格	0.52	0.45	0.16

说明

1　格子围枋为8块。

2　围枋斜口榫0.225尺×0.225尺×0.225尺，以心线为中心，两边相反，榫两头相反，上下调换使用。

3　图12图为正面口边距离，图32为背面斜口边线距离。

4　图52榫尺寸正背相反，遵循开榫法。

5　图62为格柱槽尺寸为0.35尺×0.07尺×0.05尺。

格柱1层围枋榫表

单位：尺

柱名	榫号	进			出		
		长	宽	厚	长	宽	厚
格	1	0.535	0.50	0.16	0.535	0.25	0.15
格	2	0.535	0.50	0.16	0.535	0.25	0.15

说明

1　格柱1层围枋为8块，有正假角两个号，1号为正角，2号为假角。

2　围枋榫分全榫和半榫，全榫通出，半榫距离心线正面0.035尺，背面0.19尺。

3　格柱格子槽1层位于枋上面，见图21，2层位于枋下面，见格柱2围枋图。

4　格槽3.485尺×0.07尺×0.05尺。

5　杯脚钉眼见图32。

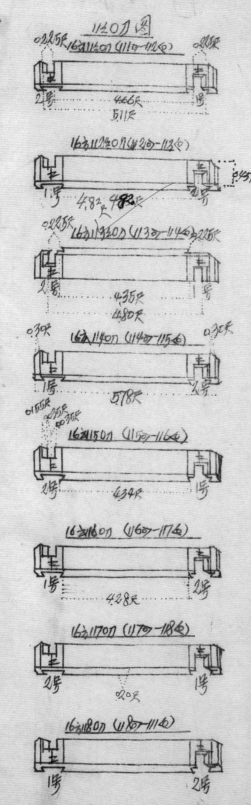

11±0刀图

0.225尺　16刎11±0刀（111亏-112亏）　0.22尺

2号　　4.66尺　　　1号
5.11尺

16刎11½0刀（112亏-113亏）

1号　　　　　　　　　2号
4.82~4.82尺

0.22尺　16刎13刀（113亏-114亏）0.225尺

2号　　4.35尺　　　1号
4.80尺

0.30尺　16刎14刀（114亏-115亏）　0.30尺

1号　　　5.78尺　　2号

0.185R 0.35尺 0.35尺　16刎15刀（115亏-116亏）

2号　　4.34尺　　　1号

16刎16刀（116亏-117亏）

1号　　4.28尺　　　2号

16刎17刀（117亏-118亏）

2号　　0.20尺　　　1号

16刎18刀（118亏-114亏）

1号　　　　　　　　2号

16刎11±0刀椎表（尺）

名	椎号	楚			衣		
		长	宽	厚	长	宽	厚
么	1	0.45	0.45	0.16	0.45	0.45	0.16
么	2	0.45	0.45	0.16	0.45	0.45	0.16

说明

1、16刎11±0刀为8块。

2、0刀分为正日く2号，1号为正人2号为反。

3、刀椎头斜缺口以半线相反尺寸 0.225×
0.225×0.225。

4、两头椎缺口尺寸相同分上下选用。

5、111图为正石料口边线距骨，113图为背
石缺口边线距骨，112图为刀半线
距骨。

6、113图为背石缺字比图例。

7、刀人十为喽句椎。

8、114图为刀全长。

9、115图分椎尺寸正石，背石相反相同。

10、安装将第一块放进上眼向左转
一圈到第8块，将第一块下缺口指上
把第8块上缺口椎头放入上眼再
把第一块对好缺口放打紧。

15 层 11 瓜围枋图

15 层 111 瓜围枋（111 左进—112 右进）*

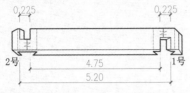

15 层 112 瓜围枋（112 左进—113 右进）

15 层 113 瓜围枋（113 左进—114 右进）

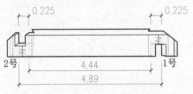

15 层 114 瓜围枋（114 左进—115 右进）

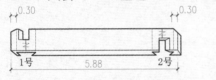

15 层 115 瓜围枋（115 左进—116 右进）

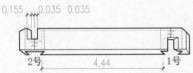

15 层 116 瓜围枋（116 左进—117 右进）

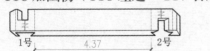

15 层 117 瓜围枋（117 左进—118 右进）

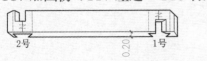

15 层 118 瓜围枋（118 左进—111 右进）

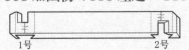

15 层 11 瓜围枋榫表

单位：尺

柱名	榫号	进			出		
		长	宽	厚	长	宽	厚
瓜	1	0.45	0.45	0.16	0.45	0.45	0.16
瓜	2	0.45	0.45	0.16	0.45	0.45	0.16

说明

1　15 层 11 瓜围枋为 8 块。

2　围枋分为正、假角两个号，1 号为正角，2 号为假角。

3　枋榫头斜缺口，以心线为中心，两边相反。尺寸为 0.225 尺 ×0.225 尺 ×0.225 尺。

4　枋两头榫缺口尺寸相同，可以上下调换运用。

5　图 111 为正面斜口边线距离，图 113 为背面口边线距离，图 112 为枋心线距离。

6　图 113 为背面缺斜口图例。

7　枋榫为内外坐勾榫。

8　图 114 为枋全长。

9　图 115 区分榫的尺寸和正面、背面，正面、背面相反，尺寸相同。

10　安装时，将第 1 块放进柱眼向左转一圈到第 8 块，将第 1 块下缺口抬上，把第 8 块上缺口榫头放入柱眼，再把第 1 块对好缺口放下打紧。

* 构件名称注释：15 层 1 角 11 瓜的围枋（111 瓜的 111 左围柱眼——112 瓜的 112 右围柱眼）。

蜂围枋

蜂 2 层围枋　　　蜂 1 层围枋

蜂 21 围（蜂 12 左进—蜂 22 右进）（1）　　蜂 11 围（蜂 1 围 1—蜂 21 围）（1）

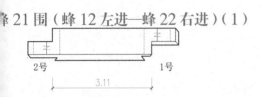　　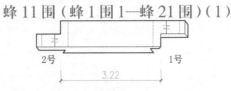

2号　　3.11　　1号　　　　2号　　3.22　　1号

蜂 22 围（蜂 2 围左进—蜂 32 右进）（2）　　蜂 12 围（蜂 2 围 1—蜂 31 围）（2）

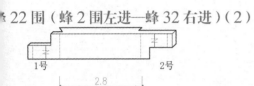　　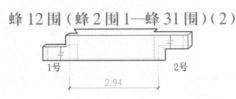

1号　　2.8　　2号　　　　1号　　2.94　　2号

蜂 23 围（蜂 3 围 2—蜂 42 围）（3）　　蜂 13 围（蜂 3 围 1—蜂 41 围）（3）

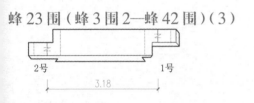　　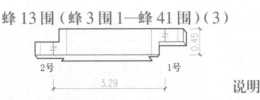　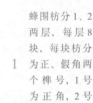

2号　　3.18　　1号　　　　2号　　3.29　　1号　　0.45

蜂 24 围（蜂 4 围 2—蜂 52 围）（4）　　蜂 14 围（蜂 4 围 1—蜂 51 围）（4）

0.10　　　0.10　　　　0.10　　　0.10

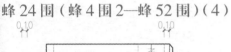　　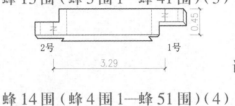

1号　　3.93　　2号　　　　1号　　3.99　　2号

蜂 25 围（蜂 5 围 2—蜂 62 围）（5）　　蜂 15 围（蜂 5 围 1—蜂 61 围）（5）

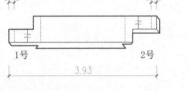　　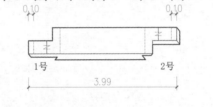　

2号　　1号　　　　2号　　0.18　　1号

蜂 26 围（蜂 6 围 2—蜂 72 围）（6）　　蜂 16 围（蜂 6 围 1—蜂 71 围）（6）

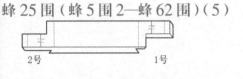　　　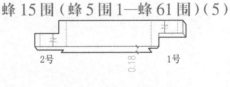

1号　　0.20　　2号　　　　1号　　2号

蜂 27 围（蜂 7 围 2—蜂 82 围）（7）　　蜂 17 围（蜂 7 围 1—蜂 81 围）（7）

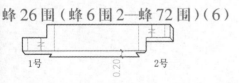　　　

2号　　1号　　　　1号　　2号

蜂 28 围（蜂 8 围 2—蜂 12 围）（8）　　蜂 18 围（蜂 8 围 1—蜂 11 围）（8）

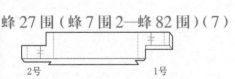　　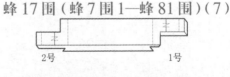

1号　　2号　　　　1号　　2号

说明

蜂围枋分 1、2 两层，每层 8 块，每块枋分为正、假角两个榫号，1 号为正角，2 号为假角。

1　图（1）为半斜榫边正面距离，图（2）为半斜榫边背面距离，图（3）为两心线距离，图（4）为枋全长。

2　枋半斜榫以心线正面缩 0.035 尺，背面缩 0.19 尺，划一条斜线成半斜榫。

3　枋两头斜榫分下、上两类，可以调换运用。

4　安装将第 1 和第 8 块榫穿进一半，其余几块穿进打紧，然后全部打紧。

5

蜂 1 层围枋榫表

单位：尺

柱名	榫号	进			出		
		长	宽	厚	长	宽	厚
蜂	1	0.575	0.45	0.16	0.575	0.22	0.15
蜂	2	0.575	0.45	0.16	0.575	0.22	0.15

蜂 2 层围枋榫表

单位：尺

柱名	榫号	进			出		
		长	宽	厚	长	宽	厚
蜂	1	0.55	0.45	0.16	0.55	0.22	0.15
蜂	2	0.55	0.45	0.16	0.55	0.22	0.15

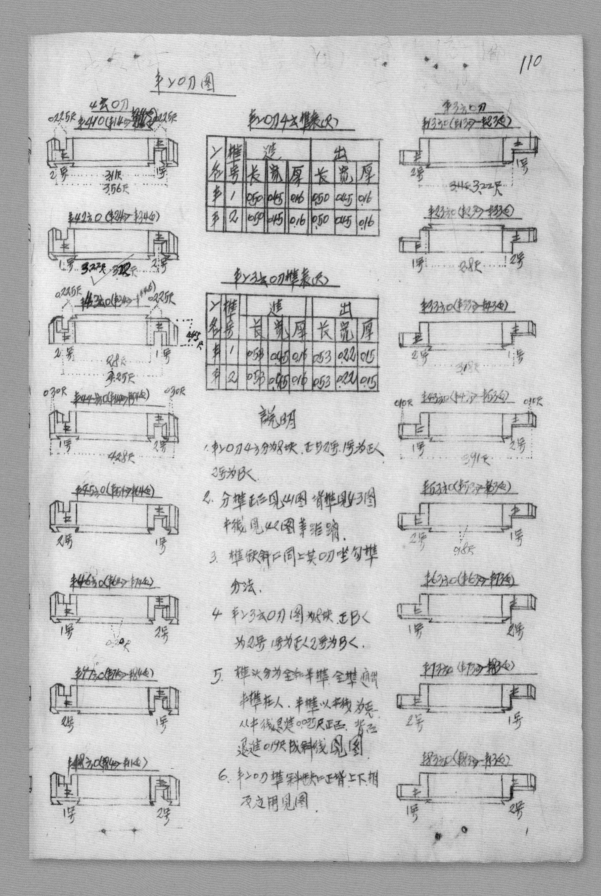

陆文礼　侗族·鼓楼·画样

七·围枋

228

蜂柱围枋图

4 层围枋

41 层围（蜂 14 左进—蜂 24 右进）

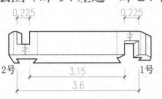

2号　3.15　1号
3.6
0.225　0.225

42 层围（蜂 24 左进—蜂 34 右进）

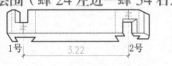

1号　3.22　2号

43 层围（蜂 34 左进—蜂 44 右进）

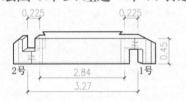

2号　2.84　1号
3.27
0.225　0.225　0.45

44 层围（蜂 44 左进—蜂 54 右进）

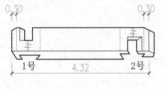

1号　4.32　2号
0.30　0.30

45 层围（蜂 54 左进—蜂 64 右进）

2号　1号

46 层围（蜂 64 左进—蜂 74 右进）

1号　0.20　2号

47 层围（蜂 74 左进—蜂 84 右进）

2号　1号

48 层围（蜂 84 左进—蜂 14 右进）

1号　2号

蜂柱围枋 4 层榫表

单位：尺

柱名	榫号	进			出		
		长	宽	厚	长	宽	厚
蜂	1	0.50	0.45	0.16	0.50	0.45	0.16
蜂	2	0.50	0.45	0.16	0.50	0.45	0.16

蜂柱 3 层围枋榫表

单位：尺

柱名	榫号	进			出		
		长	宽	厚	长	宽	厚
蜂	1	0.53	0.45	0.16	0.53	0.22	0.15
蜂	2	0.53	0.45	0.16	0.53	0.22	0.15

说明

1　第四层蜂柱围枋分为 8 块，分为正、假两个号，1 号为正角，2 号为假角。

2　分榫正面见图 41，背榫见图 43，心线距离见图 42。

3　榫缺斜口同上，其围枋采用坐勾榫的分法。

4　第 3 层蜂柱围枋为 8 块，分为正、假角两个号，1 号为正角，2 号为假角。

5　榫头分为全榫和半榫。全榫通出，半榫在内。半榫以心线为准，正面从心线退进 0.035 尺，背面退进 0.19 尺，成斜线，做法见图。

6　蜂柱围枋榫斜缺口分正、背面，可以上下相反调换运用，见图。

蜂 3 层围枋

蜂 13 层围（蜂 13 左进—蜂 23 右进）

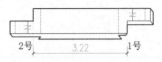

2号　3.22　1号

蜂 23 层围（蜂 23 左进—蜂 33 右进）

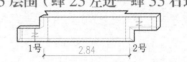

1号　2.84　2号

蜂 33 层围（蜂 33 左进—蜂 43 右进）

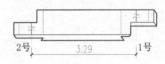

2号　3.29　1号

蜂 43 层围（蜂 43 左进—蜂 53 右进）

1号　4.02　2号
0.10　0.10

蜂 53 层围（蜂 53 左进—蜂 63 右进）

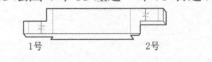

2号　0.18　1号

蜂 63 层围（蜂 63 左进—蜂 73 右进）

1号　2号

蜂 73 层围（蜂 73 左进—蜂 83 右进）

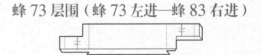

2号　1号

蜂 83 层围（蜂 83 左进—蜂 13 右进）

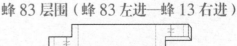
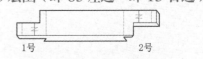

1号　2号

（侧边栏）陆文礼　侗族·鼓楼　画样　七·围枋　229

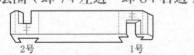
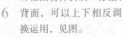

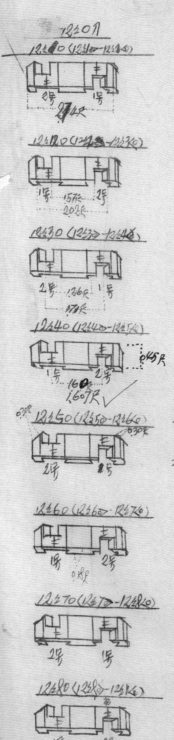

12⿰O刀

12⿰0 (12⿰0—12⿰0)

2号　1号
2.74尺

12120 (12⿰—12⿰30)

1号　15尺　2号
2.03尺

12430 (1243—1244)

2号　1.36尺　1号
1.70尺

12440 (1244—12450)　0.45尺

1号　1.60　2号
1.60尺 ✓

12450 (12450—1246)　0.79尺　0.63尺

2号　1号

1246 (1236—1267)

1号　2号
0.88

12470 (1267—1248)

2号　1号

1248 (1248—125⿰)

1号　2号

12⿰O刀推案 (尺)

差　推案号	长	宽	厚
上 1	0.50	0.45	0.16
下 2	0.50	0.45	0.16

説明

1. 18玄12⿰0刀分为8块，正面人推为2号，1号为正推，2号为B人推。

2. O人刀为140度，两头刀推斜跌口为上下相反尺寸相同。

3. 斜跌口以中线为介正面推从中线缩0.025尺从中线伸供0.1尺，背面从中线缩0.1尺伸出0.035尺斜跌口为0.025×0.025×0.025尺，见图可知12⿰图为正面推，12.31图为背面推，12.4为中线芽距，12.1图刀全长。

梯条图

0.70尺　0.70尺
0.51尺
1.9尺

説明

1. 梯条约19步为19条，每条进跌0.16尺，出眼0.15尺以中线计。

2. 如先将前一步第一条图为例，梯条长1.9尺，径0.6尺以中线分，开上径，上径大当头0.70尺其于18条如此削作，上径大通为0.70尺。

3. 上径1. 0.67尺 2. 0.667尺 3. 0.664尺 4. 0.661尺 5. 0.658 6. 0.655尺 7. 0.652尺 8. 0.649尺 9. 0.646尺 10. 0.643尺 11. 0.64尺 12. 0.637尺 13. 0.634尺 14. 0.631尺 15. 0.628尺 16. 0.625尺 17. 0.622尺 18. 0.61尺 19. 0.616尺 芽19条

12 瓜围枋

12 瓜 1 围（12 瓜 1 左进—12 瓜 2 右进）*

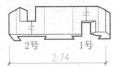

2号　1号
2.74

12 瓜 2 围（12 瓜 2 左进—12 瓜 3 右进）

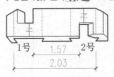

1号　1.57　2号
2.03

12 瓜 3 围（12 瓜 3 左进—12 瓜 4 右进）

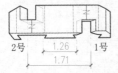

2号　1.26　1号
1.71

12 瓜 4 围（12 瓜 4 左进—12 瓜 5 右进）

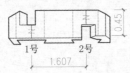

0.45
1号　2号
1.607

12 瓜 5 围（12 瓜 5 左进—12 瓜 6 右进）

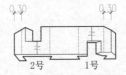

0.30　　0.30
2号　1号

12 瓜 6 围（12 瓜 6 左进—12 瓜 7 右进）

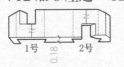

1号　0.18　2号

12 瓜 7 围（12 瓜 7 左进—12 瓜 8 右进）

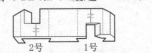

2号　1号

12 瓜 8 围（12 瓜 8 左进—12 瓜 1 右进）

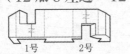

1号　2号

12 瓜围枋榫表

单位：尺

柱名	榫号	长	宽	厚
瓜	1	0.50	0.45	0.16
瓜	2	0.50	0.45	0.16

说明

1　18 层 12 瓜围枋分为 8 块，正、假角榫分为两个号，1 号为正角榫，2 号为假角榫。

2　围角枋为 135°，枋两头榫斜缺口上下相反，尺寸相同。

3　斜缺口以心线为界，榫正面从心线缩 0.035 尺，从心线伸出 0.19 尺，背面从心线缩 0.19 尺，伸出 0.035 尺，斜缺口为 0.225 尺 × 0.225 尺 × 0.225 尺，见图可知。图 122 为榫正面，图 123 为榫背面，图 124 为心线的距离，图 121 为枋全长。

* 构件名称注释：12 瓜 1 角的围枋（121 瓜的 121 左围柱眼——122 瓜的 122 右围柱眼）。

梯条图

0.70　　0.70
0.57
1.97

说明

1　梯条行 19 步为 19 条，每条进眼 0.16 尺，出眼 0.15 尺，以心线为界。

2　现先将第一步第一条图为例，梯条长 1.97 尺柱径 0.67 尺，以心线分开柱径，柱径外留头 0.70 尺，其余 18 条如此制作，柱径外通留 0.70 尺。

柱径	1	0.67 尺	8	0.649 尺	15	0.628 尺
3	2	0.667 尺	9	0.646 尺	16	0.625 尺
	3	0.664 尺	10	0.643 尺	17	0.622 尺
	4	0.661 尺	11	0.64 尺	18	0.619 尺
	5	0.658 尺	12	0.637 尺	19	0.616 尺
	6	0.655 尺	13	0.634 尺		
	7	0.652 尺	14	0.631 尺		

贵州省黔东南苗族侗族自治州黎平县肇兴镇纪堂村上寨鼓楼

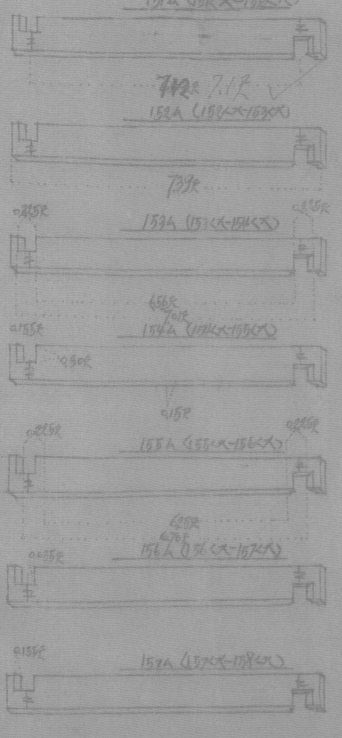

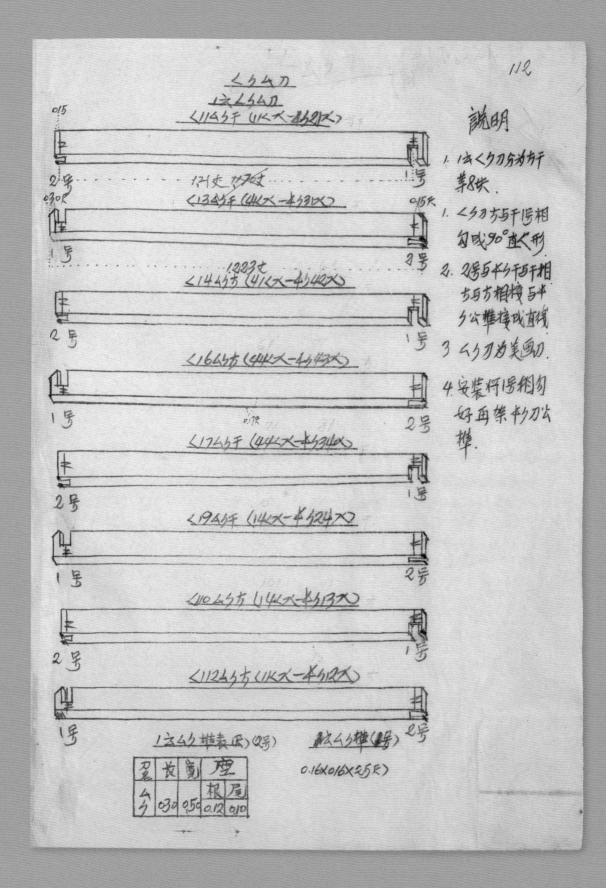

112

角檐风枋

1层角檐风枋

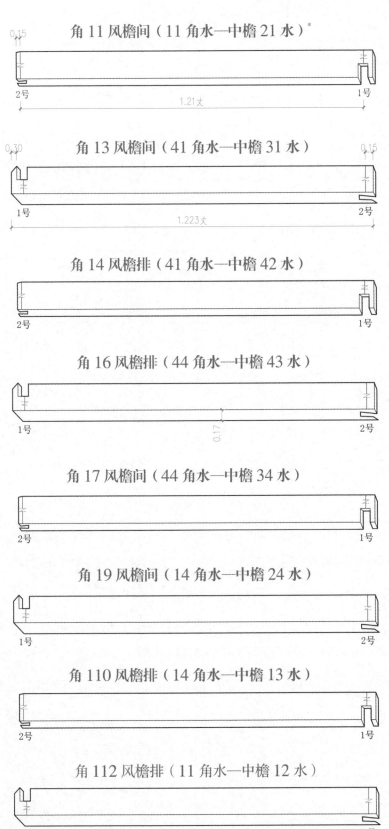

角 11 风檐间（11 角水—中檐 21 水）*

0.15

2号　　　1.21丈　　　1号

角 13 风檐间（41 角水—中檐 31 水）

0.30　　　　　　　　　　　0.15

1号　　　1.223丈　　　2号

角 14 风檐排（41 角水—中檐 42 水）

2号　　　1号

角 16 风檐排（44 角水—中檐 43 水）

1号　　0.17　　2号

角 17 风檐间（44 角水—中檐 34 水）

2号　　　1号

角 19 风檐间（14 角水—中檐 24 水）

1号　　　2号

角 110 风檐排（14 角水—中檐 13 水）

2号　　　1号

角 112 风檐排（11 角水—中檐 12 水）

1号　　　2号

说明

1　1层角檐风枋有排、间方向共 8 块。

2　角檐枋，排与间 1 号相勾成 90° 直角。

3　2 号与中檐间与间相连，排与排相接，与中檐公榫接成直线。

4　风檐枋即风枋，为美画枋。

5　安装将 1 号榫相勾好再架中檐枋公榫。

* 构件名称注释：11 角风间枋（放置在 11 角檐柱的水枋和 21 中檐柱的水枋之上），下同。

1层风檐榫表（2 号）
单位：尺

枋名	长	宽	厚	
			根	尾
风檐	0.30	0.50	0.12	0.10

1层风檐榫（1 号）

0.16 尺 ×0.16 尺 ×0.25 尺

陆文礼

侗族·鼓楼

画样

八·风枋

2
3
5

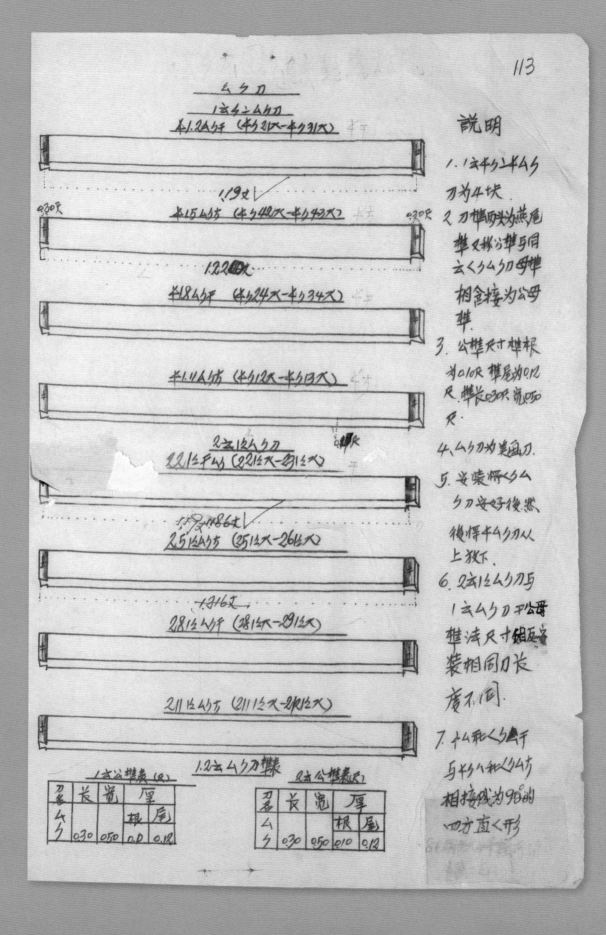

113

风檐枋

1 层檐柱风檐枋

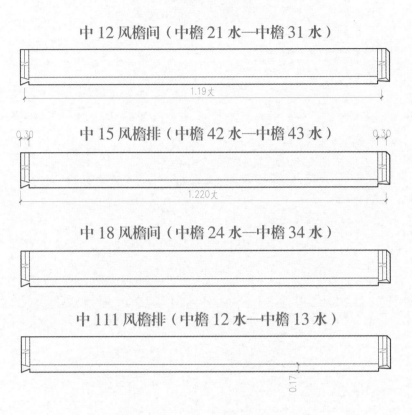

中 12 风檐间（中檐 21 水—中檐 31 水）

1.19丈

中 15 风檐排（中檐 42 水—中檐 43 水）

0.30   1.220丈   0.30

中 18 风檐间（中檐 24 水—中檐 34 水）

中 111 风檐排（中檐 12 水—中檐 13 水）

0.17

2 层 1 瓜风檐枋

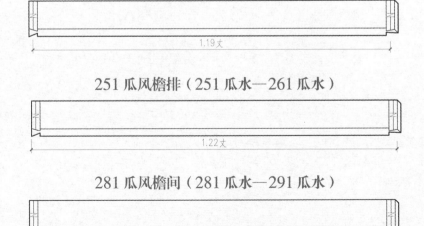

221 瓜间风檐（221 瓜水—231 瓜水）

1.19丈

251 瓜风檐排（251 瓜水—261 瓜水）

1.22丈

281 瓜风檐间（281 瓜水—291 瓜水）

2111 瓜风檐排（2111 瓜水—2121 瓜水）

说明

1　1 层中檐柱中风檐枋为 4 块。

2　枋榫两头为燕尾榫又称公榫，与同层角檐风檐枋母榫相衔接为公母榫。

3　公榫尺寸：榫根为 0.10 尺，榫尾为 0.12 尺，榫长 0.30 尺，宽 0.50 尺。

4　风檐枋为美画枋。

5　安装将角檐风檐枋安好然后将中风檐枋从上放下。

6　2 层 1 瓜风檐枋与 1 层风檐间公母榫做法尺寸相反，安装相同，枋长度不同。

7　中檐风间枋与角檐风间枋相接，中檐风排枋与角檐风排枋相接，排间之间以 90° 相接成正方形。

1、2 层风檐枋榫表

1 层公榫表

单位：尺

枋名	长	宽	厚	
			根	尾
风檐	0.30	0.50	0.10	0.12

2 层公榫表

单位：尺

枋名	长	宽	厚	
			根	尾
风檐	0.30	0.50	0.10	0.12

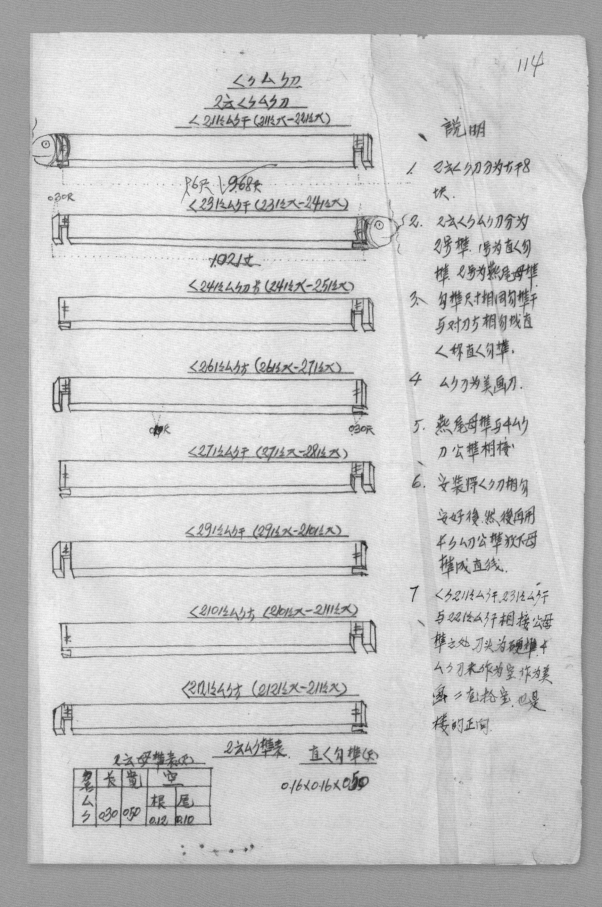

114

说明

角檐风檐枋

2层角檐风檐枋

角211瓜风檐间（211瓜水—221瓜水）

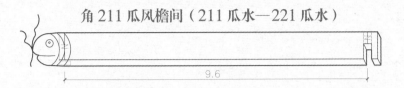

9.6

角231瓜风檐间（231瓜水—241瓜水）

0.30

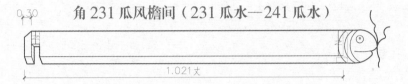

1.021大

角241瓜风檐枋排（241瓜水—251瓜水）

角261瓜风檐排（261瓜水—271瓜水）

0.19

0.30

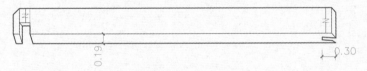

角271瓜风檐间（271瓜水—281瓜水）

角291瓜风檐间（291瓜水—2101瓜水）

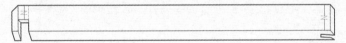

角21围1瓜风檐排（21围1瓜水—2111瓜水）

角2121瓜风檐排（2121瓜水—211瓜水）

说明

1　2层角檐枋分为排枋、间枋，共8块。

2　2层角檐风檐枋分为两个榫号。1号为直角勾榫，2号为燕尾母榫。

3　勾榫尺寸相同，间与排相勾成直角，称为直角勾榫。

4　风檐枋为美画枋。

5　燕尾母榫与中风檐枋公榫相接。

6　安装将角檐枋相勾安好后，然后再用中檐风枋公榫放入角檐风枋母榫成直线。

7　角檐211瓜风檐间，231瓜风檐间，枋头榫之处公母榫为硬榫。不做221瓜风檐枋，做美画二龙抢宝，也是楼的正面。

2层风檐榫表

2层母檐榫表

单位：尺

枋名	长	宽	厚	
			根	尾
风檐	0.30	0.50	0.12	0.10

直角勾榫

0.16尺 ×0.16尺 ×0.50尺

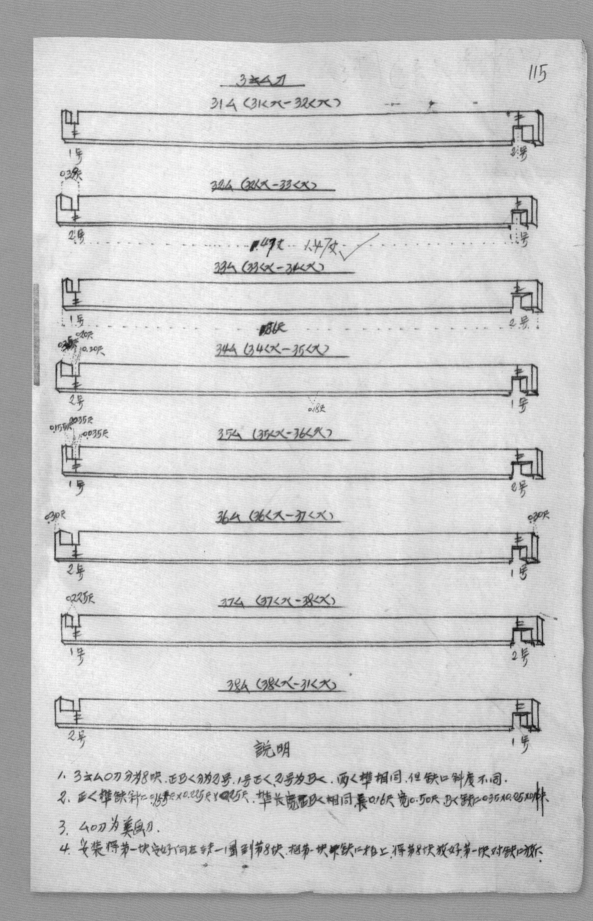

115

説明

1. 3寸厶0刀分为8块，正面凵分2号，1号面凵与2号为正凵，两凵榫相同，但缺口斜度不同。

2. 正凵榫铁钉二0.155尺×0.035尺×0.25尺，榫长宽面凵相同长0.16尺宽0.50尺，正凵脚二0.035×0.025×0.035尺。

3. 厶0刀为美风刀。

4. 安装将第一块安好同左续一图到第8块，抱第一块即缺口插上，将第8块放好第一块对缺口扑。

3 层风枋

31 风（31 角水—32 角水）*

1号　　　　　　　　　　　　　　　　　2号

32 风（32 角水—33 角水）

0.39

2号　　　　　　　　　　　　　　　　　1号

1.47丈

33 风（33 角水—34 角水）

1号　　　　　　　　　　　　　　　　　2号

1.86丈

34 风（34 角水—35 角水）

0.35　0.20 0.20

2号　　　　　　　0.18　　　　　　　1号

35 风（35 角水—36 角水）

0.155　0.035 0.035

1号　　　　　　　　　　　　　　　　　2号

36 风（36 角水—37 角水）

0.30　　　　　　　　　　　　　　　0.30

2号　　　　　　　　　　　　　　　　　1号

37 风（37 角水—38 角水）

0.225

1号　　　　　　　　　　　　　　　　　2号

38 风（38 角水—31 角水）

2号　　　　　　　　　　　　　　　　　1号

说明

1　3 层风围枋即风檐枋，分为 8 块，正、假角有 2 个号，1 号为正角，2 号为假角，两角榫相同，但缺口斜度不同。

2　正角榫缺斜口 0.155 尺 ×0.225 尺 ×0.25 尺。正、假角榫长宽相同，长 0.16 尺，宽 0.50 尺。假角缺口 0.35 尺 ×0.25 尺 ×0.16 尺。

3　风围枋为美画枋。

4　安装将第 1 块安好向右转一圈到第 8 块，把第 1 块下缺口抬上，将第 8 块放好，第 1 块对缺口放下。

*构件名称注释：3 层 1 角的风枋（放置在 3 层 1 角的水枋和 3 层 2 角的水枋之上）下同。

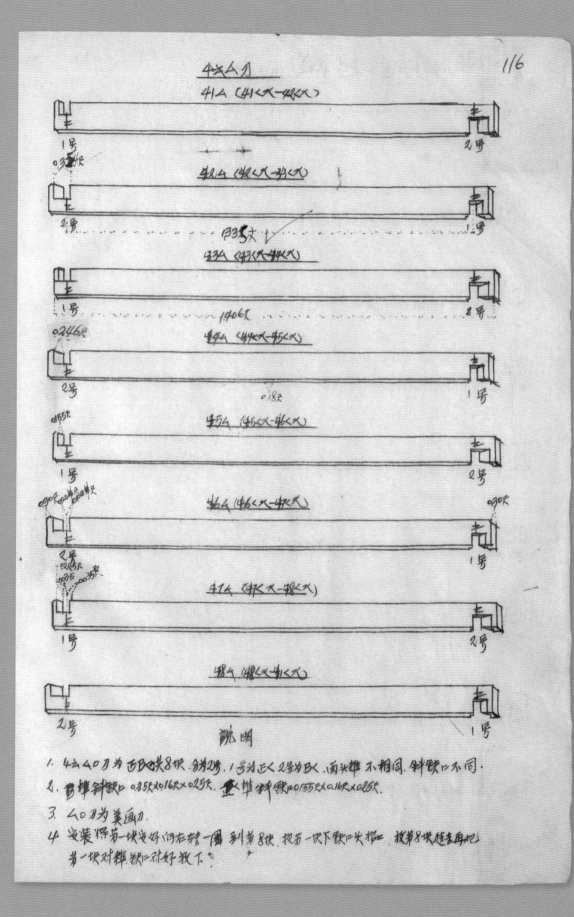

116

4 层风枋

41 风（41 角水—42 角水）

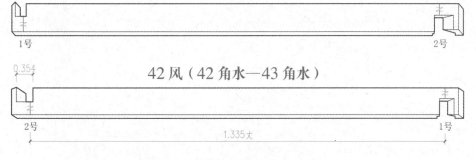

1号   2号

42 风（42 角水—43 角水）

0.354

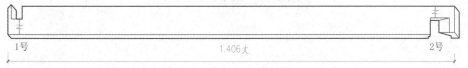

2号   1号

1.335大

43 风（43 角水—44 角水）

1号   2号

1.406大

44 风（44 角水—45 角水）

0.246

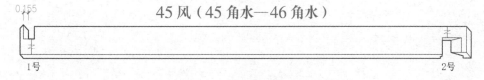

2号   1号

0.18

45 风（45 角水—46 角水）

0.155

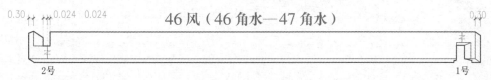

1号   2号

46 风（46 角水—47 角水）

0.30   0.024   0.024   0.30

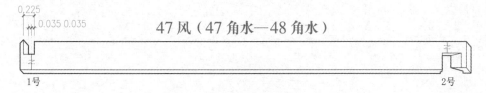

2号   1号

47 风（47 角水—48 角水）

0.225   0.035 0.035

1号   2号

48 风（48 角水—41 角水）

2号   1号

说明

1   4 层风围枋有正假角共 8 块，分为 2 个号，1 号为正角，2 号为假角，两榫头不相同，斜缺口不同。

2   假角榫斜缺口 0.35 尺 ×0.16 尺 ×0.25 尺。正角榫斜缺口 0.155 尺 ×0.16 尺 ×0.25 尺。

3   风围枋为美画枋。

4   安装将第 1 块安好向右转一圈到第 8 块，把第 1 块下缺口头抬上，放第 8 块进去，再把第 1 块对榫缺口，对好放下。

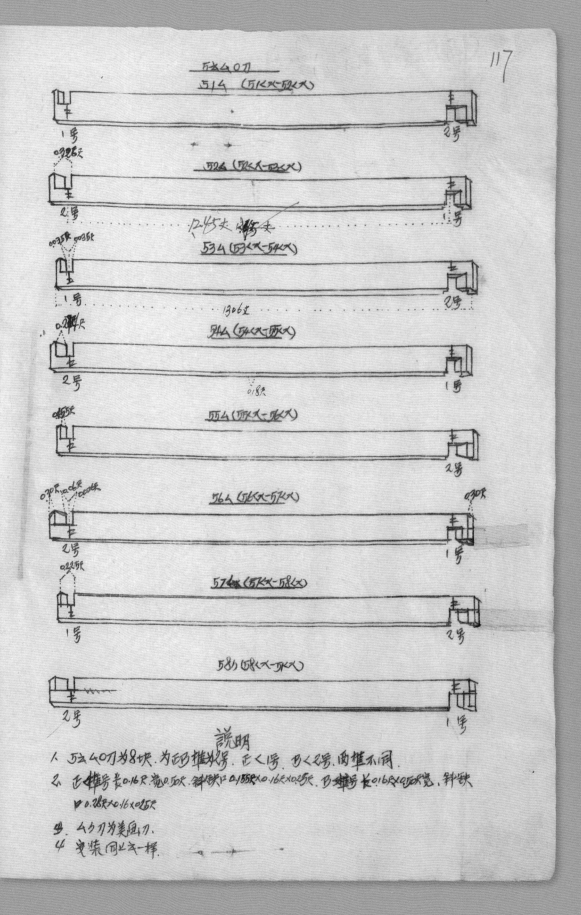

5 层风枋

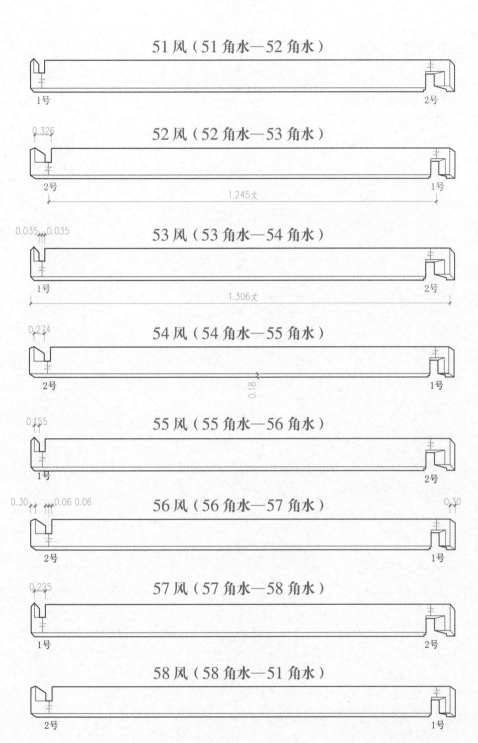

51 风（51 角水—52 角水）
1号　　　　　　　　　　　　　　　　2号

52 风（52 角水—53 角水）
0.326
2号　　　　　　　　　　　　　　　　1号
1.245丈

53 风（53 角水—54 角水）
0.035　0.035
1号　　　　　　　　　　　　　　　　2号
1.306丈

54 风（54 角水—55 角水）
0.274
2号　　　　　　　　　　　　0.18　　1号

55 风（55 角水—56 角水）
0.155
1号　　　　　　　　　　　　　　　　2号

56 风（56 角水—57 角水）
0.30　　0.06 0.06　　　　　　　　　　　　0.30
2号　　　　　　　　　　　　　　　　1号

57 风（57 角水—58 角水）
0.225
1号　　　　　　　　　　　　　　　　2号

58 风（58 角水—51 角水）
2号　　　　　　　　　　　　　　　　1号

说明

1　5 层风围枋为 8 块，分为正、假榫两个号，正角为 1 号，假角为 2 号，两榫不同。

2　正角榫长 0.16 尺，宽 0.50 尺，斜缺口 0.155 尺 ×0.16 尺 ×0.25 尺。假角榫长 0.16 尺 × 宽 0.50 尺，斜缺口 0.28 尺 ×0.16 尺 ×0.25 尺。

3　风檐枋为美画枋。

4　安装同上层。

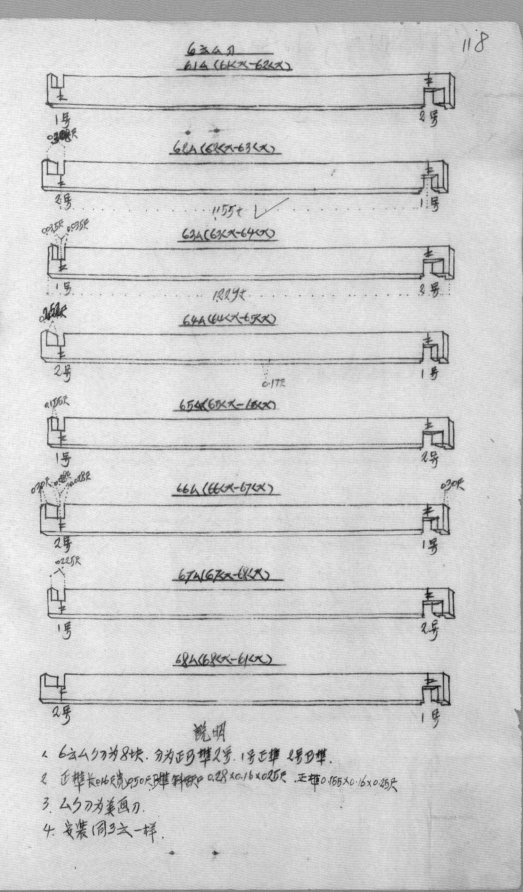

118

6 层风枋

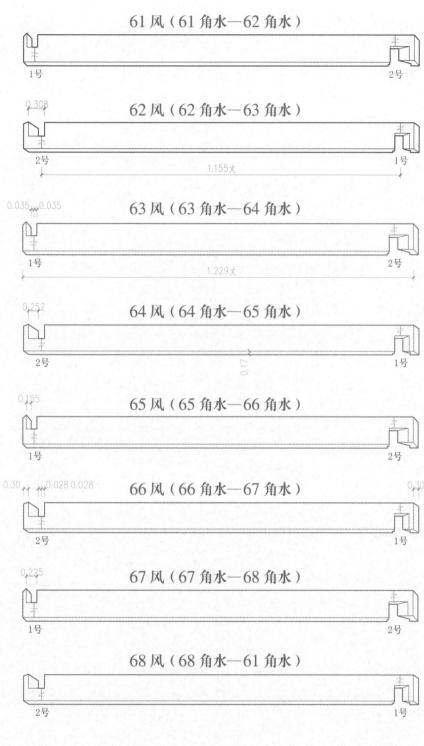

61 风（61 角水—62 角水）
1号　　　　　　　　　　　　　　2号

62 风（62 角水—63 角水）
0.308
2号　　　1.155丈　　　　　　　1号

63 风（63 角水—64 角水）
0.035　0.035
1号　　　1.229丈　　　　　　　2号

64 风（64 角水—65 角水）
0.252
2号　　　　0.17　　　　　　　　1号

65 风（65 角水—66 角水）
0.155
1号　　　　　　　　　　　　　　2号

66 风（66 角水—67 角水）
0.30　　0.028 0.028　　　　　　0.30
2号　　　　　　　　　　　　　　1号

67 风（67 角水—68 角水）
0.225
1号　　　　　　　　　　　　　　2号

68 风（68 角水—61 角水）
2号　　　　　　　　　　　　　　1号

说明

1　6层风檐枋为8块，分为正假榫分为两个号，1号为正榫，2号为假榫。

2　正榫长0.16尺，宽0.50尺。假榫斜缺口0.28尺×0.16尺×0.25尺。
　　正榫0.155尺×0.16尺×0.25尺。

3　风檐枋为美画枋。

4　安装同3层风枋。

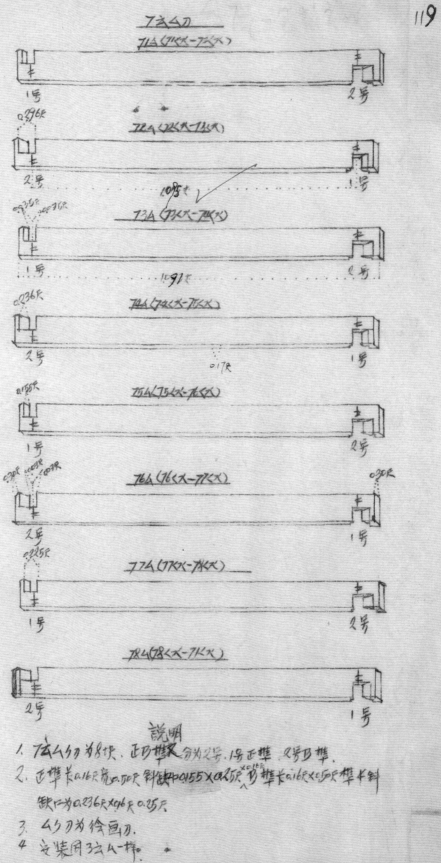

119

7 层风枋

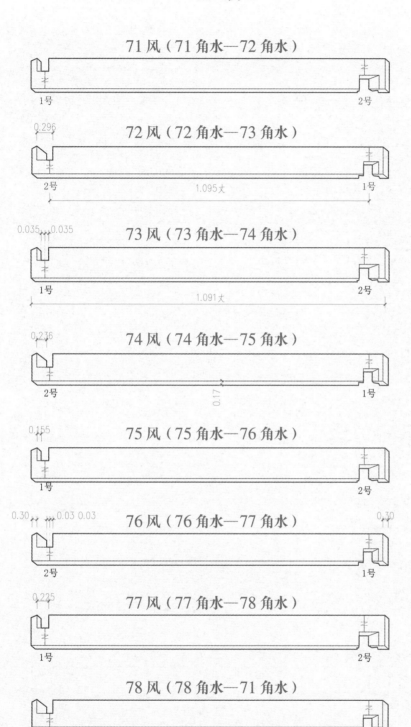

71 风（71 角水—72 角水）

1号　　　　　　　　　　　　　　　　　　2号

72 风（72 角水—73 角水）

0.296

2号　　　　　1.095丈　　　　　　　　1号

73 风（73 角水—74 角水）

0.035　0.035

1号　　　　　1.091丈　　　　　　　　2号

74 风（74 角水—75 角水）

0.236

2号　　　　　0.17　　　　　　　　　1号

75 风（75 角水—76 角水）

0.155

1号　　　　　　　　　　　　　　　　　　2号

76 风（76 角水—77 角水）

0.30　0.03 0.03　　　　　　　　　　0.30

2号　　　　　　　　　　　　　　　　　　1号

77 风（77 角水—78 角水）

0.225

1号　　　　　　　　　　　　　　　　　　2号

78 风（78 角水—71 角水）

2号　　　　　　　　　　　　　　　　　　1号

说明　1　7层风檐枋为8块，正假榫又分为两个号，1号为正榫，2号为假榫。

2　正榫长0.16尺，宽0.50尺。斜缺口0.155尺×0.25尺×0.16尺。假榫长0.16尺×0.50尺×0.25尺。榫中斜缺口为0.236尺×0.16尺×0.25尺。

3　风檐枋为绘画枋。

4　安装同3层风枋。

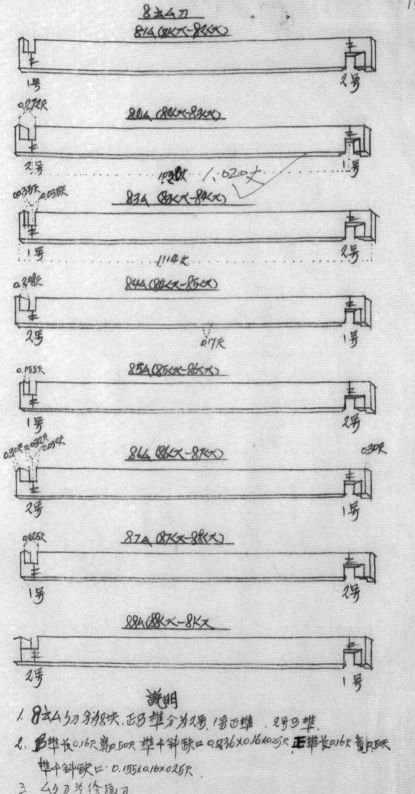

120

8 层风枋

81 风（81 角水—82 角水）

1号　　2号

82 风（82 角水—83 角水）

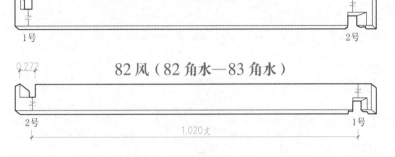

0.272

2号　　1.020丈　　1号

83 风（83 角水—84 角水）

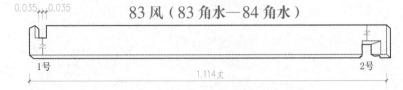

0.035　0.035

1号　　1.114丈　　2号

84 风（84 角水—85 角水）

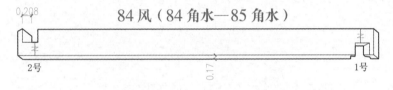

0.208

2号　　0.17　　1号

85 风（85 角水—86 角水）

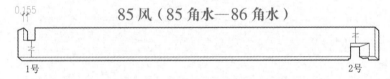

0.155

1号　　2号

86 风（86 角水—87 角水）

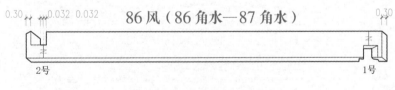

0.30　0.032　0.032　　0.30

2号　　1号

87 风（87 角水—88 角水）

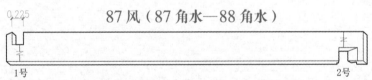

0.225

1号　　2号

88 风（88 角水—81 角水）

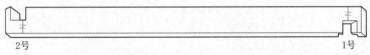

2号　　1号

说明

1　8 层风檐枋分为 8 块，分为正假榫两个号，1 号为正榫，2 号为假榫。

2　假榫长 0.16 尺，宽 0.50 尺。榫中斜缺口 0.236 尺 ×0.16 尺 ×0.25 尺。正榫长 0.16 尺，宽 0.50 尺。榫中斜缺口 0.155 尺 ×0.16 尺 ×0.25 尺。

3　风檐枋为绘画枋。

4　安装同 3 层风枋。

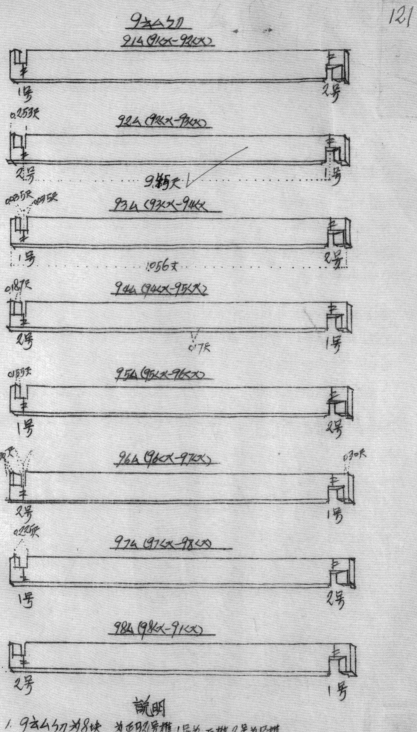

121

說明

1. 9去厶刀为8块，为正反2号排1号为正榫又号为反榫.

2. 正榫反榫长0.16尺宽0.50尺长度相同，正反钟铁尺寸不相同，正榫钟铁口0.135×0.16×0.25尺，反榫钟铁口0.253尺×0.16×0.25尺

3. 厶刀为美画刀 安装同节3去厶刀相同.

9 层风枋

91 风（91 角水—92 角水）

1号　　　　　　　　　　　　　　　　　　　2号

92 风（92 角水—93 角水）

0.253

2号　　　　　　　　　9.45　　　　　　　　1号

93 风（93 角水—94 角水）

0.035　0.035

1号　　　　　　　　1.056丈　　　　　　　2号

94 风（94 角水—95 角水）

0.187

2号　　　　　　　　0.17　　　　　　　　　1号

95 风（95 角水—96 角水）

0.155

1号　　　　　　　　　　　　　　　　　　　2号

96 风（96 角水—97 角水）

0.30　　　　　　　　　　　　　　　　　0.30

2号　　　　　　　　　　　　　　　　　　　1号

97 风（97 角水—98 角水）

0.225

1号　　　　　　　　　　　　　　　　　　　2号

98 风（98 角水—91 角水）

2号　　　　　　　　　　　　　　　　　　　1号

说明

1　9 层风檐枋为 8 块，分为正假榫两个号，1 号为正榫，2 号为假榫。

2　正榫假榫长度相同，长 0.16 尺，宽 0.50 尺。正假斜缺口尺寸不相同，正榫斜缺口 0.155 尺 ×0.16 尺 ×0.25 尺。假榫斜缺口 0.253 尺 ×0.16 尺 ×0.25 尺。

3　风檐枋为美画枋。

4　安装同第 3 层风檐枋。

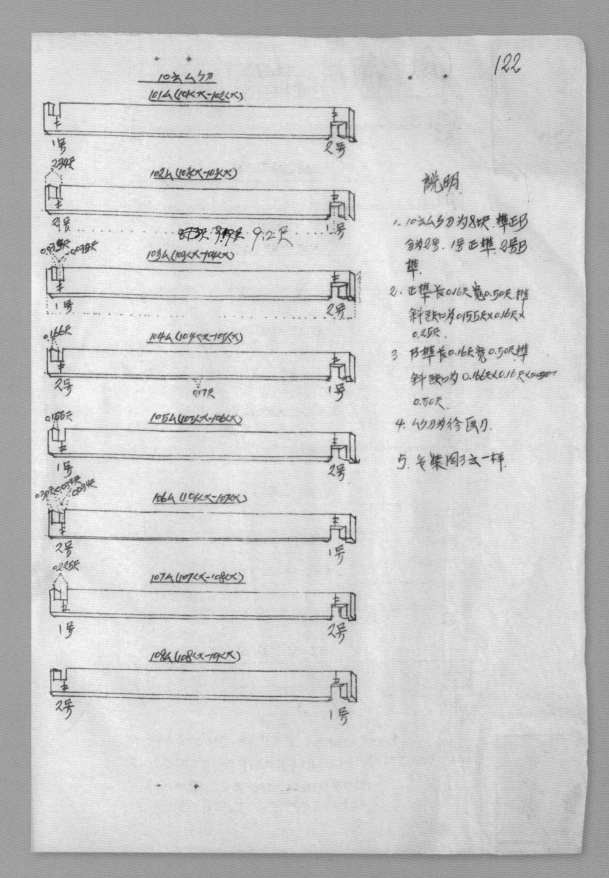

122

10层风枋

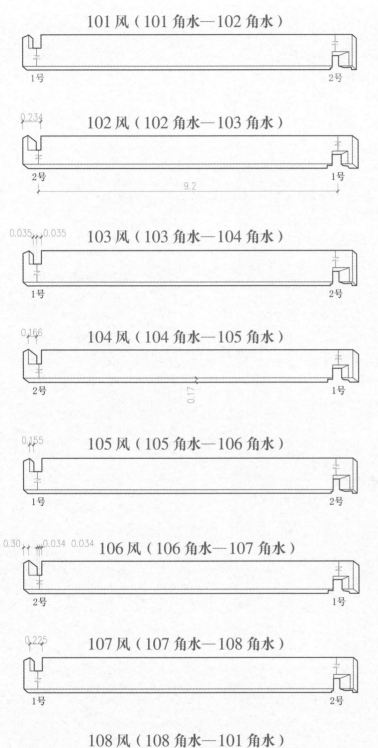

101 风（101 角水—102 角水）

1号　　　　　　　　　　　　　　　2号

0.234
102 风（102 角水—103 角水）

2号　　　　　9.2　　　　　　　　1号

0.035　　0.035
103 风（103 角水—104 角水）

1号　　　　　　　　　　　　　　　2号

0.166
104 风（104 角水—105 角水）

2号　　　　　0.17　　　　　　　　1号

0.155
105 风（105 角水—106 角水）

1号　　　　　　　　　　　　　　　2号

0.30　　0.034　0.034
106 风（106 角水—107 角水）

2号　　　　　　　　　　　　　　　1号

0.225
107 风（107 角水—108 角水）

1号　　　　　　　　　　　　　　　2号

108 风（108 角水—101 角水）

2号　　　　　　　　　　　　　　　1号

说明

1 10层风檐枋为8块，分为正假榫两个号，1号为正榫，2号为假榫。

2 正榫长 0.16 尺，宽 0.50 尺，榫斜缺口为 0.155 尺 ×0.16 尺 ×0.25 尺。

3 假榫长 0.16 尺，宽 0.50 尺，榫斜缺口为 0.166 尺 ×0.16 尺 ×0.50 尺。

4 风檐枋为绘画枋。

5 安装同 3 层。

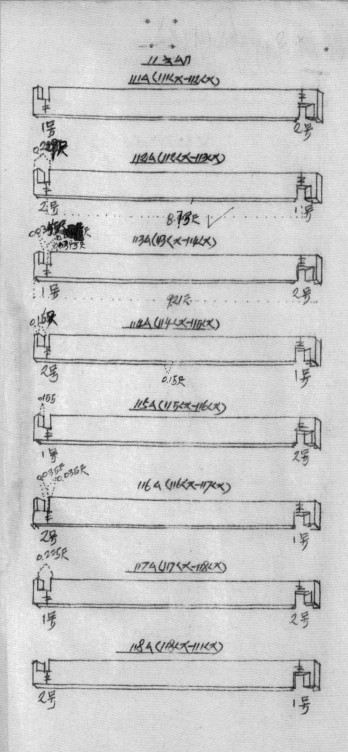

说明

1. 11 之凸凸刀分为 8 块, 为正
  B 2号榫, 1号为正榫, 2号
  为 B 榫.

2. 正榫长 0.16 宽 0.50尺榫
  牛斜跌口 0.155×0.16×
  0.25尺
  B榫长 0.16 宽 0.50尺,
  榫斜跌口 0.229尺×0.16
  ×0.25尺

3. 凸凹刀为美延刀.

4. 安装同3之一样.

5. 刀斜跌口榫仍外斜.

6. 刀的正以中线长为
  正凸刀间.

11 层风枋

111 风（111 角水—112 角水）

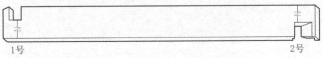

1号　　　　　　　　　　　　　　　　　　　　2号

112 风（112 角水—113 角水）

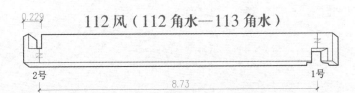

0.229

2号　　　　　8.73　　　　　　　　　　　1号

113 风（113 角水—114 角水）

0.0345　0.0345

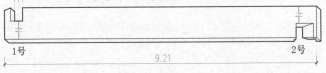

1号　　　　　9.21　　　　　　　　　　　2号

114 风（114 角水—115 角水）

0.16

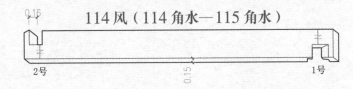

2号　　　　0.15　　　　　　　　　　　　1号

115 风（115 角水—116 角水）

0.155

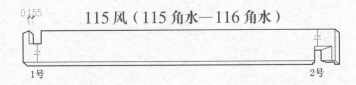

1号　　　　　　　　　　　　　　　　　　　2号

116 风（116 角水—117 角水）

0.035　0.035

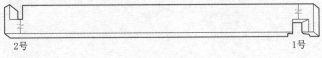

2号　　　　　　　　　　　　　　　　　　　1号

117 风（117 角水—118 角水）

0.225

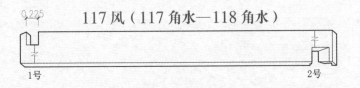

1号　　　　　　　　　　　　　　　　　　　2号

118 风（118 角水—111 角水）

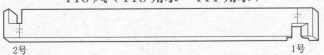

2号　　　　　　　　　　　　　　　　　　　1号

说明

1　11层风檐枋分为8块，为正假两个榫号，1号为正榫，2号为假榫。

2　正榫长0.16尺，宽0.50尺，榫中斜缺口0.155尺×0.16尺×0.25尺。
假榫长0.16尺，宽0.50尺，榫斜缺口0.229尺×0.16尺×0.25尺。

3　风檐枋为美画枋。

4　安装同3层。

5　榫枋斜缺口向外斜。

6　有心线号的面为枋的正面。

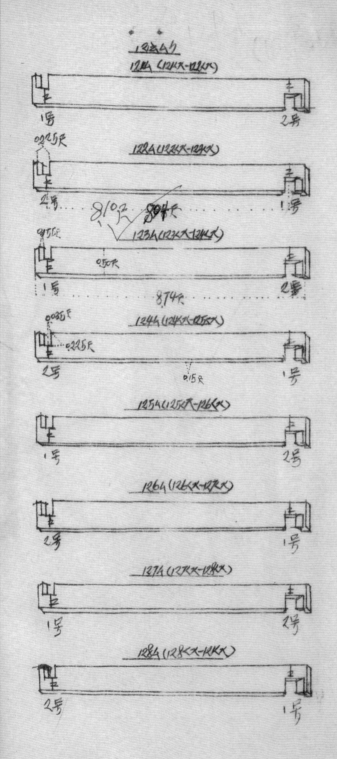

124

说明

1. 12尺6刀分为8咬才榫为2号、正反榫，1号正榫，2号反榫。

2. 阳榫长0.16尺，宽0.50尺，厚0.16尺，正榫下斜进尺口榫0.225尺×0.065尺大0.225尺，阳榫俏正榫。

3. 榫下斜进口往刀背斜，左向左，左向右半斜俏。

4. 安装同3文一样。

12 层风檐枋

121 风（121 角水—122 角水）

1号　2号

122 风（122 角水—123 角水）

0.225

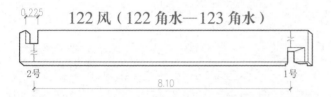

2号　8.10　1号

123 风（123 角水—124 角水）

0.155　0.50

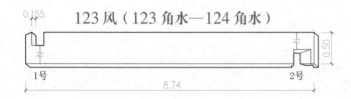

1号　8.74　2号

124 风（124 角水—125 角水）

0.035　0.225

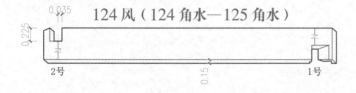

2号　0.15　1号

125 风（125 角水—126 角水）

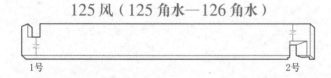

1号　2号

126 风（126 角水—127 角水）

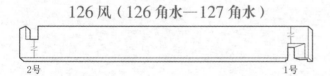

2号　1号

127 风（127 角水—128 角水）

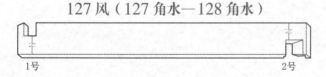

1号　2号

128 风（128 角水—121 角水）

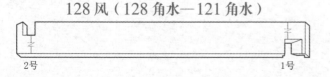

2号　1号

说明

1　12层风檐枋分为8块枋榫，有正假榫两个号，1号为正榫，2号为假榫。

2　正假榫长0.16尺，宽0.50尺，厚0.16尺，正榫中的榫斜缺口为0.225尺×0.155尺×0.225尺。假榫同正榫。

3　榫的斜缺口往枋背斜，有从右向左、从左向右两个斜向。

4　安装同3层。

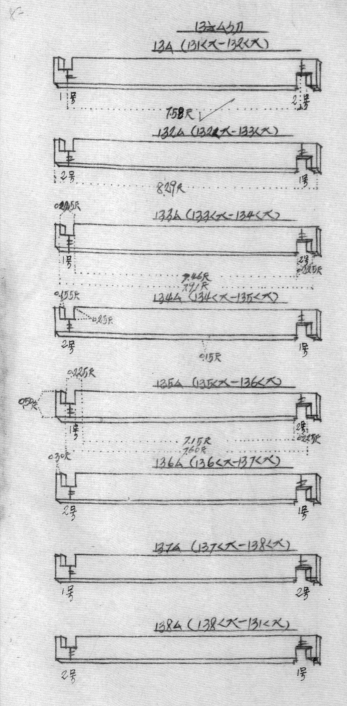

125

说明

1. 马去么勺刀为8块，刀两头为正B榫，榫为2号，1号正榫2号B榫。

2. 正B榫长0.16尺，宽0.50尺，厚0.16尺。

3. B榫长斜铁口为0.225×0.2寬×0.155尺。

4. 榫斜铁口以半线为个，刀斜口正面从本线退缩0.035尺从半线伸出0.19尺，刀宽0.5尺去吊2分之一，得2分之一为0.25尺。刀斜口背面从本线退缩0.19尺伸出0.035尺去刀宽的2分之一得0.25尺，刀正背斜口尺寸相同，相反应用。

5. 刀厚为0.15尺。

6. 安装榫节一块安好向右转一圈即第8块，把节一块下斜铁口榫头相比先放第8块上斜铁口放进，然后把节一块对口放进。

7. 么勺安装于各大刀上，一块两头坐，所以写两块大刀的样号。

8. 刀偁以画有半线刀口为正面。

9. 刀的正面长背面短因斜铁口左右从正面斜向走，左斜伊本。正面见图133A背口见135图。

13 层风檐枋

13 风（131 角水—132 角水）

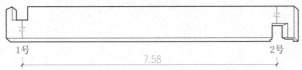

1号　　7.58　　2号

132 风（132 角水—133 角水）

2号　　8.29　　1号

133 风（133 角水—134 角水）

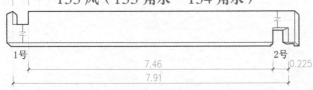

0.225
1号　　7.46　　2号
7.91　　0.225

134 风（134 角水—135 角水）

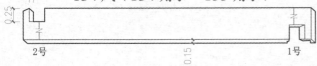

0.155
0.25
2号　　0.15　　1号

135 风（135 角水—136 角水）

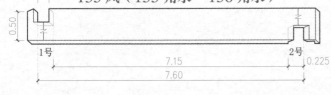

0.225
0.50
1号　　7.15　　2号　　0.225
7.60

136 风（136 角水—137 角水）

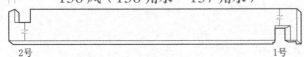

0.30
2号　　1号

137 风（137 角水—138 角水）

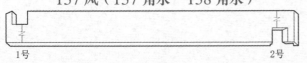

1号　　2号

138 风（138 角水—131 角水）

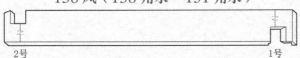

2号　　1号

说明

1　13 层风檐枋为 8 块，枋两端为正、假榫两个号，1 号为正榫，2 号为假榫。

2　正、假榫长 0.16 尺，宽 0.50 尺，厚 0.16 尺。

3　正假榫的斜缺口为 0.225 尺 × 0.25 尺 × 0.155 尺。

4　榫斜缺口以心线为界，枋斜口正面从心线退缩 0.035 尺，又从心线伸出 0.19 尺。枋宽 0.50 尺，去掉二分之一，留二分之一，为 0.25 尺。枋斜口背面从心线退缩 0.19 尺，伸出 0.035 尺，去掉枋宽的二分之一 0.25 尺。枋正背斜缺口尺寸相同，相反运用。

5　枋厚为 0.15 尺。

6　安装将第 1 块安好向右转一圈到第 8 块。把第 1 块下斜缺口榫头抬上，先放第 8 块上斜缺口，然后把第 1 块对缺口放进。

7　风檐枋安装于各层水枋上，一块两头坐，所以写两块水枋的称号。

8　枋的方向以画有心线的枋面为正面。

9　枋的正面长背面短。正面右边斜缺口斜向左，左边斜向右。正面见图 133 风，背面见图 135 风。

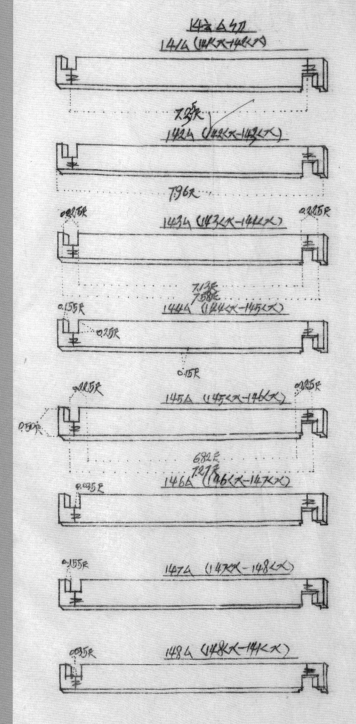

126

説明

1. 14去厶勾刀为8块,刀两头为正B榫,榫为名号.1号正榫,2号B榫.

2. 正B榫长016尺,阔0.50尺,厚016尺.

3. 正B榫半斜跌口为0.2尺×0.25×0.155尺.

4. 榫斜跌口以半线为介,刀斜口正面从半线退缩0.035尺又从半线伸出019尺,刀阔0.50按阔分之一,当2分之一为0.2尺.
刀斜口背面从半线退缩019尺,伸出0.035尺去刀阔的2分之一025尺刀正背斜口尺寸相同,相反适用.

5. 刀厚为0.15尺.

6. 安装同节13去相同.

7. 厶勾刀安装于各去大刀上,二刀两头榫,所以写两块大刀榫号.

8. 刀上以瓦有半线侧为正面项目.

9. 刀的正背口长短不同,因斜跌口平行刀背本.正面见143图.背面见145图.

10. 两头榫尺寸相同.斜跌口尺寸相同.但上下正及适用.

14 层风檐枋

141 风（141 角水—142 角水）

7.35

142 风（142 角水—143 角水）

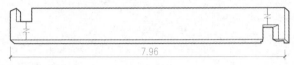

7.96

143 风（143 角水—144 角水）

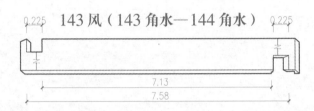

0.225 0.225

7.13
7.58

144 风（144 角水—145 角水）

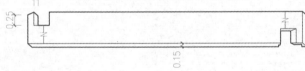

0.155
0.25
0.15

145 风（145 角水—146 角水）

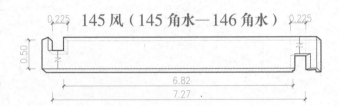

0.225 0.225
0.50

6.82
7.27

146 风（146 角水—147 角水）

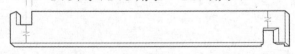

0.035

147 风（147 角水—148 角水）

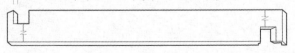

0.155

148 风（148 角水—141 角水）

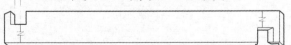

0.035

说明

1　14 层风檐枋为 8 块，枋两头为正假榫，榫分为两个号，1 号为正榫，2 号为假榫。

2　正假榫长 0.16 尺，宽 0.50 尺，厚 0.16 尺。

3　正假榫中斜缺口为 0.225 尺 ×0.25 尺 ×0.155 尺。

4　榫斜缺口以心线为界，枋斜口正面从心线退缩 0.035 尺，又从心线伸出 0.19 尺。枋宽 0.50 尺去掉二分之一，留二分之一为 0.25 尺。枋斜口背面从心线退缩 0.19 尺，伸出 0.035 尺去枋宽的二分之一 0.25 尺。枋正背斜缺口尺寸相同，相反运用。

5　枋厚为 0.15 尺。

6　安装与第 13 层相同。

7　风檐枋安装于各层水枋上，一枋两头坐，所以写两块角水枋称号。

8　枋上以画有心线的为正面方向。

9　枋的正背面长短不同，因斜缺口向枋背倾斜。正面见图 143 图，背面见 145 图。

10　榫的两头尺寸相同，斜缺口尺寸相同，但上下正反运用。

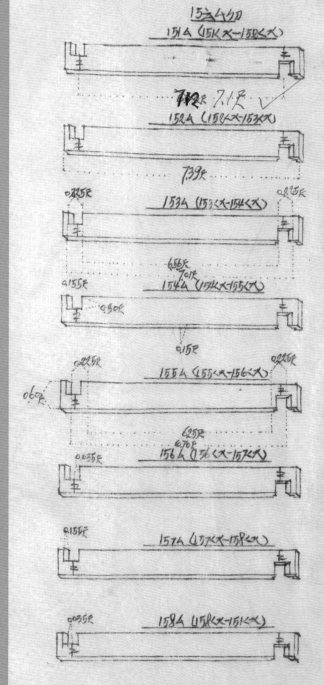

15立厶刀
151A（151尺大—158尺大）

712尺　7.1尺 ✓
152A（152尺大—153尺大）

7.39尺
0.225尺　153A（153尺大—154尺大）　0.225尺

0.155尺　154A（154尺大—155尺大）
6.56尺　7.01尺

0.30尺

0.15尺
0.225尺　155A（155尺大—156尺大）　0.225尺
0.60尺

6.25尺　6.70尺
0.035尺　156A（156尺大—157尺大）

0.15尺　157A（157尺大—158尺大）

0.035尺　158A（158尺大—151尺大）

説明

1. 15立厶刀刀为8块，刀榫米为正B2号榫，1号B榫，2号B榫。

2. 正B榫长0.16尺，宽0.60尺厚0.16尺。

3. 正B榫斜缺口为0.225×0.225×0.155尺。

4. 榫斜缺口以半线为介，刀料上正面从半线退缩0.035尺从半线伸出0.19尺，刀宽向为半—0.30尺。
   刀背榫斜缺口从半线退缩0.19尺又从半线伸出0.035尺刀宽半0.30尺，榫料缺口相反适用，两头料缺为上下相反。

5. 刀厚为0.15尺。

6. 安装同13立相同。

7. 厶刀刀处于面大又刀上。

8. 刀画顶半影刷为刀湘白。

9. 刀的正背斜缺口长短不同，正面见153图，背面见155图。

15 层风檐枋

151 风（151 角水—152 角水）

7.1

152 风（152 角水—153 角水）

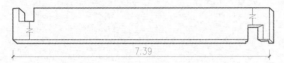

7.39

153 风（153 角水—154 角水）

0.225   0.225

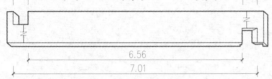

6.56

7.01

154 风（154 角水—155 角水）

0.155

0.30

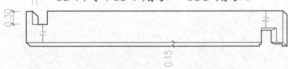

0.15

155 风（155 角水—156 角水）

0.225   0.225

0.60

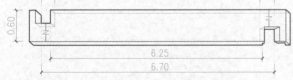

6.25

6.70

156 风（156 角水—157 角水）

0.035

157 风（157 角水—158 角水）

0.155

158 风（158 角水—151 角水）

0.035

说明

1　15 层风檐枋为 8 块，枋榫头为正假 2 号榫，1 号正榫，2 号假榫。

2　正假榫长 0.16 尺，宽 0.60 尺，厚 0.16 尺。

3　正假榫斜缺口为 0.225 尺 × 0.225 尺 × 0.155 尺。

4　榫斜缺口以心线为介，枋斜口正面从心线退缩 0.035 尺，从心线伸出 0.19 尺。枋宽的二分之一 0.30 尺。枋背榫斜缺口从心线退缩 0.19 尺，又从心线伸出 0.035 尺，枋宽一半 0.30 尺。榫斜缺口相反运用，两头斜缺口上下相反。

5　枋厚为 0.15 尺。

6　安装与 13 层相同。

7　风檐枋处于两角水枋上。

8　枋画有 "扌" 号的为枋的正面。

9　枋的正背斜缺口长短不同，正面见图 153，背面见图 155。

贵州省黔东南苗族侗族自治州黎平县肇兴镇纪堂村上寨鼓楼屋角

6、〈椽皮各支长短不一，一支6.6尺，二支6.3尺，三支6.0尺……

（三）椽皮。

1、椽皮……

2、安装椽皮……上下为0.30尺。

3、……

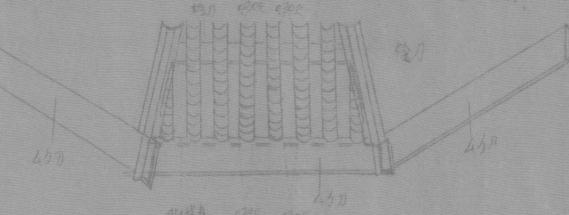

椽皮安装例图

梯条例图

楼梯步条

扫步桶步条

说明

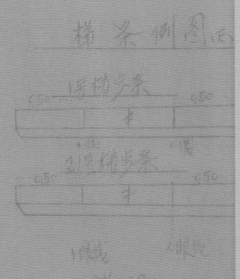

杯脚 (未半) (大)

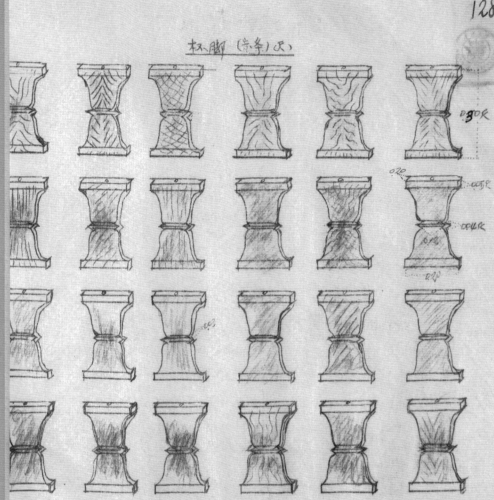

说明

1. 8人楼8刀杯平未每刀5个 共为40个 孔绘24个为例样.

2. 杯托床长0.5尺 宽0.2尺 (0.5×0.2×0.2) 个个一致.

3. 杯子束衔 杯上下侧半小眼为杯衔眼.

4. 安装于又刀上匠麻版衔.

5. 杯子刀衔与又子上式刀衔相横.

杯脚（定条）（尺）

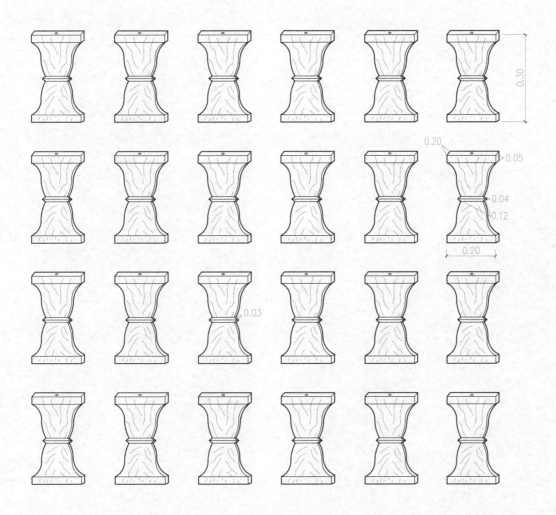

说明

1　8角楼8枋杯子木每枋5个，共为40个，现绘24个为例样。

2　杯托木长0.3尺，宽0.2尺（0.5尺×0.2尺×0.2尺），个个一致。

3　杯子木中间钉木钉，杯上下的四方块中间小眼为杯钉眼。

4　安装于格子枋上面，底板下面。

5　杯子方向与上层格子枋成45°。

贵州省黔东南苗族侗族自治州黎平县肇兴镇纪堂村上寨鼓楼内景

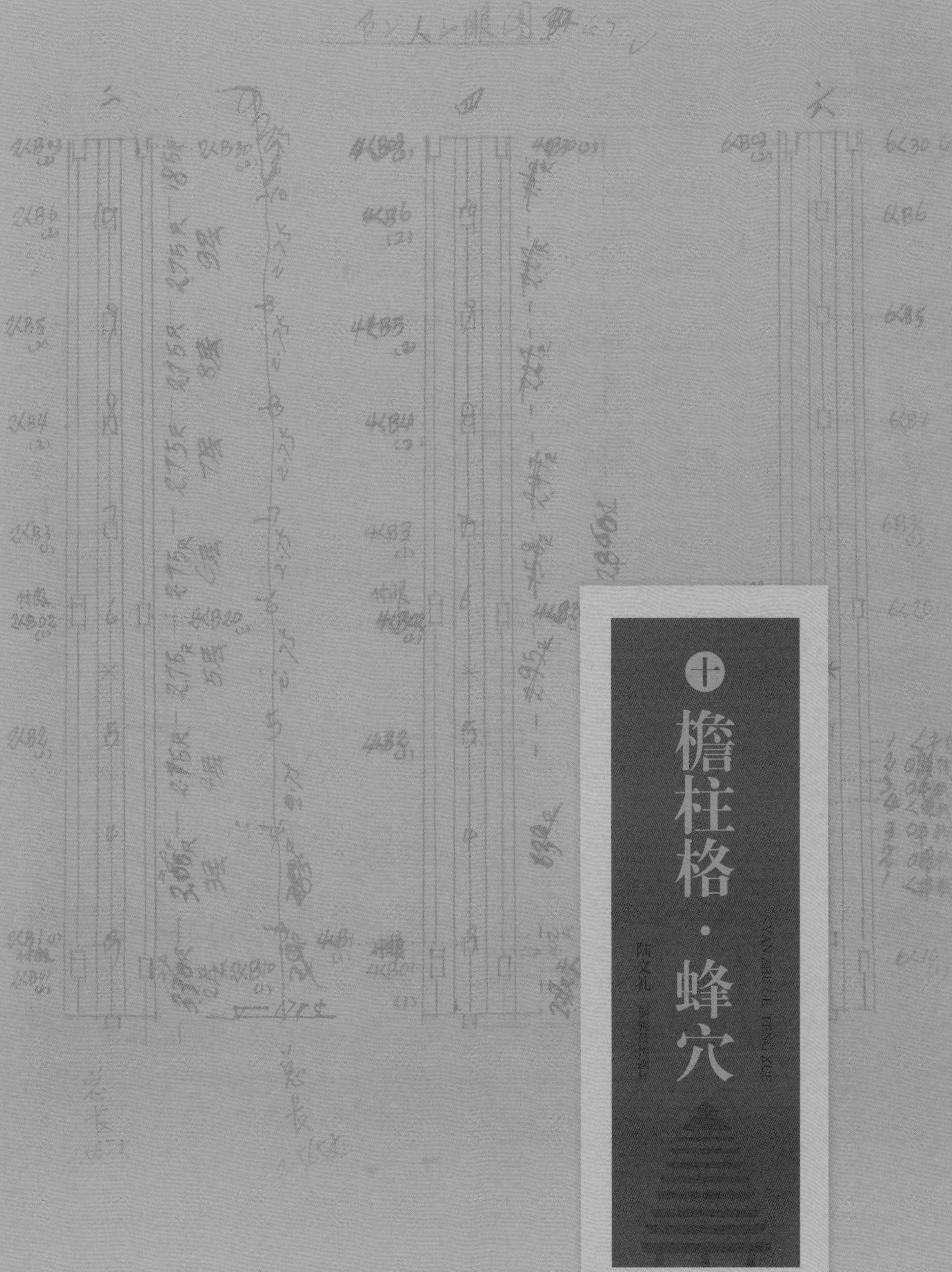

十

檐柱格·蜂穴

YAN ZHU GE FENG XUE

陆文礼

129

中檐柱格

1层2间格（21柱间—31柱间）

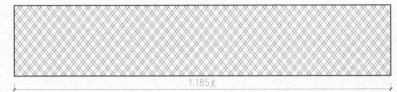

1.185丈

1层5排格（42柱排—43柱排）

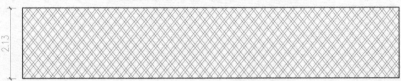

2.13

1层8间格（24柱间—34柱间）

1层11排格（12柱排—13柱排）

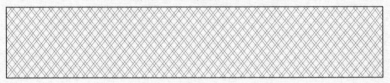

角檐柱格

1层1间格（11柱间—21柱间）

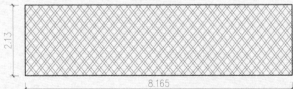

2.13

8.165

1层3间格（31柱间—41柱间）

说明

1 中檐格子和角檐格子共为12块，中檐格子4块，角檐格8块，位于檐柱上。

2 格子尺寸：格条2.99尺长，宽0.07尺，厚0.07尺，为2.99尺×0.07尺×0.07尺。

3 格条缺口：0.07尺×0.07尺×0.035尺。

4 格子：0.185尺×0.185尺。

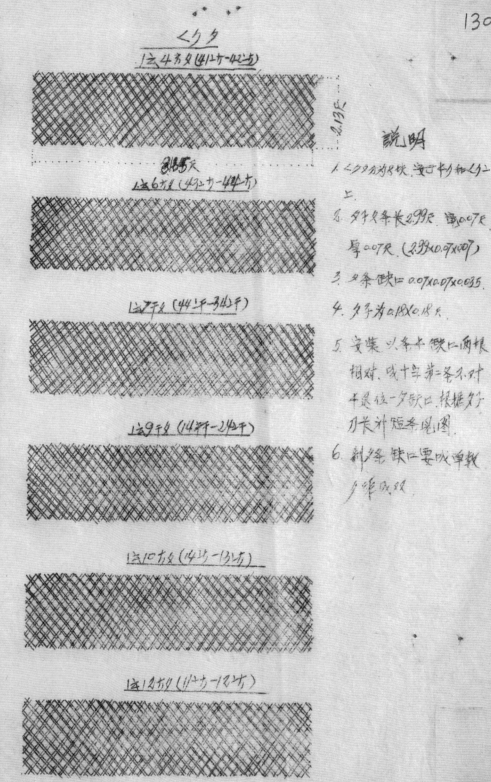

130

角檐格

1 层 4 排格（41 柱排—42 柱排）

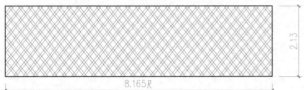

2.13

8.165尺

1 层 6 排格（43 柱排—44 柱排）

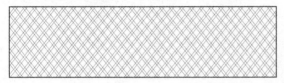

1 层 7 间格（44 柱间—34 柱间）

1 层 9 间格（14 柱间—24 柱间）

1 层 10 排格（14 柱排—13 柱排）

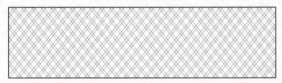

1 层 12 排格（11 柱排—12 柱排）

说明

1 角檐格分为 8 块，安于中檐和角檐柱上。

2 格子格条长 2.99 尺，宽 0.07 尺，厚 0.07 尺（2.99 尺 ×0.07 尺 ×0.07 尺）。

3 格条缺口 0.07 尺 ×0.07 尺 ×0.035 尺。

4 格子为 0.18 尺 ×0.18 尺。

5 安装：以条中缺口两根相对，成十字，第二条不对中；退位一格缺口，根据长格子枋补短条，见图。

6 制作格条：缺口要成单数，格距是双数。

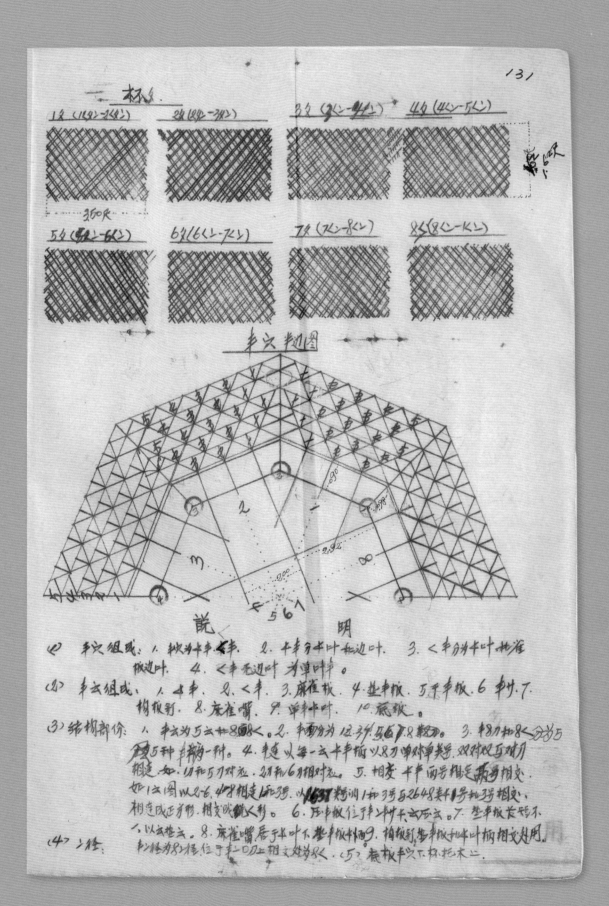

131

杯格

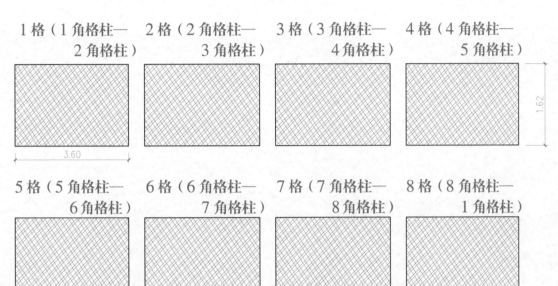

1格（1角格柱—2角格柱）　2格（2角格柱—3角格柱）　3格（3角格柱—4角格柱）　4格（4角格柱—5角格柱）

5格（5角格柱—6角格柱）　6格（6角格柱—7角格柱）　7格（7角格柱—8角格柱）　8格（8角格柱—1角格柱）

蜂穴半边图

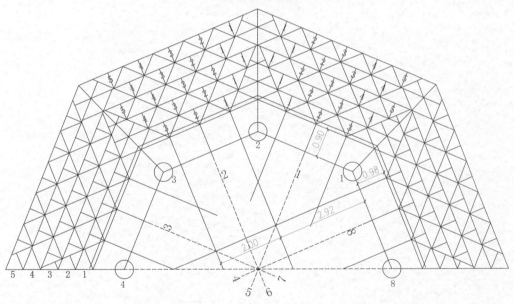

说明

1　蜂穴组成：1.蜂穴为中蜂、角蜂。2.中蜂分中叶和边叶。3.角蜂分为中叶、麻雀板边叶。4.角蜂无边叶，为单叶蜂。

2　蜂层组成：1.中蜂。2.角蜂。3.麻雀板。4.垫蜂板。5.压蜂板。6.蜂槽。7.构板钉。8.麻雀嘴。9.单蜂中叶。10.底板。

3　结构部分：1.蜂层为5层，8面8角。2.蜂面分为1、2、3、4、5、6、7、8。3.蜂8个方向和8角分为5层5种，每层为一种。4.蜂连以每一层中蜂柄与对面方向相连。如：方向1和方向5对应，方向2和方向6对应。5.相交：中蜂中叶两号相连，两号相交。如1层图以2—6方向的1号中叶、3号中叶与4—8方向的1号中叶、3号中叶两两相交成正方形。蜂柱相邻侧的中蜂柄的夹角呈锐角。6.压蜂板位于蜂柱间，一层压一层。7.垫蜂板长短不一，一层垫蜂板垫一层斗栱。8.麻雀嘴居于中叶下方，垫蜂板中间的外侧。9.构板钉：垫蜂板和中叶柄相交处用构板。

4　蜂柱：钉。

5　底板：蜂柱为8根，蜂柱围枋相交为八边形。在蜂穴下方杯托（子）木上方。

丰次表(上)

丰号\叶名\叶序\数量\丈次	边叶		中叶								
	叶	柄	叶	柄 1		2		3		4	5
	/	/	/	/	2	1	2	1	2	1	2
1	0.070	0.060	0.042	0.23	1.064	0.23	/	0.23	1.064	/	/
2	0.070	0.060	0.042	0.124	/	0.21	/	0.21	/	0.124	/
3	0.070	0.060	0.042	0.10	/	0.26	1.164	0.26	/	0.26	1.164	0.10
4	0.070	0.060	0.042	0.224	/	0.31	/	0.31	/	0.224	/
5	0.070	0.060	0.042	0.17	/	0.36	1.364	0.36	/	0.36	1.364	0.17

丰次表(中)

叶名\数量\丈次	<丰			
	边叶		<中叶	
	叶	柄	叶	柄
1	0.070	0.40	0.055	0.082
2	0.05	0.44	0.055	0.137
3	0.03	0.48	0.055	0.192
4	0.07	0.52	0.055	0.247
5	0.06	0.564	0.055	0.302

说明

(一) 中丰斗拱

1. 中丰次以·双义成45°的锐义肚净义90°而组成.

2. 中叶板宽0.7尺·中丰的义叶柄叶柄各相同

3. 中丰中叶柄·中叶长爱相同 柄长短不一.

4. 中丰分为5支·其义分为1.2.3.45号义上分为2号.1号是整柄·2号是与对刀连刀柄·连柄处于1.3.5支丰次柄中

5. 中叶单柄板厚0.07尺·连柄板厚0.10尺

(二) <丰次

1. <丰以2义135°纯义加工 <中叶成为67.5°的锐义.

2. <丰次·<中叶和柄长短不一·见图和表.

(六) 丰次·以侗样丰次型样结构建成.

蜂穴表

单位：丈

蜂名	蜂 叶										
叶名	边 叶		中 叶								
叶层	叶	柄	叶	柄							
蜂号	—	—	—	1		2		3		4	5
数量 层次	—	—	—	1	2	1	2	1	2	1	2	
1	0.070	0.060	0.050	—	0.964	0.16	—	—	0.964	—	—	—
2	0.070	0.060	0.050	0.181	—	0.181	—	0.181	—	0.181	—	—
3	0.070	0.060	0.050	0.10	—	—	1.164	0.25	—	—	1.164	0.10
4	0.070	0.060	0.050	0.31	—	0.31	—	0.31	—	0.31	—	—
5	0.070	0.060	0.050	0.17	—	—	1.364	0.36	—	—	1.364	0.17

注：此处经建模后校正原数据有误的部分。

蜂穴表

单位：丈

蜂名	角 蜂			
叶名	边叶		角中叶	
叶层 数量 层次	叶	柄	叶	柄
1	0.070	—	0.055	0.082
2	0.05	—	0.055	0.117
3	0.03	—	0.055	0.192
4	0.07	—	0.055	0.247
5	0.06	—	0.055	0.302

注：边叶无叶柄（原作有误）。

说明

（一）中蜂穴斗拱

1 中蜂穴以双十字成 45° 的锐角和单十字 90° 的直角组成。

2 蜂叶板宽 0.5 尺，中蜂边叶和叶柄相同。

3 中蜂中叶的叶长相同，柄长短不一。

4 中蜂有 5 层，层上最多可分为 1、2、3、4、5 个号；号上分为两种柄；一种是单柄，一种是与对面方向通长的连方柄。连方柄处于 1、3、5 层。

5 蜂叶单柄板厚 0.07 尺，连方柄板厚 0.10 尺。

（二）角蜂穴

1 角蜂以 8 角 135° 钝角加工，角中叶为 67.5° 的锐角。

2 角蜂穴的角蜂叶和柄长短不一，见图和表。

（三）蜂穴有角蜂穴和中蜂穴两种。

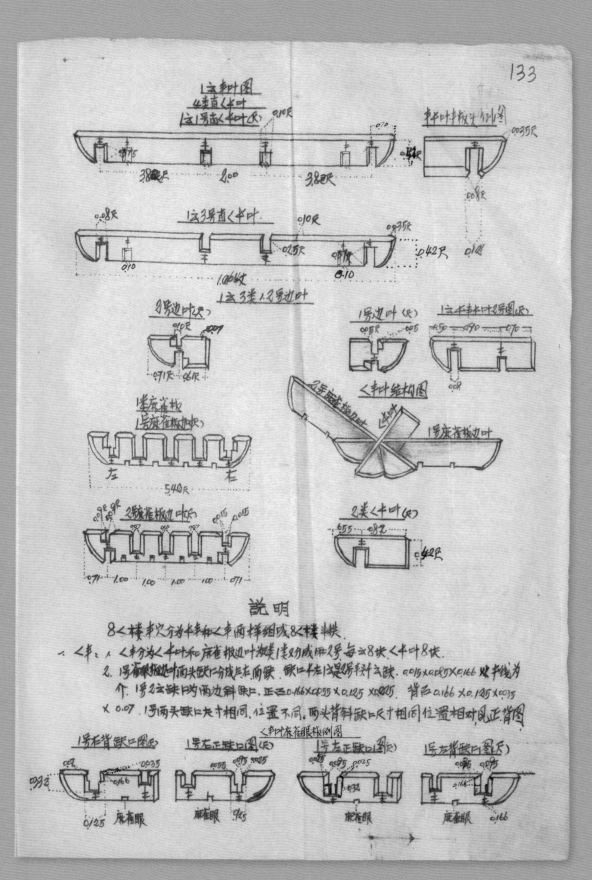

1 层蜂叶图
4 类 直角中叶

1 层 1 号直角中叶（尺）

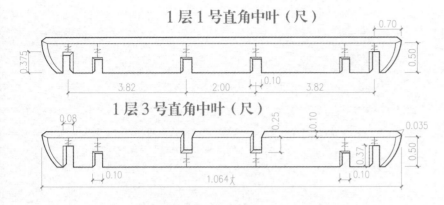

中蜂叶蜂板头例图

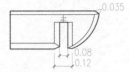

1 层 3 号直角中叶（尺）

1 层中蜂中叶 2 号图（尺）

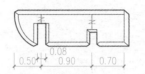

1 层 3 类 1、2 号边叶

2 号边叶（尺）

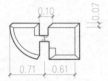

1 号边叶（尺）

1 类 麻雀板

1 号麻雀板边叶（尺）

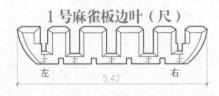

左　　　　5.42　　　　右

角蜂叶结构图

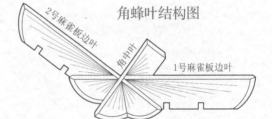

2 号麻雀板边叶（尺）

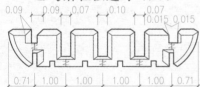

2 类 角中叶（尺）

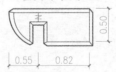

说明

一、角蜂

8 角楼蜂穴分为中蜂和角蜂两样，组成 8 角楼斗栱。有 4 类构件：1 类为麻雀板，2 类为角中叶，3 类为中蜂边叶，4 类为中蜂中叶。

1　角蜂分为角中叶和麻雀板边叶，麻雀板边叶又分成 1 号和 2 号，每层 8 块。角中叶 8 块。

2　1 号雀眼（麻雀）板边叶，两头有左、右两缺口，左缺口第 1 层是 2 号蜂头中层缺口；0.015 尺 × 0.085 尺 × 0.166 尺，以心线为介，1 号 2 层缺口为两边斜缺口，正面 0.166 尺 × 0.055 尺 × 0.125 尺 × 0.025 尺，背面 0.166 尺 × 0.125 尺 × 0.035 尺 × 0.07 尺。1 号两头缺口尺寸相同，位置不同。两头背斜缺口尺寸相同位置相对，见正背图。

角蜂叶麻雀眼板例图

1 号右背缺口图（尺）

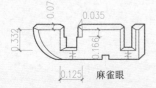

麻雀眼

1 号右正缺口图（尺）

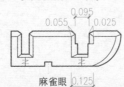

麻雀眼

1 号左正缺口图（尺）

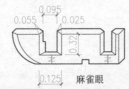

麻雀眼

1 号左背缺口图（尺）

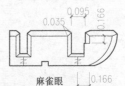

麻雀眼

说明

二、半枋　1. 本斧一刀每刀3个共24个半半叶原为尺寸2-6刀1.3号半叶4铁口为下铁口、4-8

刀1.3号半叶4铁口为上铁口，其于人半半叶，麻雀眼板边叶为7分。

2. 半半以半叶边叶、麻雀板（麻雀板上有麻雀眼及秋麻雀眼板）組成。

3. 1云半分成4类，人半为1、2类半半半为4数3号边叶为3类为2号。

4. 1云半半1.3号柄边叶支处开0.10×0.16，其于0.07半叶半槽，半叶为直人半相变成

X十X铢直人半。半半半叶1.3号下铁口为2吹，又铁口为2吹。半边叶1、2号共168吹。

2-6，4-8刀1.3半史叶开支槽0.10尺

其于人半叶。半边叶支槽才0.07尺边叶

人十相同。

半半例图

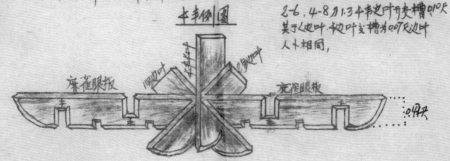

麻雀眼板　　　　　　　　麻雀眼板

三雀眼板：

1. 1云麻雀眼板2号边叶右正凸与左背凹铁口斜度尺寸相同，右正与左背凹斜铁口尺寸相同，位置不同，上下翻模这明。

2. 麻雀眼板斜铁口上下相同为0.075×0.075×0.16。

3. 麻雀板眼斜铁口正正相对相同，背与背相对相同。

4. 麻雀板两号相支域十人纯人成8人度为135°，再加半叶铢纯人叶，检天寸。

人半叶麻雀眼板图例

1云麻雀板正凸2号边叶左　　1云麻雀板背凹2号边叶右

1云麻雀板背凹人3号叶左　　1云麻雀板正凸人3号叶左

人半云麻雀眼板图

8人雀板边叶正与正斜铁口相对（1号）

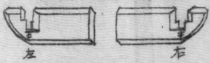

左　　　　　　　　右

8人雀板边叶背互背斜铁口相对（1号）

5. 每云半次雀眼板及人度斜铁口1号与1号板相同，2号与2号相同，但板长不同，半半半叶铁口多少、大小不同。

中蜂例图

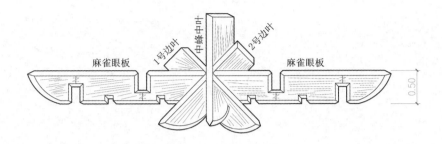

说明

二、中蜂

1　中蜂第一层每个方向3个，共24个中蜂，叶厚为1寸。2—6方向1、3号中叶的中缺口为下缺口，4—8方向1、3中叶的中缺口为上缺口。其余角蜂中叶，麻雀眼板边叶为7分。

2　中蜂以中叶边叶，麻雀板（麻雀板上开有麻雀眼又称麻雀眼板）组成。

3　1层蜂分4类，角蜂为1、2类，4类为中蜂中叶，有3种，3类为中蜂边叶，有2种。

4　边叶与1层中蜂1、3号柄相交处开0.10尺×0.166尺，其余（2号）为0.07尺中叶蜂槽，1层2—6方向与4—8方向的1、3号中叶相交成十字，称直角蜂。中蜂中叶1、3号下缺口为2块，上缺口为2块，中蜂边叶1、2号共168块，2—6、4—8方向1、3中蜂边叶开交槽0.10尺，其余（2号）角边叶、中边叶交槽为0.07尺。边叶内外相同。

角蜂叶麻雀眼板例图

1层麻雀板正面2号边叶左

1层麻雀板背面2号边叶右

1层麻雀板背面2号边叶左

1层麻雀板正面2号边叶右

三、雀眼板

1　1层麻雀眼板、2号边叶左正面与右背面斜缺口尺寸相同，右正面与左背面斜缺口尺寸相同，位置不同，上下调换运用。

2　麻雀眼板斜缺口上下相同，为0.075尺×0.075尺×0.166尺。

3　麻雀眼板斜缺口，正与正相对相同，背与背相对相同。

4　麻雀板两号相交成8个钝角，角度为135°，再加中叶称钝角叶，见尺寸。

5　每层蜂穴雀眼板8个角的角度、斜缺口，1号与1号板相同，2号与2号板相同，但叶长不同，中蜂中叶缺口数量多少、大小不同。

角蜂层麻雀眼板图

8角雀板边叶正与正斜缺口相对（1号）

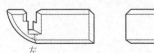
左

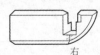
右

8角雀板边叶背与背斜缺口相对（1号）

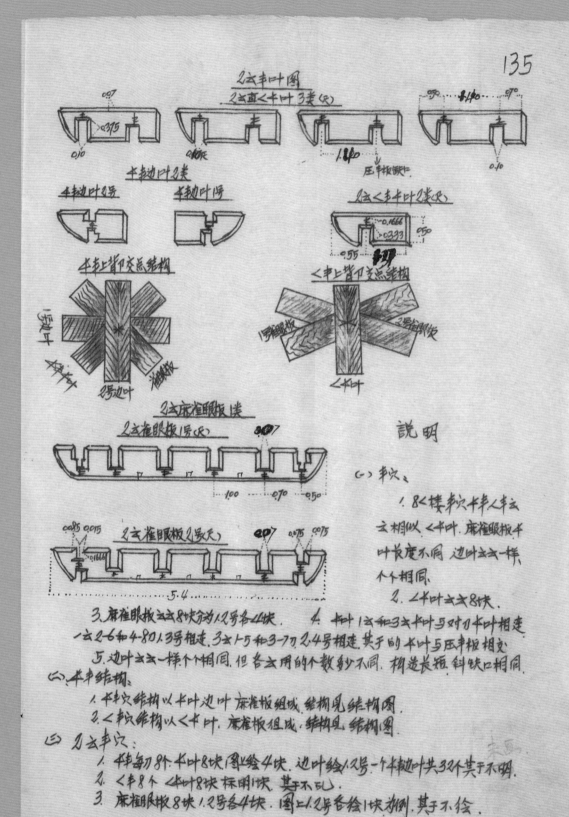

135

陆文礼 侗族·鼓楼·画样

2层蜂叶图

2层直角中叶3类（尺）

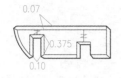 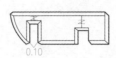 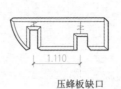 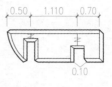

压蜂板缺口

中蜂边叶2类

中蜂边叶2号

中蜂边叶1号

2层角蜂中叶2类（尺）

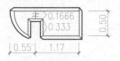

中蜂上背部交点结构

角蜂上背部交点结构

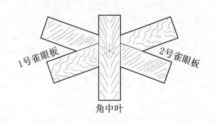

2层麻雀眼板1类

2层雀眼板1号（尺）

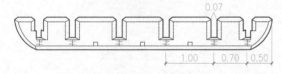

2层雀眼板2号（尺）

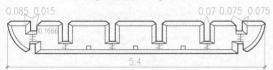

说明

（一）蜂穴

1　8角楼蜂穴中蜂、角蜂层层相似，角中叶、麻雀眼板、中叶长度不同，边叶层层一样，个个相同。

2　角中叶每层8块。

3　麻雀眼板层层8块，分为1、2号各4块。

4　1层以2—6方向的1号中叶、3号中叶与4—8方向的1号中叶、3号中叶两两相交成正方形，其余的中叶（2号）与压蜂板相交。3层以1—5方向的2号中叶、4号中叶与3—7方向的2号中叶、4号中叶两两相交成正方形，3号中叶与压蜂板相交，1、5号中叶插入蜂柱槽。

5　边叶每层一样，个个相同，但各层用的个数多少不同，构造长短、斜缺口相同。

（二）中蜂结构

1　中蜂穴结构以中叶、边叶、麻雀板组成，结构见结构图。

2　角蜂穴结构以角中叶、麻雀板组成，结构见结构图。

（三）2层蜂穴

1　中蜂每个方向4个，中叶4块，图上绘4块，边叶绘1、2号，一层中蜂边叶共64个，其余未画。

2　角蜂8个，角中叶8块，标明1块，其余不绘。

3　麻雀眼板8块，1、2号各4块，图上1、2号各绘1块为例，其余不绘。

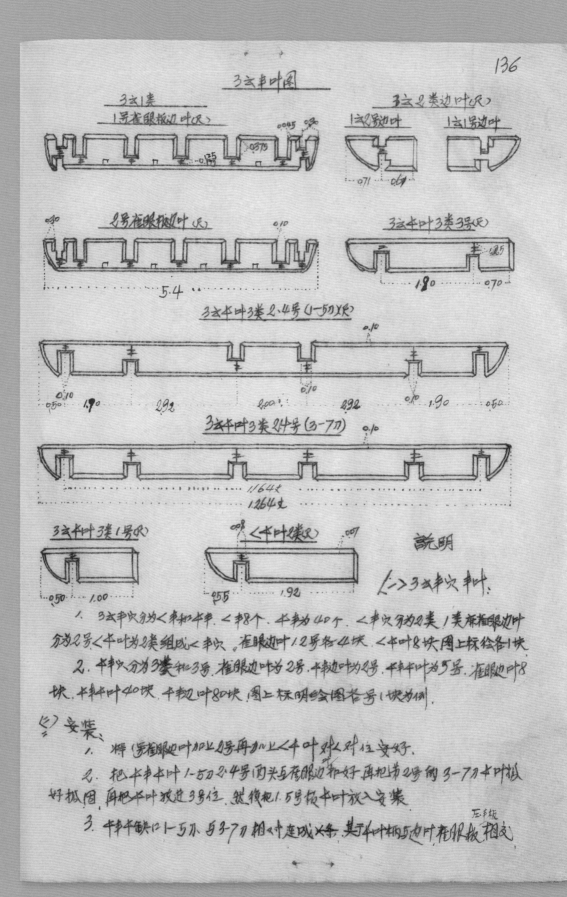

136

3支串叶图

説明

（一）3支串次串叶.

1. 3支串次分为〈串和半串.〈串8个.半串为40个.〈串次分为2类.1类麻雀眼边叶分为2号〈半叶为2类组成〈串次.雀眼边叶1、2号各4块.〈半叶8块图上标徐各1块.

2. 半串次分为3类和3号.雀眼边叶为2号.半串边叶为2号.半串半叶为3号.雀眼边叶8块.半串半叶40块.半翅叶80块.图上标明的会图各号1块为例.

（二）安装.

1. 将（号雀眼边叶加上2号再加上〈半叶对位安好.

2. 把半串半叶1—5刀2、4号两头与雀眼边扣好再把第2号的3—7刀半叶扣好扣固.再把半叶放进3号位.然后把1、5号楷半叶放入安装.

3. 半串半翅口1—5刀与3—7刀相〈寸连成×条.其丁半叶柄与边叶雀眼板相交.

3层蜂叶图

3层1类

1号雀眼板边叶（尺）

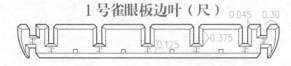

3层2类边叶（尺）

3层2号边叶　3层1号边叶

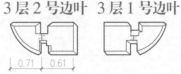

2号雀眼板边叶（尺）

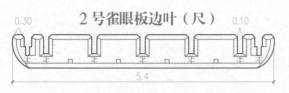

3层中叶3类3号（尺）

3层中叶3类2、4号（1—5方向）（尺）

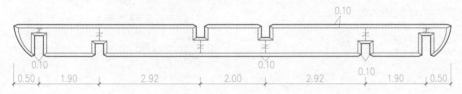

3层中叶3类2、4号（3—7方向）（尺）

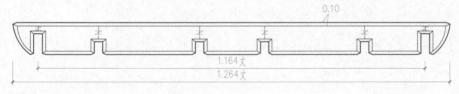

3层中叶3类1号（尺）

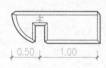

角中叶2类（尺）

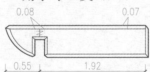

说明

（一）3层蜂穴蜂叶

1　3层蜂穴分为角蜂和中蜂，角蜂8个，中蜂为40个，角蜂穴分为两类板：1类为麻雀眼板，分为2个号，2类为角中叶，组成角蜂穴。麻雀眼板1、2号各4块，角中叶8块，图上标绘各一块。

2　中蜂穴分为三类板，麻雀眼板有2个号，中蜂边叶有2个号，中蜂中叶有5个号（1、5号是一种长度，2、4号是一种长度，3号是一种长度）。麻雀眼板8块，中蜂中叶40块，中蜂边叶80块，每种各绘1块为例。

（二）安装

1　将1号雀眼边叶（麻雀眼板）加上2号再加上角中叶，对角对位安好。

2　把中蜂中叶1—5方向2、4号两头与麻雀眼板扣好，再把3—7方向的2、4号两头与麻雀眼板抓好抓固，再把每个方向3号中叶装好，最后把1、5号中叶放入安装。

3　中蜂中缺口1—5方向，与3—7方向2、4号中叶相交连成十字条，其余中叶柄与边叶、（麻）雀眼板、压蜂板相交。

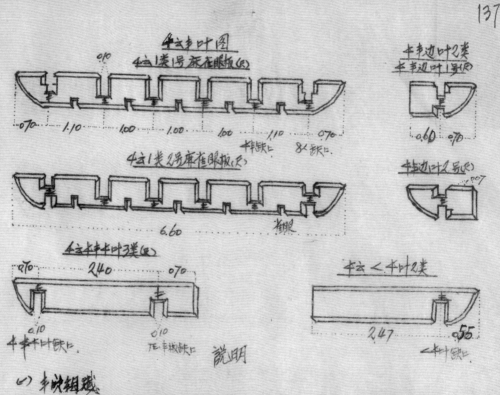

137

说明

（一）

（二）

（三）

（四）安装

4 层蜂叶图

4 层 1 类 1 号麻雀眼板（尺）

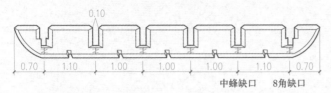

0.10

0.70　1.10　1.00　1.00　1.00　1.10　0.70

中蜂缺口　8 角缺口

中蜂边叶 2 类
中蜂边叶 1 号（尺）

0.60　0.70

4 层 1 类 2 号麻雀眼板（尺）

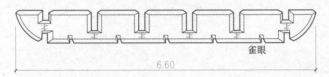

雀眼

6.60

中蜂边叶 2 号（尺）

0.07

4 层中蜂中叶 3 类（尺）

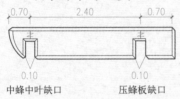

0.70　2.40　0.70

0.10　0.10

中蜂中叶缺口　压蜂板缺口

4 层角中叶 2 类

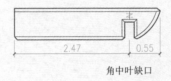

2.47　0.55

角中叶缺口

说明

（一）蜂穴组成

1　角蜂有两类板，1 类是麻雀眼板，有 2 个号，2 类是角中叶，共同组成角蜂穴。

2　中蜂有三类板，1 类是麻雀眼板，有 2 个号，2 类是中蜂边叶，有 2 个号，3 类是中蜂中叶，共同组成中蜂穴。

（二）蜂量

1　4 层蜂穴，角蜂 8 个，现将各号构件绘样例图。

2　4 层蜂穴，中蜂 32 个，现绘各号构件例图。制作者按例图制作备齐。

（三）分解

1　角蜂、中蜂、中叶与边叶缺口各件相同，压蜂板缺口相同。

2　一类麻雀眼板与同层号的麻雀眼板缺口斜度尺寸相同。每层长度不同。

3　二类中叶柄逐层增长。

4　角蜂、中蜂共用麻雀眼板，中蜂中叶开直角缺口，与麻雀眼板相交，麻雀眼尺寸 0.035 尺 ×0.035 尺。

5　二类中蜂边叶，有 2 个号，每层相同，数量不同。

（四）安装

1　将麻雀眼板 1 号和 2 号在 8 个角点对好缺口安好。

2　角蜂中叶缺口对准缺口，柄入蜂柱槽放下。

3　中蜂边叶 2 个号对准麻雀眼板 2 个号缺口放下安好。

4　再把中蜂中叶放下，前后同时对准麻雀眼板缺口和压蜂板缺口。

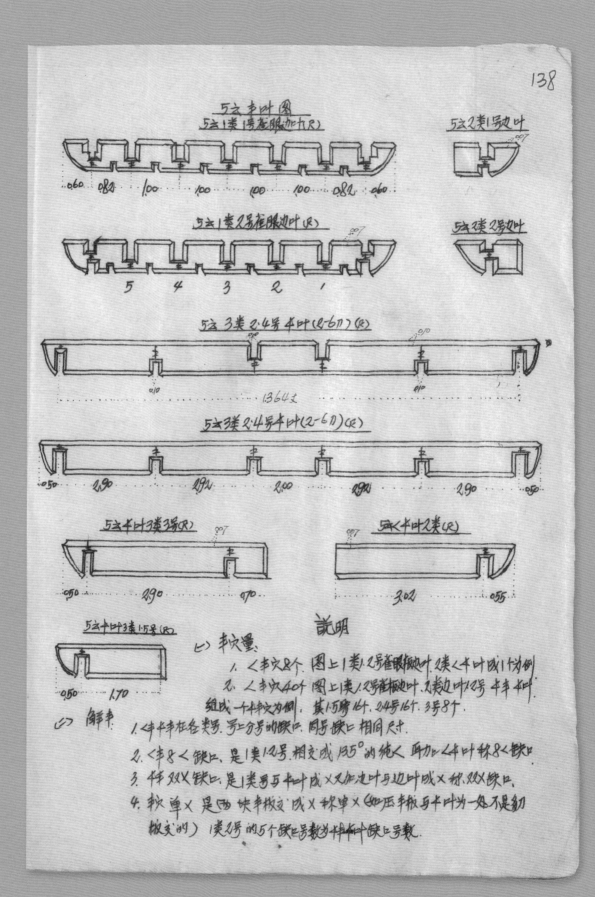

138

5立束叶图
5立1类1号雀眼加九(R)
.060. 082. 1.00. 100. 100. 100. 082. 060.

5立2类1号边叶

5立1类2号雀眼边叶(R)
5 4 3 2 1

5立2类2号边叶

5立3类2.4号束叶(2-6刀)(R)
0.10 0.10
1.364丈

5立3类2.4号束叶(2-6刀)(R)
.050. 2.90. 2.92. 2.00. 2.90. 2.90. .050.

5立束叶3类3号(R)
.050. 2.90. 0.70

5立束叶2类(R)
3.02 .055

5立束叶3类1.5号(R)
.050. 1.70

说明

(一) 束穴量:

1. 〈束穴8个. 图上1类1.2号雀眼板边叶与〈束叶成1个角例

2. 人束穴40个. 图上1类1.2号雀板叶. 2类边叶12号束束束叶
组成一个束穴之角例. 其1.5号16个. 2.4号16个. 3号8个.

(二) 解束:

1. 〈束束束在各类号. 号上分号的铗口. 同号铗上相同尺寸.

2. 〈束8〈铗口, 是1类1.2号, 相交成135°的纯人, 再加〈束叶铢8〈铗口.

3. 束双X铗口, 是1类号与束叶成X又加边叶与边叶成X铢. 双X铗口.

4. 铢单X是两块束板交成X铢束X(如压束板与束叶为一处不是刻板交的), 1类2号的5个铗上号数为束束叶铗上号数.

5 层蜂叶图

5 层 1 类 1 号雀眼边叶（尺）

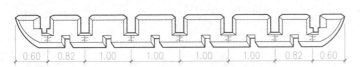

0.60　0.82　1.00　1.00　1.00　1.00　0.82　0.60

5 层 2 类 1 号边叶

0.07

5 层 1 类 2 号雀眼边叶（尺）

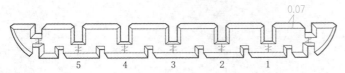

0.07

5　4　3　2　1

5 层 2 类 2 号边叶

5 层 3 类 2、4 号中叶（2—6 方向）（尺）

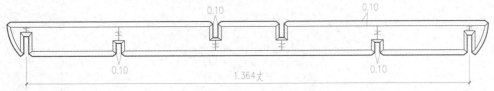

0.10　0.10

0.10　0.10

1.364 大

5 层 3 类 2、4 号中叶（4—8 方向）（尺）

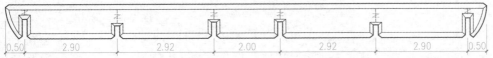

0.50　2.90　2.92　2.00　2.92　2.90　0.50

5 层中叶 3 类 3 号（尺）

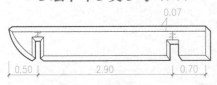

0.07

0.50　2.90　0.70

5 层角中叶 2 类（尺）

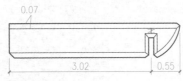

0.07

3.02　0.55

5 层中叶 3 类 1、5 号（尺）

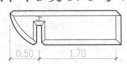

0.50　1.70

说明

（一）蜂穴量

1　角蜂穴 8 个，图上 1 类是麻雀眼板，分 2 个号，2 类是角中叶，共同组成 1 个角蜂穴。

2　本座鼓楼角蜂穴有 5 层，共 40 个。图上 1 类 1、2 号雀板边叶（麻雀眼板），2 类边叶 1、2 号与中蜂中叶，组成一个中蜂穴为例。本层中蜂穴每边有 5 个，其 1、5 号 16 个，2、4 号 16 个，3 号 8 个。

（二）解蜂

1　角蜂、中蜂有各类号，号上分号的缺口，同号构件缺口的尺寸相同。

2　角蜂是 1、2 号麻雀眼板以 135° 钝角相交，再加角中叶，其缺口称 8 角缺口。

3　中蜂是双十字缺口，是麻雀眼板与中叶互成十字，边叶与边叶互成十字，其缺口称双十字缺口。

4　单十字缺口，是两块蜂板交成十字，称单十字（如压蜂板与中叶为一处，不是多方向板交的缺口），如图"1 类 2 号雀眼边叶"中的 5 个缺口号数是中蜂中叶的缺口号数。

贵州省黔东南苗族侗族自治州从江县秧里村中寨鼓楼

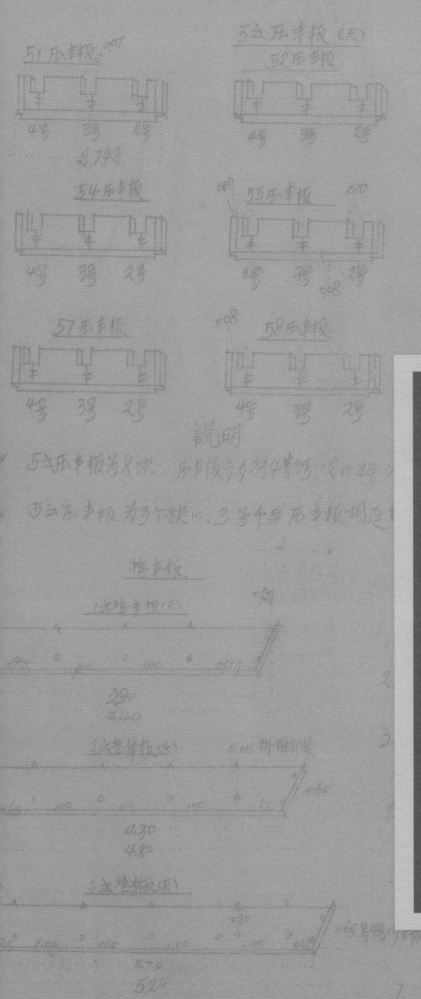

十一

压蜂板·垫蜂板·锯齿板

YAFENGBAN·DIANFENGBAN·JUCHIBAN

陆文礼

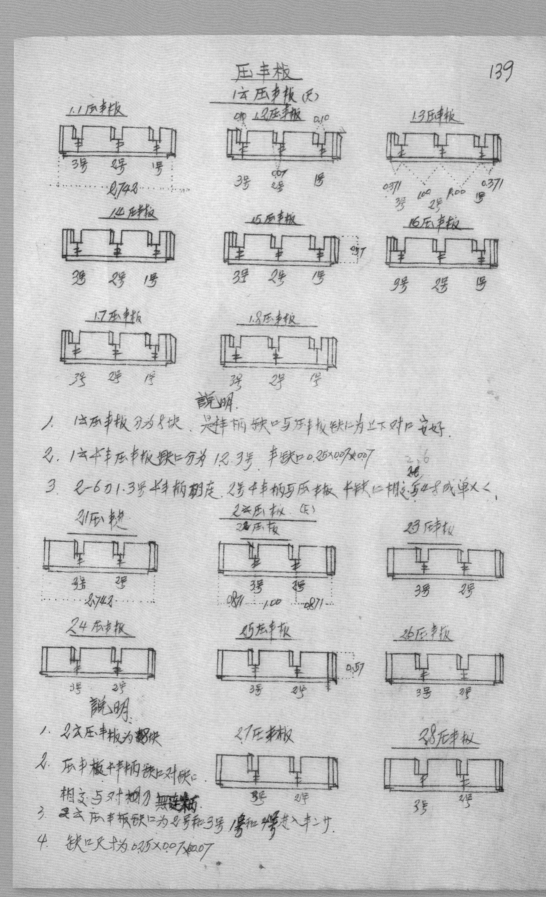

139

压丰板

1立压丰板 (无)

1.1压丰板

3号 2号 1号

2.742

1.2压丰板
0.10

3号 2号 1号
0.07

1.3压丰板

0.371 3号 1.00 2号 1.00 1号 0.371

1.4压丰板

3号 2号 1号

1.5压丰板

3号 2号 1号 0.07

1.6压丰板

3号 2号 1号

1.7压丰板

3号 2号 1号

1.8压丰板

3号 2号 1号

说明:

1. 1立压丰板分为8块。是柱柄缺口与压丰板缺口为上下对口定好。

2. 1立半丰压丰板缺口分为1.2.3号。丰缺口0.25×0.07×0.07

3. 2-6刀1.3号半丰柄制定.2号半丰柄与压板半缺口相交与4-8成单×。

2.1压丰板

3号 2号

2.742

2立压板 (无)
2.2压板

3号 2号

0.871 1.00 0.871

2.3压丰板

3号 2号

2.4压丰板

3号 2号

2.5压丰板

3号 2号 0.57

2.6压丰板

3号 2号

说明

1. 2立压丰板为都缺

2. 压丰板半丰柄缺口对缺口
   相交与对柄少 无连柄

3. 2立压丰板缺口为2号和3号1号和2号相入丰寸。

4. 缺口尺寸为0.25×0.07×0.07

2.7压丰板

3号 2号

2.8压丰板

3号 2号

压蜂板

1 层压蜂板（尺）

1.1 压蜂板
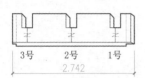
3号　2号　1号
2.742

1.2 压蜂板
0.10　0.07　0.10
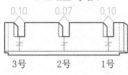
3号　2号　1号

1.3 压蜂板
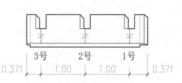
3号　2号　1号
0.371　1.00　1.00　0.371

1.4 压蜂板
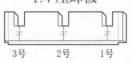
3号　2号　1号

1.5 压蜂板
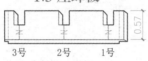
3号　2号　1号
0.57

1.6 压蜂板

3号　2号　1号

1.7 压蜂板
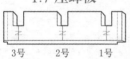
3号　2号　1号

1.8 压蜂板
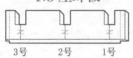
3号　2号　1号

说明

1　1层压蜂板分为8块，中蜂柄缺口与压蜂板缺口上下对口安好。

2　1层中蜂压蜂板缺口分为1、2、3号，蜂缺口 0.25 尺 × 0.07 尺 × 0.07 尺。

3　2—6方向1、3号中蜂柄相连，2号中蜂柄与压蜂板中缺口相交，2—6方向与4—8方向成单十字角。

2 层压蜂板（尺）

2.1 压蜂板
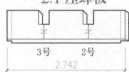
3号　2号
2.742

2.2 压蜂板
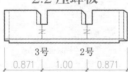
3号　2号
0.871　1.00　0.871

2.3 压蜂板

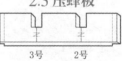
3号　2号

2.4 压蜂板
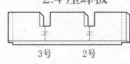
3号　2号

2.5 压蜂板
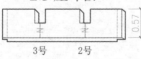
3号　2号
0.57

2.6 压蜂板
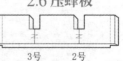
3号　2号

说明

1　2层压蜂板为8块。

2.7 压蜂板

3号　2号

2.8 压蜂板
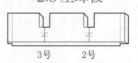
3号　2号

2　压蜂板与中蜂柄缺口对缺口相交，相对方向无通长的柄。

3　2层压蜂板缺口为2号和3号，1号和4号进入蜂柱槽。

4　缺口尺寸为 0.25 尺 × 0.07 尺 × 0.07 尺。

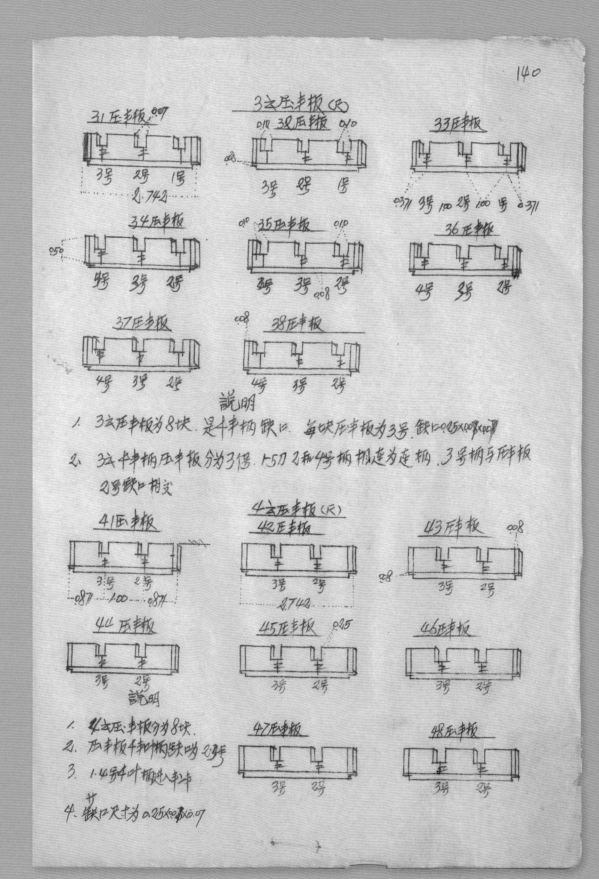

说明

1. 3玄压串板为8块，是半串柄铁口，每块压串板为3号，铁口0.025×0.08×0.07

2. 3玄半串柄压串板分为3号，1、5和2和4号柄连为连柄，3号柄与压串板2号铁口用交

说明

1. 4玄压串板分为8块。

2. 压串板半串柄缺口2号。

3. 1、4号和4号柄进入串串

4. 铁口尺寸为0.025×0.08×0.07

3层压蜂板（尺）

3.1 压蜂板
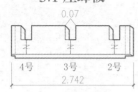
0.07
4号　3号　2号
2.742

3.2 压蜂板
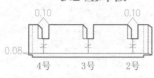
0.10　　0.10
0.08
4号　3号　2号

3.3 压蜂板
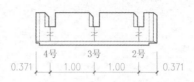
4号　3号　2号
0.371　1.00　1.00　0.371

3.4 压蜂板
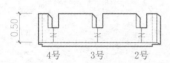
0.50
4号　3号　2号

3.5 压蜂板
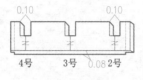
0.10　　0.10
4号　3号　0.08　2号

3.6 压蜂板
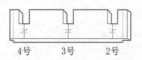
4号　3号　2号

3.7 压蜂板
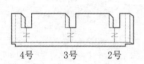
4号　3号　2号

3.8 压蜂板
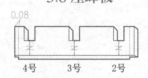
0.08
4号　3号　2号

说明

1　3层压蜂板为8块，与中蜂柄缺口对缺口相交，每块压蜂板分为3个号，缺口0.25尺×0.07尺×0.07尺。

2　3层中蜂柄压蜂板分为3个号，1—5方向2号和4号柄相连为通长的柄，3号柄与压蜂板3号缺口相交。

4层压蜂板（尺）

4.1 压蜂板
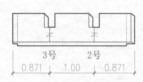
3号　2号
0.871　1.00　0.871

4.2 压蜂板
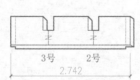
3号　2号
2.742

4.3 压蜂板
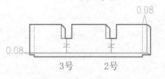
0.08
0.08
3号　2号

4.4 压蜂板
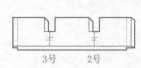
3号　2号

4.5 压蜂板
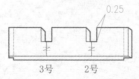
0.25
3号　2号

4.6 压蜂板
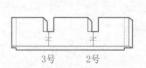
3号　2号

4.7 压蜂板
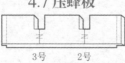
3号　2号

4.8 压蜂板
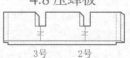
3号　2号

说明

1　4层压蜂板分为8块。

2　压蜂板中蜂叶柄缺口为2、3号。

3　1、4号中蜂叶柄进入蜂柱蜂槽。

4　槽缺口尺寸为0.25尺×0.07尺×0.07尺。

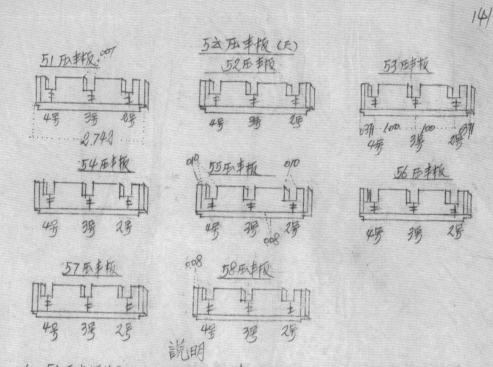

説明

1. 5去压卦板为8块. 压卦板分为234号3号. 2和4号以0-6刀 2. 4号连柄相连.

2. 5去龙卦板为3个缺口. 3号卦与压卦板相连.

格卦板

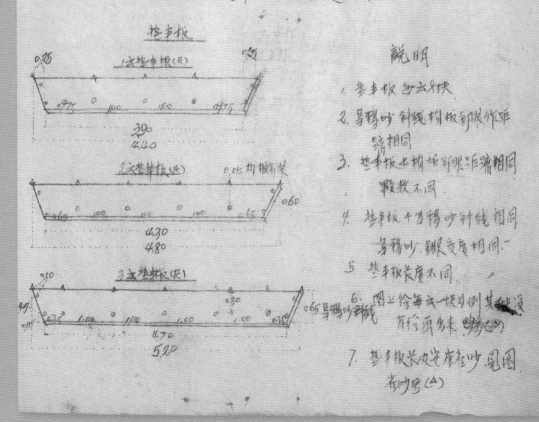

説明

1. 卦卦板 每去8块

2. 号稳少斜线榴板钌眼作罪 赘相同

3. 垫卦板卡榴坟钌眼痒滑相同 糵数不同.

4. 垫卦板卡号稳少钌线相同 号稳少. 钌眼竟度相同.

5. 垫卦板长度不同

6. 图上给每支一块为例. 其枝没 有给甩多本

7. 垫卦板长九谷底套少. 甩图 在少号 (A)

5 层压蜂板（尺）

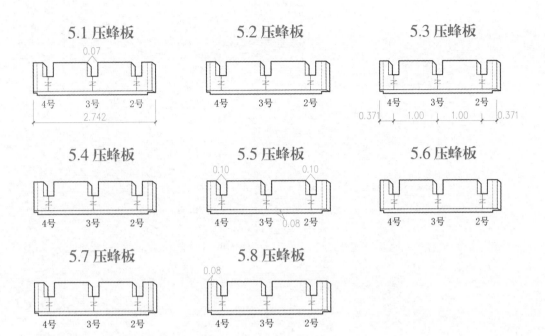

5.1 压蜂板
0.07
4号　3号　2号
2.742

5.2 压蜂板
4号　3号　2号

5.3 压蜂板
0.371　1.00　1.00　0.371
4号　3号　2号

5.4 压蜂板
4号　3号　2号

5.5 压蜂板
0.10　0.10
4号　3号　0.08　2号

5.6 压蜂板
4号　3号　2号

5.7 压蜂板
4号　3号　2号

5.8 压蜂板
0.08
4号　3号　2号

说明

1　5 层压蜂板为 8 块，压蜂板分为 2、3、4 等 3 号，2 和 4 号以 2-6 方向 2、4 号通长的柄相连。

2　5 层压蜂板为 3 个缺口，中间的 3 号中蜂中叶与压蜂板相连相交。

垫蜂板

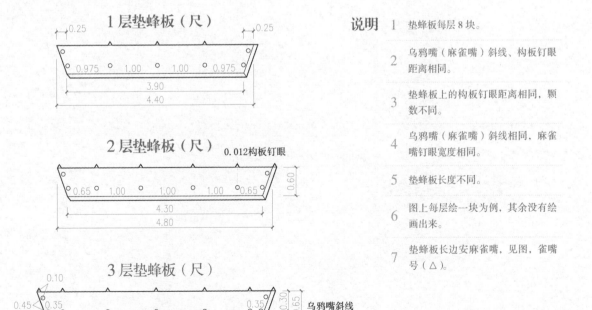

1 层垫蜂板（尺）
0.25　0.25
0.975　1.00　1.00　0.975
3.90
4.40

2 层垫蜂板（尺）
0.012构板钉眼
0.65　1.00　1.00　1.00　0.65
0.60
4.30
4.80

3 层垫蜂板（尺）
0.10
0.45　0.35　0.35
0.10
1.00　1.00　1.00　1.00
0.30
0.65
乌鸦嘴斜线
4.70
5.20

说明

1　垫蜂板每层 8 块。

2　乌鸦嘴（麻雀嘴）斜线、构板钉眼距离相同。

3　垫蜂板上的构板钉眼距离相同，颗数不同。

4　乌鸦嘴（麻雀嘴）斜线相同，麻雀嘴钉眼宽度相同。

5　垫蜂板长度不同。

6　图上每层绘一块为例，其余没有绘画出来。

7　垫蜂板长边安麻雀嘴，见图，雀嘴号（△）。

垫蜂板和锯齿板(尺)

垫蜂板(尺)
4去垫蜂板
51尺
5.66尺

柯板钉眼 5去垫蜂板　　麻杆钉
5.5尺
5.12尺

锯齿板(尺)
1去垫齿板　　0.5.0R
〈板钉眼
565R
6.05R

2去锯齿板　　0.10R　0.18
9.0
57.5R　6.15R　0.5.0

3去锯齿板
580
620R

4去垫齿板
575R　6.20R

5去锯齿板
590R　69

6去锯齿板
59.5R

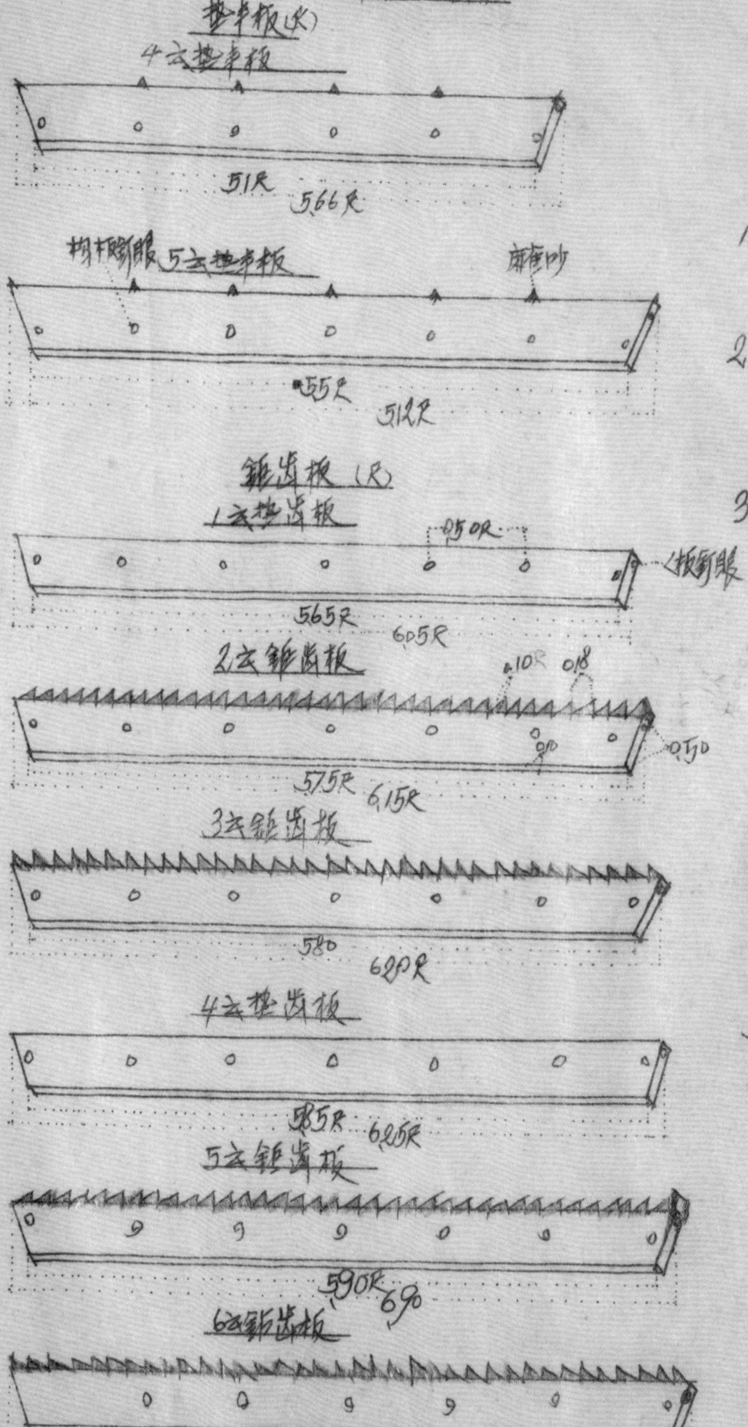

垫蜂板和锯齿板（尺）

垫蜂板（尺）

4层垫蜂板

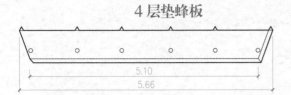

5.10
5.66

5层垫蜂板

构板钉眼　　　　麻雀嘴

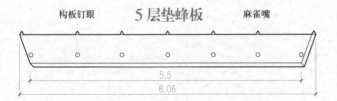

5.5
6.06

锯齿板（尺）

1层垫齿板

0.50　　角板钉眼

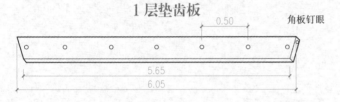

5.65
6.05

2层锯齿板

0.10　　0.18

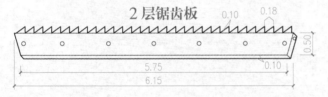

0.50

5.75
0.10
6.15

3层锯齿板

5.80
6.20

4层垫齿板

5.85
6.25

5层锯齿板

5.90
6.90

6层锯齿板

5.95
6.95

说明

1　垫蜂板每层各8块。现将各层绘一块为样。

2　在垫蜂板上钉麻雀嘴，对齐上层的中蜂中叶，角蜂相同。

3　垫蜂板、锯齿板和垫齿板中的构板钉分为两种。第一种，从上至下与下层板构成拧固；第二种，角板钉从板尖头角外侧钉入出水枋。

4　构板钉用一种最坚硬的杂木，侗语说（梅班左）最好。

5　锯齿板2层和3层相反运用，齿对齿。5、6层同样相反运用，称叫"腊龙"。

贵州省黔东南苗族侗族自治州从江县秧里村中寨鼓楼内景

6、〈橡皮各长短不一，一丈6.6尺……

（二）橡皮

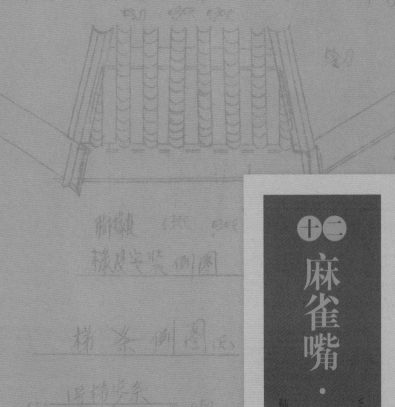

样皮安装例图

椿条例图

说明

麻雀吵（尺）

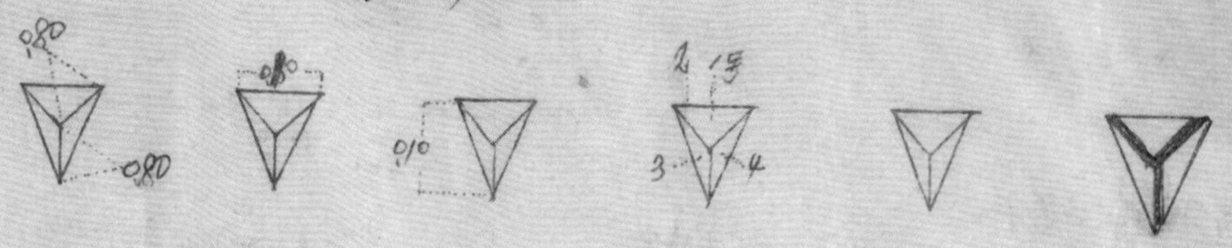

說明

麻雀吵：

1. 麻雀吵的構造，以一�根木削成等腰三角形，一个麻雀吵为四个等腰三角形，四个三角形全相同，腰边线为0.08，底边线为0.10。

2. 麻雀吵分为1、2、3、4、1为上，2为背，3为右腿，4为左腿等4石安。2石那斗梦报，3、4石为阴阳。

3. 安裝，麻雀吵安于长木半平叶下与边叶相交，梦板牛1石贝壬卡叶下。

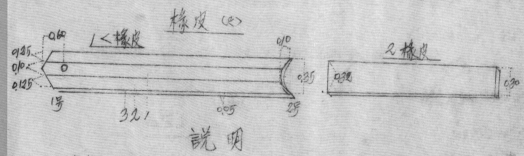

橡皮（尺）

1<橡皮　　2橡皮

說明

（一）橡皮：

1. <橡皮、橡皮两种。

2. <橡皮的構造分为2号，1号为橡脚，2号为橡跟，橡脚为长起，2号为半圆形。

3. 橡皮厚为1、2、3部份，1是橡皮脚为0.10，2斜边0.10—0.05，3橡皮底为0.05。

4. 安裝，将<橡皮脚安于ムタロ相交处上，橡跟架右本方柱又撑第2方柱上，<橡2部份斜边顶對橡皮。

5. <橡<皮脚上眼为楼人铜防眼。

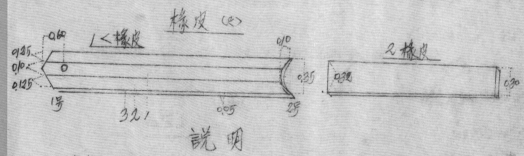

麻雀嘴（尺）

说明

1　麻雀嘴的构造，用一块木头制成三棱锥，一个麻雀嘴的四个面，底面为等边三角形，三个侧面为等腰三角形，腰边线为0.08，底边线为0.10。

2　麻雀嘴分为1、2、3、4四个面，1为上，2为背，3为右腮，4为左腮。

3　安装：麻雀嘴对齐角蜂、中蜂中叶下与边叶相交处，垫在垫板上，1号面贴于中叶底，2号面贴于垫板，3、4号面为阳面。

橡皮（尺）

1 角橡皮

2 橡皮

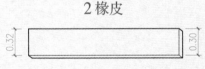

说明

1　橡皮分角橡皮和橡皮两种。

2　角橡皮的构造分为2个号，1号为橡脚，2号为橡跟，位于八个角部，2号为半圆形。

3　橡皮厚为1、2、3部分，1是橡皮心脊为0.10尺，2斜边0.10～0.05尺，3橡皮底为0.05尺。

4　安装：将角橡皮脚安于风檐枋相交处上，橡跟架在本层柱顶，也可以架在上层柱顶，角橡斜边顶钉橡皮。

5　角橡皮橡脚的眼为楼角钢筋眼。

6　角橡皮各层长短不一，一层6.6尺，二层6.3尺，三层6.5尺，四层5.8尺，五层5.7尺，六层5.3尺，七层5.1尺，八层5.2尺，九层5.4尺，十层5.1尺，十一层4.8尺，十二层5.3尺，十三层4.7尺，十四层5.3尺，十五层1.328丈，角橡皮长度尺寸以心线为计算，三至十五层每层各8块，一、二层各4块。

6、〈椽皮各长短不一，一共6.6尺，二共6.3尺，三共6.5尺，四共5.X尺，五共5.7尺，六共5.3尺，七共5.1尺，八共5.2尺，九共5.4尺，十共5.1尺，十一共4.X尺，十二共5.3尺，十三共4.7尺，十四共5.3尺，十五共13.28尺。〈椽皮长度尺寸以中线为计标，每共各8块，一三共各4块。

（二）椽皮。

1、椽皮的构造分为两部份椽皮脚宽0.30尺，椽皮银宽0.30尺，厚为0.4尺，椽皮长短不一。

2、数量多不一，长度与〈椽皮相同，但两头要平减短。

2、安装椽皮，将椽皮脚架在么分方上，互么分方为平其于串进楼为安装椽皮距踏上下刀为0.30尺。

3、脚椽皮发烟同线3上相同宽0.0尺，度0.0尺横钉在椽皮脚，见下例图。

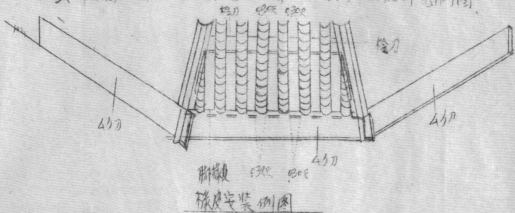

椽皮安装例图

梯条例图(尺)

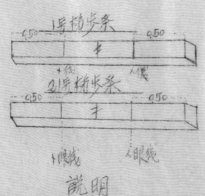

说明

1、鼓楼梯条共19条，每条根梯眼分为〈上线，度转轻开人条为0.16米四十柱0.15尺，这样条条如此制作，但现循节一条，扎其21条多例其长条不展。

2、21条，〈线0.16×0.6十线0.15×0.15别出二眼图。

说明

1　橡皮的构造分为两部分，橡皮脚宽 0.32 尺，橡皮跟宽 0.30 尺，厚为 0.04 尺，橡皮长短不一，数量多少不一，长度与角橡皮相同，但两头逐步减短。

2　安装橡皮：将橡皮脚架在风檐枋上，与风檐枋齐平，其余伸进楼内安装，橡皮上下方为 0.30 尺。

3　橡皮脚长短相同，同层风檐枋相同，宽 0.5 尺，厚 0.05 尺；横钉在橡皮脚见下例图。

橡皮安装例图

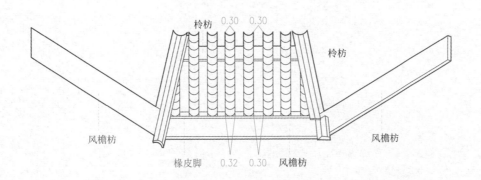

梯条例图（尺）

1 号梯步条

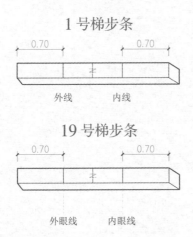

外线　　内线

19 号梯步条

外眼线　　内眼线

说明

1　鼓楼梯条共 19 条，每条柱眼分为内外线，按柱径开内条为 0.16 尺和外柱 0.15 尺，层层这样，条条如此制作。现将第 1 条和第 21 条为例，其余条不画。

2　19 条内线 0.16 尺 ×0.16 尺，外线 0.15 尺 ×0.15 尺，见梯柱眼图。

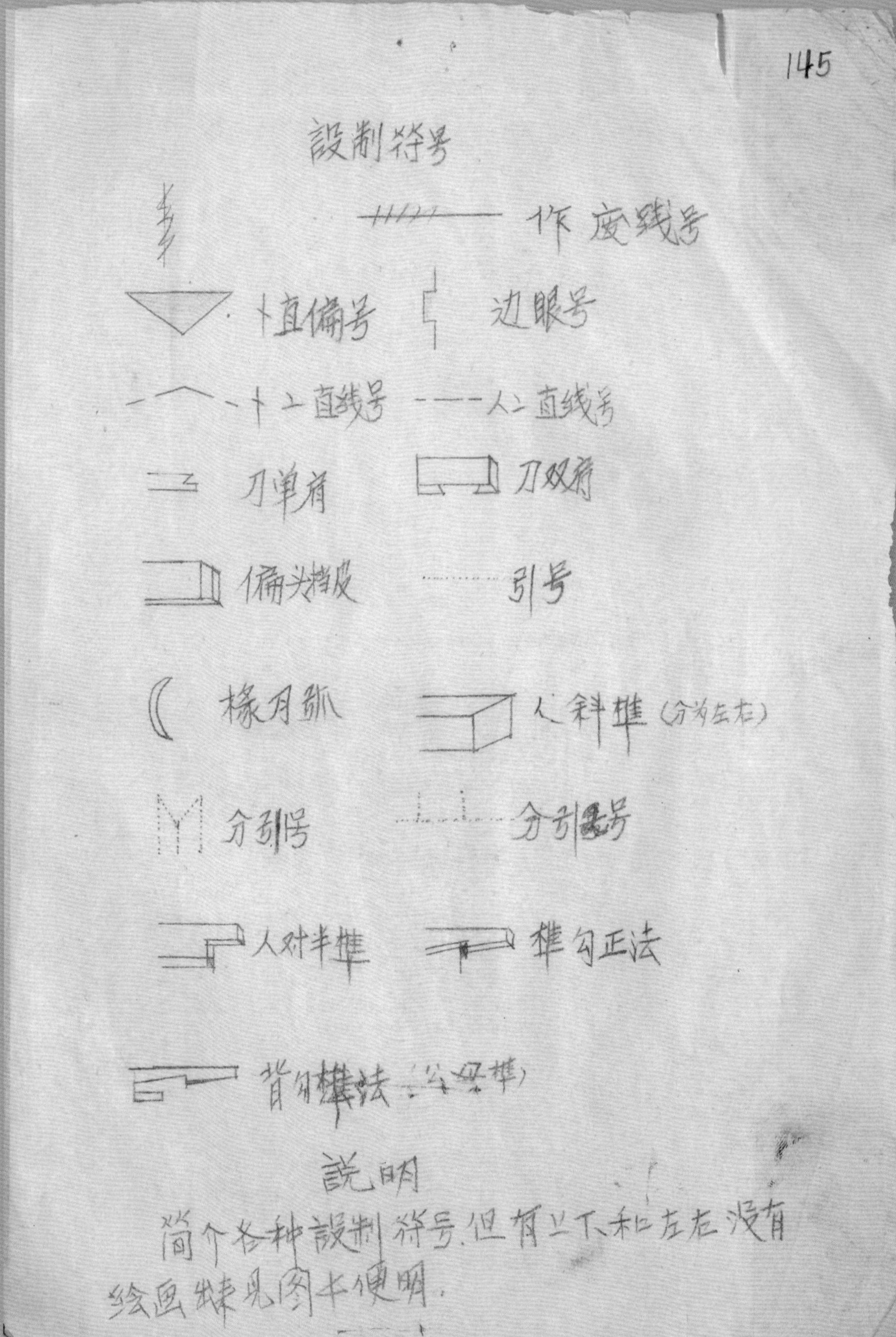

設割符号

作废线号

十直偏号　　边眼号

十二直线号　　人二直线号

刀单肖　　刀双肖

偏头挡段　　引号

椽月弧　　人斜堆（分为左右）

分引号　　分引 号

人对半堆　　堆勾正法

背月堆法（公母堆）

说明

简个各种設割符号，但有上下和左右没有绘画就见图卡便明。

附
FULU
录

设置符号

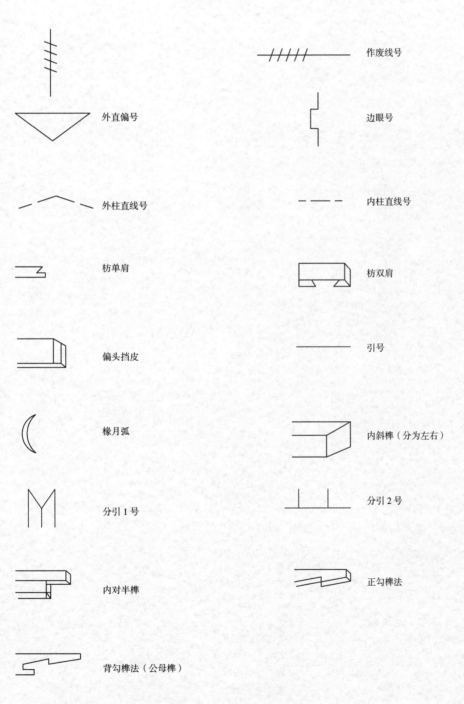

外直偏号	作废线号
	边眼号
外柱直线号	内柱直线号
枋单肩	枋双肩
偏头挡皮	引号
椽月弧	内斜榫（分为左右）
分引 1 号	分引 2 号
内对半榫	正勾榫法
背勾榫法（公母榫）	

说明　简介各种设置符号。但有上下和左右没有绘画出来见图中便明。

陆文礼师傅生活的纪堂村（贵州省黔东南苗族侗族自治州黎平县）

2020 年 8 月，我时隔 18 年再次和陆文礼师傅面对面时，他笑着说："我们见过面？我不记得了。"

2003 年 5 月，我开启了为撰写博士论文做准备的侗族乡土聚落与建筑的田野调查。第一站是黔东南苗族侗族自治州的黎平县肇兴。那时，非典疫情刚结束，乡亲们几个月没见过陌生人。他们好奇地注意到了我这个"画鼓楼"的外乡人，了解我的来意后，乡亲们指着寨中最高大的那一座鼓楼说，这是陆文礼师傅掌墨的，你应该去找他。后来，陆师傅家人见我走了 5 公里的山路来到纪堂村寻他，告诉我他离家去岩洞镇竹坪村建鼓楼了。

陆文礼（右）、蔡凌在黎平县竹坪村鼓楼工地的合影（2002 年）

接下来去竹坪村的 50 公里路，异常辛苦。当年交通不便，一路换过好几种交通工具。最后进村的 10 公里路程，是坐着农用拖拉机颠簸着度过的。

见到他时，陆师傅正爬在鼓楼构架上忙，几乎不可能停下来招呼我。我便一直在旁边默默看着。最后，趁陆师傅回到地面整理构件的间隙，我问了几个"粗浅"的问题，还邀请师傅拍了一张合影。这是胶片时代的记录。

之所以说问题"粗浅"，是我发觉，初涉这个研究领域的我，其实问不出"像样"的问题。这次准备不充分也不太成功的访谈，深深地刺激了我。那就是，当年我这位建筑博士研究生，在直面营建现场和匠师时，是那么无知。

18 年后的这第二次见面，我准备好了。我有很多问题要问，攒了好多年的问题。而师傅已经 80 岁了。许是被这些"像样"的问题打动，陆师傅侃侃而谈，谈自己学艺的缘由，说自己掌墨以来印象最深的一些事情，当然还有最值得他骄傲的，他不断摸索出来的营造技巧。看得出来，他很高兴，高兴面前这个自称 18 年后再相见的人，不仅认真聆听，还很会"问问题"。

聊着聊着，陆师傅突然起身，踱进里屋，拿出一本厚厚的《鼓楼图册》，跟我说，这是他自己画的。陆师傅构想去建一座 15 层檐的鼓楼，就凭着脑子里的想象，他画了 150 多页，从平面到角剖面，到立面，到好几百根的分件轴测图，密密麻麻的尺寸标注和墨师文说明，其细腻程度震撼心灵。这是他一生的经验总结。

这是怎样的一本图册啊，陆师傅从 40 多岁时开始画，画了多久，他自己也说不清，反正就是画了改，改了画。线条和文字是很特别的蓝色，是陆师傅画了初稿，修改定稿后，又把复写纸垫在图样下面，一笔一笔誊画在白纸上。看着看着，我又有些心酸。陆师傅当时应该没有寻到比较好的纸张，其中有好多页还留着裁掉信笺纸红色页眉线的痕迹。

几乎在一瞬间，我明白，我的使命，许是从 18 年前追踪陆师傅就注定了的。那就是，让"陆文礼著"这几个字，和他的《鼓楼图册》一起，永远留在侗族建筑的历史上。陆师傅起初想起编这部图册，就是想让更多的匠师可以从这本书里学习到一直依赖口口相传的营造技艺。他最常说的一句话是"为国家添光彩，为侗族争荣誉"。

陆文礼（右）在黎平县纪堂村家中接受蔡凌的访谈（2021 年 3 月）

如今，图册的整理、注释已近尾声，亦列入了正式出版计划。但陆文礼师傅没能等到他心爱的图册出版。今天，用学生们安慰我的话说："陆师傅是教小天使们修鼓楼去了。"

"把侗族鼓楼传下去"，是您的嘱托；"要把它（出书）做到最好"，是我的使命。

以上文字，写于 2021 年 6 月 8 日，惊闻侗族掌墨师陆文礼师傅突然离世。

今日书稿得以定稿即将出版，是为后记。

蔡 凌

2024 年 8 月 28 日于广州东山简园

图书在版编目（ＣＩＰ）数据

陆文礼侗族鼓楼画样 / 陆文礼著 ； 蔡凌注释. --
上海 ： 上海科学技术出版社，2025.1
ISBN 978-7-5478-5708-3

Ⅰ. ①陆… Ⅱ. ①陆… ②蔡… Ⅲ. ①侗族－民族建
筑－中国－图集 Ⅳ. ①TU-092.872

中国版本图书馆CIP数据核字(2022)第100118号

摄影、摄像: 陈小铁

陆文礼侗族鼓楼画样
陆文礼　著
蔡　凌　注释

上海世纪出版（集团）有限公司
上 海 科 学 技 术 出 版 社　出版、发行
（上海市闵行区号景路 159 弄 A 座 9F-10F）
邮政编码 201101　　www.sstp.cn
上海雅昌艺术印刷有限公司印刷
开本 889×1194　1/16　印张 22
字数 400 千字
2025 年 1 月第 1 版　2025 年 1 月第 1 次印刷
ISBN 978-7-5478-5708-3/TU·321
定价: 198.00 元